安装工程
计量与计价

曾澄波　主编

徐山玲　方金刚　张云霞　万雄威　副主编

清华大学出版社

北京

内容简介

本书依据教育部"安装工程计量与计价"教学基本要求,采用最新国家标准《建设工程工程量清单计价规范》(GB 50500—2013)、最新定额《广东省通用安装工程综合定额》(2018 版),结合安装工程造价员岗位资格考试内容编写而成。

本书共分 6 个学习模块,主要介绍安装工程定额、安装工程计价和安装工程计量等内容,并列举大量实例,编写力求做到讲解全面、深入浅出,实用性与操作性强。

本书可作为高等职业院校和中等职业学校工程造价专业、建筑工程管理专业、设备安装专业等建筑设备安装工程预算课程教材及相关专业人员的自学参考书,还可作为全国安装工程造价员的培训教材。

图书在版编目(CIP)数据

安装工程计量与计价/曾澄波主编. —北京:清华大学出版社,2020.9
ISBN 978-7-302-56078-4

Ⅰ. ①安… Ⅱ. ①曾… Ⅲ. ①建筑安装－工程造价 Ⅳ. ①TU723.32

中国版本图书馆 CIP 数据核字(2020)第 136767 号

责任编辑:张占奎
封面设计:陈国熙
责任校对:刘玉霞
责任印制:杨 艳

出版发行:清华大学出版社
　　　　网　　　址:http://www.tup.com.cn,http://www.wqbook.com
　　　　地　　　址:北京清华大学学研大厦 A 座　　　邮　　编:100084
　　　　社 总 机:010-62770175　　　　邮　　购:010-62786544
　　　　投稿与读者服务:010-62776969,c-service@tup.tsinghua.edu.cn
　　　　质量反馈:010-62772015,zhiliang@tup.tsinghua.edu.cn
印 刷 者:北京富博印刷有限公司
装 订 者:北京市密云县京文制本装订厂
经　　销:全国新华书店
开　　本:185mm×260mm　　印　张:21.5　　　　字　　数:522 千字
版　　次:2020 年 11 月第 1 版　　　　　　　　印　　次:2020 年 11 月第 1 次印刷
定　　价:65.00 元

产品编号:087455-01

FOREWORD

前 言

本书以《国务院关于加快发展现代职业教育的决定》(国发〔2014〕19号):"加快现代职业教育体系建设,深化产教融合、校企合作,培养数以亿计的高素质劳动者和技术技能人才"为指导思想,依据国家高职高专教育土建类专业教学指导委员会工程管理类专业分指导委员会《高等职业教育工程造价专业教学基本要求》、国家标准《建设工程工程量清单计价规范》(GB 50500—2013)、《通用安装工程工程量计算规范》(GB 50856—2013)以及《广东省通用安装工程综合定额》(2018版)进行编写,力图更好地体现现行国家和行业标准的规定。

本书选择与土建工程交叉较多的给排水、电气、消防、通风空调等专业作为重点教学内容,将理论教学融入实际案例中,教学进度不再受课本的限制,由简到繁,由浅入深地安排整个学期的教学内容,按照给排水工程、电气设备安装工程、消防工程、通风空调工程顺序展开,每个模块以基础知识、识图、清单设置、工程量计算应用、工程量清单编制应用等五个环节进行讲解,保证学生在以后的工作中基础知识扎实,对边缘的专业知识和技能有一定的创新精神和创造能力。

本书具有以下特色:

1)依据国家高职高专教育土建类专业教学指导委员会工程管理类专业分指导委员会《高等职业教育工程造价专业教学基本要求》编写而成,体现科学性、创新性、应用性,具有土建类教材的综合性、实践性、区域性、时效性等特点。

2)适应高职高专教学改革的要求,以职业能力为主线,采用行动导向、任务驱动、项目载体,教、学、做一体化模式编写而成,按实际岗位所需的知识能力来选取教材内容,实现教材与工程实际的零距离"无缝对接"。

3)体现先进性特点。将土建学科的新成果、新技术、新工艺、新材料、新知识纳入教材,结合最新国家标准、行业标准、规范编写而成。

本书由曾澄波担任主编,徐山玲、方金刚、张云霞、万雄威担任副主编。

本书在编写过程中参考部分国内外同行的论文及著作,并得到了很多行业专家的指导和帮助,广州市江城建设公司设备安装部部分工程师、广州城建职业学院部分老师做了大量的指导工作,CAD电子图纸由广州城建职业学院工程造价教研室提供,在此一并表示谢意。

本书内容翔实,步骤清晰,让学生轻松学习,让教师轻松授课。本书提供了较为完整的授课电子资料包,包括 CAD 电子图纸、参考答案、课件、电子教案等,请用书院校向清华大学出版社询问并配套使用。

由于编者水平有限,加之编写时间仓促,书中难免存在疏漏之处,恳请读者提出宝贵意见,以便修订时进一步充实完善,在此表示感谢。

编　者

2020 年 5 月

目 录

CONTENTS

计价准备

项目 1.1　安装工程计量与计价概述

教学导航

项目任务	任务 1.1.1　认识安装工程计量与计价	参考学时	2
	任务 1.1.2　安装工程预算书的编制		
教学载体	多媒体课室、教学课件及教材相关内容		
教学目标	知识目标	了解安装工程计量与计价相关知识；掌握安装工程预算书的编制步骤	
	能力目标	能为安装工程计量与计价项目做好计价准备	
过程设计	任务布置及知识引导—学习相关新知识—解决与实施工作任务—检查与评价		
教学方法	项目教学法		

任务 1.1.1　认识安装工程计量与计价

1.1.1.1　安装工程计量与计价相关知识

安装工程是指建筑设备和工业设备系统的施工安装，它是工程建设的重要组成部分。建筑设备是指为建筑物的使用者提供生活和工作服务的各种设施和设备系统的总称，包括给排水、变配电、照明、通风空调、供暖、燃气、消防、通信、音响、电视、保安安防及智能化系统。工业设备安装主要是指项目中具有生产能力的建筑设备安装，主要包括机械设备、锅炉、制冷、工业管道与压力容器安装，大型设备、化工塔类设备、建筑钢结构吊装等。

1. 安装工程计量与计价的概念

（1）安装工程的概念

安装工程是指按照工程建设施工图纸和施工规范的规定，把各种设备放置并固定在一定地方，或将工程原材料经过加工并安置、装配而形成产品的工作过程。

安装工程所包括的内容广泛，涉及各种不同的工程专业。建筑行业常见的安装工程有：

电气设备安装工程,给排水、采暖、燃气工程,消防及安全防范设备安装工程,通风空调工程,工业管道工程,刷油、防腐蚀及绝热工程等。这些安装工程按建设项目的划分原则,均属单位工程,它们具有单独的施工设计文件,并有独立的施工条件,是工程造价计算的完整对象。

（2）安装工程计量与计价的概念

安装工程计量与计价是反映拟建工程经济效果的一种技术经济文件。它一般从两个方面计算工程经济效果：一方面为"计量",也就是计算消耗在工程中的人工、材料、机械台班数量；另一方面为"计价",也就是用货币形式反映工程成本。目前,我国现行的计价方法有定额计价方法和清单计价方法。

2. 基本建设各阶段的计量与计价活动

（1）全寿命周期工程造价管理的概念

全寿命周期工程造价管理是可以计算工程项目整个服务期的所有成本(以货币值),直接的、间接的、社会的、环境的等,以确定设计方案的一种技术方法。

全寿命周期工程造价管理是一种实现工程项目全寿命周期,包括建设前期、建设期、使用期和翻新与拆除期等阶段总造价最小化的方法。

（2）工程项目建设程序

工程建设是一种形成固定资产的宏观经济活动,包括新建、扩建、改建、迁建等多种形式。

工程项目建设程序是建设项目从设想、选择、评估、决策、勘察、设计、施工、竣工验收到投入生产整个建设过程中的各项工作过程及其先后次序,如图1.1所示。

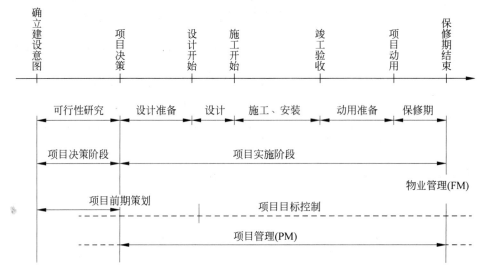

图 1.1　工程项目建设程序

（3）基本建设程序及其各阶段的计量与计价活动内容

工程计量与计价活动是一个动态过程,按照工程建设程序,不同阶段其活动内容和作用不同,如图1.2所示。

1) 投资估算

投资估算一般是指在项目建议书或可行性研究阶段,建设单位向国家或主管部门申请基本建设投资时,为确定建设项目的投资总额而编制的经济文件。它是国家或主管部门审

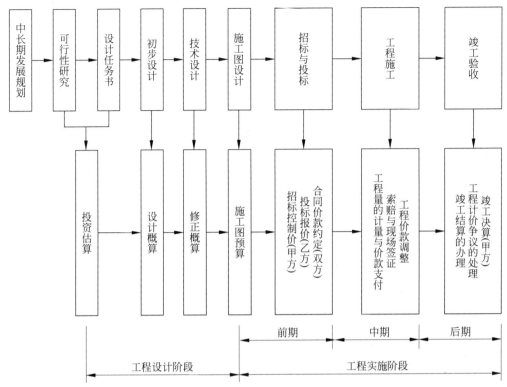

图1.2 基本建设程序及其各阶段的计量与计价活动内容

批或确定基本建设投资计划的重要文件。投资估算主要根据估算指标、概算指标或类似工程预(决)算资料进行编制。

2) 设计概算

设计概算是指在初步设计或扩大初步设计阶段,由设计单位根据初步设计图纸、概算定额或概算指标、设备预算价格、各项费用的定额或取费标准、建设地区的自然和技术经济条件等资料,预先计算建设项目由筹建至竣工验收,交付使用全部建设费用的经济文件。

设计概算的主要作用是控制工程投资和主要物资指标。在方案设计过程中,设计部门通过概算分析比较不同方案的经济效果,选择、确定最佳方案。

3) 修正概算

修正概算是指当采用三阶段设计时,在技术阶段,随着设计内容的具体化,建设规模、结构性质、设备类型和数量等方面内容与初步设计可能有出入,为此,设计单位应对投资进行具体核算,对初步设计概算进行修正而形成经济文件。

修正概算的作用与设计概算基本相同。一般情况下,修正概算不应超过原批准的设计概算。

4) 施工图预算

施工图预算是指在施工图设计阶段,设计全部完成并经过会审,在单位工程开工之前,施工单位根据施工图纸、施工组织设计、预算定额、各项费用取费标准、建设地区自然、技术经济条件等资料,预先计算和确定单项工程及单位工程全部建设费用的经济文件。

施工图预算的主要作用是确定建筑安装工程预算造价和主要物资需用量。在工程设计过程中,设计部门据此控制施工图造价不使其突破概算。施工图预算一经审定便是签订工程建设合同、业主和承包商经济核算、编制施工计划和银行拨款等的依据。

5）招标控制价

招标控制价是招标人根据国家或省级、行业建设主管部门发布的有关计价依据和办法，以及拟定的招标文件和招标工程量清单，结合工程具体情况编制的招标工程最高投标现价，也就是招标人用于对工程发包的最高限价。有的省、市又称拦标价、预算控制价、最高报价值。

6）投标报价

投标报价是在工程采用招标发包的过程中，由投标人按照招标文件的要求，根据工程特点，并结合自身的施工技术、装备和管理水平，依据有关计价规定，自主确定的工程造价，是投标人希望达成工程承包交易的期望价格，原则上它不能高于招标人设定的招标控制价。

7）合同价款约定

合同价款约定是在工程发、承包交易完成后，由发、承包双方以合同形式确定的工程承包交易价格。采用招标发包的工程，其合同价应为投标人的中标价，也即投标人的投标报价。

按照《建设工程工程量清单计价规范》（GB 50500—2013）（以下简称为"13 计价规范"）的规定，实行招标的工程合同价款，应在中标通知书发出之日起 30 天内，由发、承包双方依据招标文件和中标人的投标文件在书面合同中约定。

8）工程量的计量与价款支付（工程结算）

工程量的计量与价款支付（工程结算）是指一个单项工程、单位工程、分部工程或分项工程完工，并经建设单位及有关部门验收后，施工企业根据合同规定，按照施工时经发、承包双方认可的实际完成工程量、现场情况记录、设计变更通知书、现场签证、预算定额、材料预算价格和各种费用取费标准等资料，向建设单位办理结算工程价款、取得收入，用以补偿施工过程中的资金耗费，确定施工盈亏的经济活动。

工程结算一般有定期结算、阶段结算、竣工结算等方式。竣工结算价是在承包人完成合同约定的全部工程承包内容，发包人依法组织竣工验收并验收合格后，由发、承包双方根据国家有关法律法规和"13 计价规范"的规定，按照合同约定的工程造价确定条款，即合同价、合同条款调整内容及索赔和现场签证等事项确定的最终工程造价。

9）索赔与现场签证

索赔是指在合同履行过程中，合同当事人一方因非己方的原因而造成损失，按合同约定或法律法规规定应由对方承担责任，从而向对方提出补偿的要求。

索赔是合同双方行使正当权利的行为，承包人可向发包人索赔，发包人也可向承包人索赔。"13 计价规范"中规定，索赔要具备三要素：一是正当的索赔理由；二是有效的索赔证据；三是在合同约定的时间内提出。

现场签证是指发包人现场代表（或其授权的监理人、工程造价咨询人）与承包人现场代表就施工过程中涉及的责任事件所做的签认证明。

"13 计价规范"中规定，确认的索赔与现场签证费用与工程进度款应同期支付。

10）工程计价争议的处理

在工程计价中，对工程造价计价依据、办法以及相关政策规定发生争议事项时，由工程造价管理机构负责解释。发、承包双方发生工程造价合同纠纷时，工程造价管理机构负责调解工程造价问题。

11）竣工决算

竣工决算是指在竣工验收阶段，当一个建设项目完工并经验收后，建设单位编制的从筹建到竣工验收、交付使用全过程实际支出的建设费用的经济文件。竣工决算能全面反映基本建设的经济效果,是核定新增固定资产和流动资产价值、办理交付使用的依据。

1.1.1.2 基本建设的内容和建设项目的划分

1. 基本建设的内容

基本建设是国民经济各部门固定资产的再生产,即人们使用各种施工机具对各种建筑材料、机械设备等进行建造和安装,使之成为固定资产的过程,其中包括生产性和非生产性固定资产的更新、改建、扩建和新建。与此相关的工作,如征用土地、勘察、设计、筹建机构、培训生产职工等也包括在内。

基本建设的内容一般包括5个部分:①建筑工程;②设备安装工程;③设备、工具、器具及生产家具的购置;④勘察设计;⑤其他基本建设工作。

2. 建设项目的划分

根据我国现行规定,基本建设工程分为建设项目、单项工程、单位工程、分部工程、分项工程,它们之间的关系如图1.3所示。

(1)建设项目

一个具体的基本建设工程,通常就是一个建设项目。它是由一个或几个单项工程组成。

(2)单项工程

单项工程(又称工程项目)是指在一个建设项目中,具有独立的设计文件,竣工后可以独立发挥生产能力或效益的工程。民用建筑中,如一所学校里的教学楼、图书馆、食堂均为一个单项工程。

(3)单位工程

单位工程是指在竣工后一般不能独立发挥生产能力或效益,但具有独立设计文件,可以独立组织施工的工程。一个生产车间(单项工程)的建造可分为建筑工程、安装工程、装饰工程等若干单位工程。

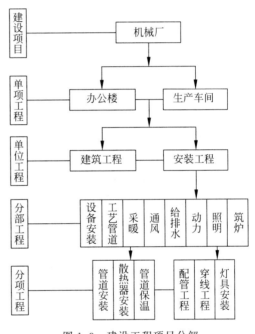

图1.3 建设工程项目分解

(4)分部工程

分部工程是单位工程的组成部分,是单位工程的进一步细化。按照工程部位,如安装工程(单位工程)可分为采暖、通风、给排水、动力、照明等分部工程。

(5)分项工程

分项工程是分部工程的组成部分。按照不同的施工方法、不同的材料、不同的规格,可将一个分部工程分解为若干个分项工程,如照明工程(分部工程)可分为配管工程、穿线工程、灯具安装工程等分项工程。

分项工程是建设项目划分的最小单位,分项工程是计算单位价格和实物工程量最基本的构成要素。

1.1.1.3　建设项目工程造价的组合

建设项目的划分是由总到分的过程,而建设工程造价的组合是由分到总的过程。

首先,确定各分项工程的造价(分项工程的造价=分项工程工程量×综合单价),由若干分项工程的造价组合成分部工程的造价;由若干分部工程的造价组合成单位工程的造价;由若干单位工程的造价组合成单项工程的造价;最后,由若干单项工程的造价汇总成建设项目的总造价。

安装工程是整个建设项目中占重要地位的单位工程,在很多大型建设项目中建筑设备安装工程造价占整个建设项目造价的40%左右,而且随着人们对日常生活环境、工作办公条件的使用要求越来越高,对各种建筑设施要求更加完善,对机电安装工程的标准和技术要求也越来越高,安装工程工程量相对会越来越大,安装工程在建筑安装工程中所占地位会逐年增加,造价所占比例也会逐渐增多。

任务 1.1.2　安装工程预算书的编制

1.1.2.1　安装工程预算书的编制依据

安装工程施工图预算的实质是安装工程"计量与计价"。"计量"主要是依据施工图纸及相关规范、图集等编制工程量清单,计算清单工程量;"计价"主要是依据施工图纸、相关的计价定额和计价办法及造价信息形成各阶段工程造价。安装工程施工图预算主要采用工程量清单计价法,主要依据文件包括计量和计价两类文件。

1. 安装工程计量与计价依据

工程计量是以某工程项目的工程设计文件、工程签证等为依据,按照一定的计算规范规则对分项工程的数量做出正确的计算、对分项工程的特征进行详细描述,并以一定的计量单位表述,进行工程量的计算,并以此作为确定工程造价的基础。工程计价是指根据"13 计价规范"的工程量计算规则编制的工程量清单,套用相关定额,并依据相关的市场价格对定额中的费用组成进行调整,组合综合单价,进而完成工程量清单计价要求的相关费用内容。

安装工程计量与计价的主要依据有安装工程施工图和设计说明、预算定额、材料预算价格、各项费用取费标准、施工组织设计、有关手册资料及合同或协议。

(1) 安装工程施工图和设计说明

安装工程施工图有给排水工程、电气设备安装工程、消防工程、通风空调工程、供暖工程、燃气工程等单位工程施工图。单位工程施工图一般包括平面布置图、系统图和施工详图。各单位工程施工图上均应标明施工内容与要求;管道、设备及器具等的布置位置;管材类别及规格、管道敷设方式;设备类型及规格;器具类型及规格;安装要求及尺寸等。同时还应具备与其配套的土建施工图和有关标准图。

设计说明是安装工程施工图上不能直接表达的内容,一般都要通过设计说明进一步阐明,说明设计依据、质量标准、施工方法、材料要求等内容。设计说明是施工图的补充,也是施工图的重要组成部分。施工图和设计说明都直接影响着工程量计算的准确性和定额项目的选套及单价的高低,在编制施工图预算时,施工图和设计说明应结合考虑。

（2）预算定额

国家颁发的现行《全国统一安装工程预算定额》以及各地方主管部门颁发的现行《安装工程消耗量定额》和《安装工程价目表》，还有编制说明和定额解释等，都是编制安装工程施工图预算的依据。在编制施工图预算时，首先应根据相应预算定额规定的工程量计算规则、项目划分、施工方法和计量单位分别计算出分项工程量，然后选套相应定额项目基价，作为计算工程成本、利润、税金等费用的依据。

（3）材料预算价格

材料预算价格是进行定额换算和工程结算的依据，材料、设备及器具在安装工程造价中占较大比重，约占70%。因此，准确确定和选用材料预算价格，对提高施工图预算编制质量和降低工程预算造价有着重要的经济意义。

（4）各项费用取费标准

各地方主管部门制定颁发的现行《建筑安装工程费用定额》是编制施工图预算，确定单位工程造价的依据。在确定建筑产品价格时，应根据工程类别和施工企业级别及纳税人地点的不同等准确无误地选择相应的取费标准，以保证建筑产品价格的客观性和科学性。

（5）施工组织设计

安装工程施工组织设计是组织施工的技术、经济和组织的综合性文件。它所确定的各分部分项工程的施工方法、施工机械和施工平面布置图等内容，是计算工程量、选套定额项目确定其他直接费和间接费不可缺少的依据。在编制施工图预算前，必须熟悉相应单位工程施工组织设计及其合理性。

（6）有关手册资料

有关手册资料包括建设工程所在地区主管部门颁布的有关编制施工图预算的文件及材料手册、预算手册。地区主管部门颁布的有关文件中明确规定了费用项目划分范围、内容和费率增减幅度，以及人工、材料和机械价格差调整系数等经济政策。在材料、预算等手册中可查出各种材料、设备、器具、管件等的类型、规格，主要材料损耗率和计算规则等内容。

（7）合同或协议

施工单位与建设单位签订的工程施工合同或协议是编制施工图预算的依据。合同中规定的有关施工图预算的条款，在编制施工图预算时应予以充分考虑，如工程承包形式、材料供应方式、材料价差结算、结算方式等内容。

2. 广东省安装工程计量与计价依据

广东省安装工程计量与计价依据主要包括"13计价规范"、《通用安装工程工程量计算规范》(GB 50586—2013)(简称"13计量规范")、《关于贯彻〈通用安装工程工程量计算规范〉(GB 50856—2013)的实施意见》(粤建造发〔2014〕4号)、《广东省通用安装工程工程量清单计价指引(2013)》、住房城乡建设部、财政部《关于印发〈建筑安装工程费用项目组成〉的通知》(建标〔2013〕44号)和《广东省通用安装工程综合定额》(2018版)。

《建设工程工程量清单计价规范》(GB 50500—2013)是根据《中华人民共和国建筑法》《中华人民共和国合同法》《中华人民共和国招标投标法》等法律法规，在总结《建设工程工程量清单计价规范》(GB 50500—2008)实施以来的经验和执行过程中存在问题的基础上修编的。自2013年7月1日起实施执行。

GB 50500—2013适用于建设工程发承包及实施阶段的计价活动，主要包括招标工程量清单、招标控制价、投标报价、工程计量、合同价款调整、合同价款结算与支付以及工程造价鉴定等整个项目实施过程的工程造价文件的编制与核对。

1.1.2.2　安装工程施工图预算书的编制步骤

安装工程施工图预算书的编制步骤如图 1.4 所示。

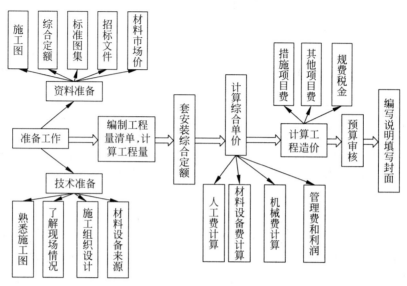

图 1.4　安装工程施工图预算书的编制步骤

1. 收集资料,熟悉施工图

(1) 熟悉施工图

全面、系统地识读施工图是计算工程造价的第一步,需注意以下几点。

1) 认真整理编排图纸,了解施工顺序,全局性图纸在前,局部图纸在后;先施工的图纸在前,后施工的图纸在后;重要的图纸在前,次要图纸在后。

2) 认真阅读设计说明,掌握安装构件的部位和尺寸,安装施工要求及特点。

3) 根据设计说明要求,了解设计所采用的质量规范;收集图纸选用的标准图、大样图。

4) 了解施工图的施工范围、各系统的工作原理、平面图与系统图的对应关系。

5) 了解各专业施工工序之间的关系。

6) 了解施工难点、施工重点。

7) 对图纸中的错、漏以及表示不清楚的地方进行记录,及时向建设单位和设计单位咨询解决。

(2) 阅读工程招标和合同文件

要了解工程招标和合同文件,先要仔细阅读招标文件的技术要求,熟悉主要材料设备的性能要求与图纸要求是否对应;另外,招标文件中很多内容在图纸上是反映不出来的,如材料设备的供货方式、工程包干方式、结算方式、工期及相应奖罚措施等内容,而这些恰是影响工程造价的关键因素之一,应仔细阅读工程招标和合同文件。

(3) 熟悉清单工程量计算规则

依据"13 计量规范"、《关于贯彻〈通用安装工程工程量计算规范〉(GB 50856—2013)的实施意见》(粤建造发〔2014〕4 号)等相关规范规则要求,计算图纸工程量。

（4）了解施工组织设计

施工组织设计的内容会影响工程造价的合理性,特别是施工难点、施工重点及对应的专项施工方案是编制措施项目费不可或缺的依据。了解各分部分项工程的施工方法,土方工程中余土外运方式、运距,总平面图上对建筑材料、构件等堆放点到施工操作地点的距离等,以便能正确计算工程量和正确套用或确定某些分项工程的基价。这些有利于提高施工图审读质量,提高工程造价的合理性。

（5）明确主材和设备的来源情况

材料及工程设备的价格占整个安装工程造价的70%左右,材料设备价格是否合理严重影响工程造价。首先要明确材料设备品牌、档次、规格;其次根据要求,查询相应季度的相关造价站发布的价格信息、参考厂商指导价、市场询价,尽量做到材料设备价格合理、高性价比。

2. 编制工程量清单,计算工程量

1）编制工程量清单。

2）计算工程量是工程造价最基础的工作,在计算中要做到依据充分,数据合理。在计算时要遵循以下原则。

① 图纸工程量计量要与相应的计量规范的项目在项目名称、计量单位、项目特征、计算规则上一致;

② 工程量计算精度应统一,应避免漏算、错算、重复计算;

③ 应将相同分项工程的工程数量整理、合并、汇总列表。

3. 计算综合单价、分部分项工程费

4. 计算措施项目费

措施项目是指为完成工程项目施工,发生于该工程施工准备和施工过程中的技术、生活、安全、环境保护等方面的项目。

5. 计算其他项目费、规费、税金

6. 各专业单位工程造价汇总成单项工程造价

7. 编制说明、完成封面填写

8. 审核、校对、打印、装订、出造价成果文件

1.1.2.3 安装工程施工图预算的编制方法

根据《建筑工程施工发包与承包计价管理办法》(中华人民共和国住房和城乡建设部令第16号)第六条规定:全部使用国有资金投资或者以国有资金投资为主的建筑工程(以下简称国有资金投资的建筑工程),应当采用工程量清单计价;非国有资金投资的建筑工程,鼓励采用工程量清单计价。

依据上述规定,安装工程施工图预算主要采用工程量清单计价办法。目前还存在少量工料单价法。综合单价法是工程量清单计价模式采用的计价方式,工料单价法是传统计价模式采用的计价方式。

1. 综合单价法

综合单价法也称工程量清单计价方法,是编制招标控制价、投标报价、新增项目综合单价,完成相应工程造价活动的重要方法。接下来介绍采用综合单价法编制工程量清单、计算综合单价、计算分部分项工程费、计算措施项目费、计算其他项目费、计算规费和税金等内容。

（1）工程量清单设置方法

工程量清单是由招标人（甲方）按照"13 计价规范"附录中统一的项目编码、项目名称、项目特征、计量单位和工程量计算规则进行编制的表现建设工程的分部分项工程项目、措施项目、其他项目、规费项目和税金项目名称和相应数量的明细清单。

依据"13 计量规范"、《关于贯彻〈通用安装工程工程量计算规范〉（GB 50856—2013）的实施意见》（粤建造发〔2014〕4 号）等相关规范规则要求，按图纸单位工程的专业分类，按施工工艺、结构部位或材料类型编制工程量清单。

工程量清单应根据规定的项目编码、项目名称、项目特征、计量单位和计算规则进行编制。

① 项目编码用十二位阿拉伯数字表示。1～9 位应按规范规定设置；10～12 位应根据拟建工程的工程量清单项目名称和项目特征设置，通用安装工程工程量清单编码前两位为03。同一招标工程的项目编码不得有重码。

② 项目名称及项目特征描述应按"13 计量规范"清单设置要求，并结合拟建项目的实际情况进行描述。

③ 计量单位应按"13 计量规范"清单设置要求，采用基本单位编制。

④ 工程量应按"13 计量规范"规定的工程量计算规则计算。

例 1.1 某 9 层高防雷工程，设计天面避雷网采用 $\phi10$ 镀锌热轧圆盘条沿女儿墙支架敷设，按设计图示长度为 480m。试按"13 计量规范"编制工程量清单。

查阅"13 计量规范"，得出：

天面避雷网 9 位的项目编码为"030409005"；项目名称为"避雷网"；计量单位为"m"；计算规则为"按设计图示尺寸以长度计算（含附加长度）"。

查阅"13 计量规范"，天面避雷网的附加长度＝按接地母线、引下线、避雷网全长×3.9%。

计算天面避雷网的清单工程量为

$$480m \times (1 + 3.9\%) = 498.72m$$

工程量清单如表 1.1 所示。

表 1.1　分部分项工程和单价措施项目清单与计价表

工程名称：天面防雷　　　　　　　　　标段：

序号	项目编码	项目名称	项目特征描述	计量单位	工程量	金额/元		
						综合单价	合价	其中 暂估价
		分部工程						
1	030409005001	避雷网	1.名称：天面避雷网 2.材质：镀锌热轧圆盘条 3.规格：$\phi10$ 4.安装形式：沿女儿墙支架敷设	m	498.72			
2	...							
小计								

（2）综合单价编制方法

综合单价是指完成一个规定计量单位的分部分项工程和措施清单项目所需的人工费、材料和工程设备费、施工机具使用费和企业管理费、利润以及一定范围内的风险费用。

① 依据《广东省通用安装工程综合定额》（2018 版）（简称"18 安装定额"）的定额工程量计算规则，计算定额工程量。

② 查阅"18 安装定额"，根据定额工程量与清单工程量的比例关系调整定额工程量，并根据对应时期价格信息调整人、材、机价格，计算综合单价。

③ 分部分项工程费＝$\sum$（清单工程量×综合单价）。

例 1.2 某 9 层高防雷工程，设计天面避雷网采用 ϕ10 镀锌热轧圆盘条沿女儿墙支架敷设，按设计图示长度为 480m。镀锌热轧圆盘条 ϕ10 材料价格 3.8 元/m。试依据"18 安装定额"计算天面避雷网的分部分项工程费（利润按人工费、机具费的 20％计算）。

解 第一步：计算清单工程量和定额组价工程量。

由"例 1.1"得知天面避雷网的清单工程量为

$$480m×(1+3.9\%)=498.72m$$

定额组价工程量由定额的工程量计算规则得知，定额组价工程量同清单工程量。

第二步：依据"18 安装定额"计价，即计算表 1.2 的综合单价。

查阅"18 安装定额"得知，该定额子目为 C4-9-27，定额单位"10m"：其中定额人工费 260.65 元、材料费 27.13 元、机具费 16.86 元、管理费 79.76 元；型钢避雷线的消耗量为 [10.500]，即未计价材料的消耗量为 10.500m/（10m）。

注意定额下面的备注"未计价材料：避雷线"，即"镀锌热轧圆盘条 ϕ10"为未计价材料；查"18 安装定额"下册附录，得知镀锌热轧圆盘条 ϕ10 的损耗率为 5％（即型钢损耗率）；计算得出该材料定额单位的：

消耗量为

$$10m+10m×5\%=10.5m$$

材料单价为

$$(10.5×3.8)元/(10m)=39.90 元/(10m)$$

定额单位利润为

（人工费＋机具费）×20％＝[(260.65+16.86)×20%]元/(10m)=55.50 元/(10m)

第三步：计算综合单价。

综合单价＝[(260.65+27.13+39.90+16.86+79.76+55.50)/10]元/m=47.98 元/m。

第四步：计算分部分项工程费。

分部分项工程费为

清单工程量×综合单价=498.72m×47.98 元/m=23928.59 元

工程量清单综合单价分析表如表 1.2 所示。

表 1.2　工程量清单综合单价分析表

工程名称：电气安装工程

项目编码	030409005001	项目名称	避雷网	计量单位	m	工程量	498.72

| | | | | | 清单综合单价组成明细 | | | | | |

定额编号	子目名称	定额单位	数量	单价				合价			
				人工费	材料费	机具费	管理费和利润	人工费	材料费	机具费	管理费和利润
C4-9-27	避雷网,沿女儿墙支架敷设	10m	0.1	260.65	27.13	16.86	135.26	26.07	2.71	1.69	13.53
人工单价		小计						26.07	2.71	1.69	13.53
综合工日		未计价材料费						3.99			
清单项目综合单价								47.99			

材料费明细	主要材料名称、规格、型号	单位	数量	单价/元	合价/元	暂估单价/元	暂估合价/元
	镀锌热轧圆盘条 $\phi10$	m	1.05	3.8	3.99		
	材料费小计			—	3.99	—	0

（3）措施项目费的编制方法

措施项目费主要包括专业措施项目费、安全文明施工及其他措施项目费,根据"13 计量规范"规定"措施项目中列出了项目编码、项目名称、项目特征、计量单位、工程量计算规则的项目,编制工程量清单时,应按分部分项工程的规定执行",这种情况属单价项目,计算工程量,清单明细列入分部分项工程工程量清单计价表,按实际发生的工程量进行结算;措施项目属总价项目,根据工程特点,按规定的系数×计费基数计算,在整个项目实施过程中费用一般不调整。

（4）其他项目费的编制方法

其他项目费包括暂列金额、暂估价、计日工、总包服务费等,依据"13 计量规范"规定计取。

（5）规费和税金的编制方法

规费主要包括工程排污费、社会保障费、住房公积金和工伤保险。规费费用＝分部分项工程人工费×费率。费率采用施工企业所在地造价管理部门所规定的费率。

税金＝[（分部分项工程人工费＋措施项目费＋其他项目费＋规费）×费率]。费率采用施工企业所在地造价管理部门所规定的费率。

（6）单位工程造价＝分部分项工程费＋措施项目费＋其他项目费＋规费＋税金

$$单项工程造价 = \sum 单位工程造价$$

$$建设项目造价 = \sum 单项工程造价$$

2．工料单价法

工料单价法主要适用小型项目、零星维修工程、编制企业定额测算成本、施工企业成本等造价活动。

工料单价法是指以分部分项工程单价为直接工程费单价，用分部分项工程量乘以对应分部分项工程单价后的合计为单位工程直接工程费。直接工程费汇总后另加措施费、间接费、利润、税金生成工程承发包价。计算公式如下：

$$分项工程工料单价＝工日消耗量×日工资单价＋\sum（材料消耗量×材料预算单价）＋$$

$$\sum（机械台班消耗量×机械台班单价）$$

$$直接工程费＝\sum（工程量×分项工程工料单价）$$

$$工程发包价、承包价＝直接工程费＋措施费＋间接费＋利润＋税金$$

$$施工企业成本价＝直接工程费＋措施费＋间接费＋税金$$

项目 1.2　安装工程定额

教学导航

项目任务	任务 1.2.1　认识安装工程定额	参考学时	4
	任务 1.2.2　安装工程定额应用		
教学载体	多媒体课室、教学课件及教材相关内容		
教学目标	知识目标	了解安装工程定额；熟悉套用安装工程定额；掌握安装工程定额换算	
	能力目标	能够套用安装工程定额，并进行换算	
过程设计	任务布置及知识引导—学习相关新知识—解决与实施工作任务—检查与评价		
教学方法	项目教学法		

任务 1.2.1　认识安装工程定额

1.2.1.1　定额的概念与分类

1．定额的概念

定额即规定的额度，是在正常的生产(施工)组织和先进的生产(施工)技术条件下，采用科学的方法制定每完成一定计量单位质量合格产品所必须消耗的人工、材料、机械台班和资金的数量标准。

定额具有科学性、系统性、统一性、权威性、稳定性和时效性等特点。

综合定额是确定一定计量单位的分部分项工程或结构构件的人工、材料、机械消耗量的标准，同时以计价为主，取代预算定额。综合定额是作为编制施工图预算(招标控制价)、合同价款调整、办理竣工结算、调解工程造价纠纷和鉴定工程造价的依据，是合理确定和有效控制工程造价、衡量投标报价合理性的基础，也是编制概算定额和概算指标的基础。

2．定额的分类

定额种类繁多，其内容和形式是根据生产建设的需要而制定的，因此，不同的定额及其在使用中的作用也不尽相同,各种定额分类如图1.5所示。

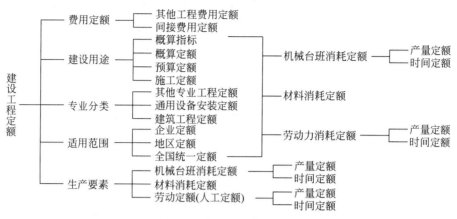

图 1.5　建设工程定额分类

1.2.1.2　广东省通用安装工程综合定额

《广东省通用安装工程综合定额》(2018版)(以下简称"18安装定额")是在国家标准《建设工程工程量清单计价规范》(GB 50500—2013)、《建设工程劳动定额》(LD/T 75.1—2008)、《通用安装工程消耗量定额》(TY 02-31—2015)和《广东省建设工程计价依据》(2010年)的基础上,结合本省实际,根据现行国家产品标准、设计规范和施工验收规范、质量评定标准、安全操作规程、绿色施工评价标准等编制而成,自2019年3月1日执行。

1.适用范围与组成

(1)适用范围

"18安装定额"适用于全省行政区域内采用绿色施工标准新建、扩建和改建的工业与民用建筑通用安装工程。

(2)组成

"18安装定额"由《机械设备安装工程》《热力设备安装工程》《静置设备与工艺金属结构制作安装工程》《电气设备安装工程》《建筑智能化工程》《自动化控制仪表安装工程》《通风空调工程》《工业管道工程》《消防工程》《给排水、采暖、燃气工程》《通信设备及线路工程》《刷油、防腐蚀、绝热工程》共12册组成,子目基价及其组项价格均不包含增值税可抵扣进项税额,如表1.3所示。

表 1.3　"18安装定额"组成

册　号	册　名　称	册　号	册　名　称
第一册	机械设备安装工程	第七册	通风空调工程
第二册	热力设备安装工程	第八册	工业管道工程
第三册	静置设备与工艺金属结构制作安装工程	第九册	消防工程
第四册	电气设备安装工程	第十册	给排水、采暖、燃气工程
第五册	建筑智能化工程	第十一册	通信设备及线路工程
第六册	自动化控制仪表安装工程	第十二册	刷油、防腐蚀、绝热工程

2．内容

"18安装定额"各专业册按章、节、项目、子目排列,各册均有总说明、册说明、章说明、工程量计算规则、分部分项工程项目、措施项目、其他项目、税金、附录,项目由工作内容和定额表格组成,有的加上必要的附注。工作内容简单扼要说明主要施工工序,次要施工工序虽未具体说明,但均已综合考虑在内。

分部分项项目编制了各种安装工程的分项工程(或结构构件)的消耗量标准,以定额子目的形式表现,包括子目名称、工作内容、计量单位、计价明细表、附注等,如表1.4所示。

表1.4　C.4.9.5避雷网

工作内容：平直、下料、测位、打眼、埋卡子、焊接、固定、补漆。　　　　　　　　　　　　　　10m

分类	编码	名称	单位	单价/元	消耗量	
		定额编号			C4-9-26	C4-9-27
		子目名称			避雷网安装	
					沿混凝土块敷设	沿折板支架敷设
		基价/元			135.87	384.40
其中		人工费/元			88.17	260.65
		材料费/元			11.51	27.13
		机具费/元			8.43	16.86
		管理费/元			27.76	79.76
人工	00010010	人工费	元	—	88.17	260.65
材料	27050080	型钢避雷线	m	—	[10.500]	[10.500]
	01010105	镀锌热轧圆盘条φ10以内	kg	4.10	0.200	0.150
	03135001	低碳钢焊条综合	kg	6.01	0.250	1.000
	04010020	复合普通硅酸盐水泥PC32.5	kg	0.32	0.780	—
	04030015	中砂	m³	78.68	0.002	—
	13030240	厚漆	kg	10.26	0.020	0.027
	13050080	防锈漆C53-1	kg	16.13	0.040	0.045
	14010010	清油	kg	13.07	0.010	0.012
	18250510	扁铁卡子25×4	kg	5.37	1.360	0.500
	03139281	钢锯条	条	0.43	—	2.000
	33010020	镀锌扁钢支架40×3	kg	5.36	—	2.800
	99450760	其他材料费	元	1.00	0.50	0.79
机具	990901010	交流弧焊机容量21kV·A	台班	64.83	0.130	0.260

工作内容列于定额子目表左上角,是指该定额子目所含的工作内容、施工方法和质量要求等,该内容简单扼要说明主要施工工序,对次要的工序虽然没有具体说明,但已综合考虑在定额子目费用中。例如,"配管中镀锌电线管砖、混凝土结构明配子目,公称直径(××mm以内)"定额子目列出了"测位、划线、打眼、埋螺栓、锯管、套丝、煨弯、配管、接地、穿引线、补漆"工作内容。根据该定额子目的材料消耗量明细可以看出"安装管卡子、管接头"等

次要工序已包含在"配管"的工作内容中。

计量单位列于定额子目表右上角,由于某些分项工程基本单位所需要人材机消耗量很少,因此根据实际情况,定额子目中除以基本单位作为计量单位外,部分还使用扩大单位来计量,如"10m、10m²、100m、100kg"等。

定额子目明细表由定额编号、子目名称、基价三部分组成。"18 安装定额"子目名称按不同分项工程子目的规格、步距列表分类;基价包括人工费、材料费、机具费、管理费。

消耗量明细是对定额基价的各项费用展开,人材机消耗内容以"编码"的形式统一,以方便统一管理、识别及调整信息价。

附注是指对某些定额子目的使用加以必要补充说明。

3.定额基价的组成

(1)人工费

"18 安装定额"中规定人工费是指直接从事施工作业的生产工人的薪酬,包括基本用工、辅助用工、人工幅度差、现场运输及清理现场等用工费用,已经综合考虑了不同工种、不同技术等级等因素,内容包括工资性收入、社会保险费、住房公积金、工会经费、职工教育经费、职工福利费及特殊情况下支付的工资等。

1)工资性收入:按计时工资标准和工作时间或对已完工作按计件单价支付给工人的劳动报酬。

2)社会保险费:在社会保险基金的筹集过程中,企业按照规定的数额和期限向社会保险管理机构缴纳的费用,包括基本养老保险费、基本医疗保险费、工伤保险费、失业保险费和生育保险费。

3)住房公积金:企业按规定标准为职工缴纳的住房公积金。

4)工会经费:企业按《中华人民共和国工会法》规定的全部职工工资总额比例计提的工会经费。

5)职工教育经费:按职工工资总额的规定比例计提,企业为职工进行专业技术和职业技能培训、专业技术人员继续教育、职工职业技能鉴定、职业资格认定以及根据需要对职工进行各类文化教育所发生的费用。

6)职工福利费:企业为职工提供的除职工工资性收入、职工教育经费、社会保险费和住房公积金以外的福利待遇支出。

7)特殊情况下支付的工资:根据国家法律、法规和政策规定,因病、婚丧假、事假、探亲假、定期休假、停工学习、高温作业、执行国家或社会义务等原因,按计时工资标准或计时工资标准的一定比例支付的工资。

"18 安装定额"的人工按 8 小时工作制计算,借工、时工 4 小时以内按半个工日计算,4 小时以上 8 小时以内按一个工日计算;停工、窝工按日历天计算。借工、时工、停工、窝工单价按工程所在地造价主管部门相关规定计算。

"18 安装定额"中人工费按照 2017 年广东省建筑市场综合水平取定,各时期各地区的水平差异可按各市发布的动态人工调整系数进行调整。

(2)材料费

"18 安装定额"材料费是指工程施工过程中耗费的各种原材料、半成品、构配件的费用,包括材料原价、运杂费、运输损耗费和采购及保管费。

1）材料原价：材料的出厂价格或商家供应价格。

2）运杂费：材料自来源地运至工地或指定堆放地点所发生的包装、捆扎、运输、装卸等费用。

3）运输损耗费：材料在运输装卸过程中不可避免的损耗费用。

4）采购及保管费：组织采购和保管材料过程中所需要的各项费用，包括采购费、采购单位仓储及损耗费等。

"18安装定额"中的材料消耗量已含成品、半成品、材料配料等施工及场内运输过程中合理的损耗消耗量，包括直接消耗在施工中的原材料、辅助材料、构配件、零件和半成品等的费用和周转使用材料的摊销（或租赁）费用，并计入相应损耗，其内容和范围包括从工地仓库、现场集中堆放地点或现场加工地点到操作或安装地点的运输损耗、施工操作损耗、施工现场堆放损耗。

用量很少、占材料费比重很小的零星材料未详细列出，其已经合并考虑在其他材料费内，除定额另有说明外不需要另行计算。

周转性材料已按不同施工方法、不同材质按规定的周转次数摊销计入定额内。

"18安装定额"的材料价格按照2017年全省综合水平确定，未注明单价的材料均为未计价材料，基价中不包括其价格，应根据"［　］"内所列的用量计算；子目表格中带"（　）"者，只作换算时使用；子目中带"［　］"者，表示未计价材料。

"18安装定额"的材料按施工单位自行采购考虑。建设单位采购、供应到现场或到施工单位指定地点的材料，由施工单位负责保管的，经双方协商，可以按照材料价格的1.50%收取保管费。

（3）机具费

"18安装定额"中的机具费是指施工作业所发生的施工机械使用费和施工仪器仪表使用费。

1）施工机械使用费是指施工机械作业发生的使用费，包括以下内容。

① 折旧费：施工机械在规定的耐用总台班内，陆续收回其原值的费用。

② 检修费：施工机械在规定的耐用总台班内，按规定的检修间隔进行必要的检修，以恢复其正常功能所需的费用。

③ 维护费：施工机械在规定的耐用总台班内，按规定的维修间隔进行各级维护和临时故障排除所需的费用、保障机械正常运转所需替换设备与随机配备工具附具的摊销费用、机械运转及日常维护所需润滑与擦拭的材料费用及机械停滞期间的维护费用等。

④ 安拆费：施工机械在现场进行安装与拆卸所需的人工、材料、机械和试运转费用以及机械辅助设施的折旧、搭设、拆除等费用。

⑤ 机上人工费：机上司机（司炉）和其他操作人员的工作日人工费及上述人员在施工机械规定的年工作台班以外的人工费。

⑥ 燃料动力费：施工机械在运转作业中所消耗的燃料及水、电等费用。

⑦ 其他费用：施工机械按照国家规定应缴纳的车船税、保险费及检测费等。

2）施工仪器仪表使用费是指工程施工所发生的仪器仪表使用费，包括以下内容。

① 折旧费：施工仪器仪表在耐用总台班内，陆续收回其原值的费用。

② 维护费：施工仪器仪表各级维护、临时故障排除所需的费用以及保证仪器仪表正常

使用所需备件(备品)的维护费用。

③ 校验费：按国家与地方政府规定的标定与检验费用。

④ 动力费：施工仪器仪表在使用过程中所耗用的电费。

"18 安装定额"的施工机具台班消耗量是按正常合理的施工机械、现场校验仪器仪表配备情况和大多数施工企业的装备程度综合取定。实际情况与定额不符时，除各章另有说明外，均不作调整。

凡单位价值在 2000 元以内，使用年限在一年以内的不构成固定资产的工具用具、仪器仪表等未计入综合定额机具费内，但已计在综合定额管理费内。

"18 安装定额"施工机具台班单价按照 2017 年全省综合水平确定，每台班按 8 小时工作制计算。签证机械台班 4 小时以内按半个台班计算，4 小时以上 8 小时以内按一个台班计算。

（4）管理费

"18 安装定额"管理费是指施工企业为完成承包工程而组织施工生产和经营管理所发生的费用，包括以下内容。

1）管理人员薪酬：管理人员的人工费，包括工资性收入、社会保险费、住房公积金、工会经费、职工教育经费、职工福利费及特殊情况下支付的工资等。

2）办公费：企业管理办公用的文具、纸张、账表、印刷、通信、书报、宣传、办公软件、现场监控、会议、水电、烧水和集体取暖、降温(包括现场临时宿舍取暖、降温)等费用。

3）差旅交通费：职工出差的差旅费、市内交通费和误餐补助费，以及管理部门使用的交通工具的油料、燃料、年检等费用。

4）施工单位进退场费：施工单位根据建设任务需要，派遣生产人员和施工机具设备从基地迁往工程所在地或从一个项目迁往另一个项目所发生的搬迁费，包括生产工人调遣的差旅费，调遣转移期间的工资、行李运费，施工机械、工具、用具、周转性材料及其他施工装备的搬运费用等。

5）非生产性固定资产使用费：管理和试验部门及附属生产单位使用的属于非生产性固定资产的房屋、车辆、设备、仪器等的折旧、大修、维修或租赁费。

6）工具用具使用费：企业施工生产和管理使用的不属于固定资产的工具、器具、家具、交通工具和检验、试验、测绘、消防用具等的购置、维修和摊销费。

7）劳动保护费：企业按规定发放的劳动保护用品的支出，如工作服、手套、防暑降温饮料，以及在有碍身体健康的环境中施工的保健费用等。

8）财务费：企业为施工生产筹集资金或提供预付款担保、履约担保、职工工资支付担保等所发生的各种费用。

9）税金：企业按规定缴纳的房产税、非生产性车船使用税、土地使用税、印花税、消费税、资源税、环境保护税、城市维护建设税、教育费附加、地方教育附加等各项税费。

10）其他管理性的费用：技术转让费、技术开发费、投标费、业务招待费、绿化费、广告费、公证费、法律顾问费、审计费、咨询费、保险费、劳动力招募费、企业定额编制费、远程视频监控费、信息化购置运维费、采购材料的自检费用等。

"18 安装定额"的管理费是根据广东省施工企业为组织施工生产和经营管理所发生的费用综合测定的。

管理费以分部分项的人工费与机具费之和为计算基数，按不同费率计算并已列入各章相应项目中,实际执行时应随人工、机具等价格变动而调整,各册管理费费率见附录。

借工、时工的管理费不分工种和技术等级,统一按 20.00 元/工日执行,停工、窝工的管理费按 10.00 元/工日执行。

（5）定额分部分项工程增加费

分部分项工程增加费是指在特殊环境下为完成分部分项工程施工而发生的技术、安全、生活等方面的费用,即对人工降效、材料、机械消耗费用的补偿,该部分费用以人工费形式计入定额基价。可能发生的这部分费用如表 1.5 所示。

表 1.5　分部分项工程增加费

序号	分部分项工程增加费名称	计算方法
1	安装与生产同时增加费	人工费×费率
2	在有害身体健康的环境中增加费	人工费×费率
3	在洞内、地下室内、库内或暗室内进行施工增加费	人工费×费率
4	在管井内、竖井内、封闭天棚内进行施工增加费	人工费×费率
5	工程超高增加费	人工费×费率
6	高层建筑增加费	人工费×费率
7	制冷站(库)、空气压缩站、乙炔发生器、水压机蓄势站、小型制氧站、煤气站等工程的系统调试费	人工费×费率
8	采暖工程调整费	人工费×费率
9	系统调整费	人工费×费率
10	厂区 1～10km 施工增加费	人工费×费率
11	全系统联调费	人工费×费率

（6）其他注意事项

定额子目明细表中注有"×××以内"或"×××以下"者,均包括×××本身;"×××以外"或"×××以上"者,则不包括×××本身。

定额子目内的规格按长×宽×高(厚)、长×宽(厚)或宽×高(厚)的顺序表示,未显示计量单位的均表示该长度为 mm。

任务 1.2.2　安装工程定额应用

1.2.2.1　套用安装工程定额

1. 直接套用安装工程定额

当分项工程设计要求的工程内容、性能特征、施工方法、设备材料名称、规格等与拟套的定额子目规定的工程内容、性能特征、施工方法、设备材料名称、规格等完全一致或基本相似时,可以直接套用该定额子目。拟建工程的分项工程大多数可以直接套用安装工程定额。

例 1.3　沿混凝土结构暗敷 DN20 镀锌电线管 500m,DN20 镀锌电线管的材料单价为8.40 元/m,计算广州地区定额分项工程费。

解　查"18 安装定额"可知:该分项工程设计要求与定额(编号为 C4-11-8)的工作内容一致,可直接套用该定额,得

定额基价:756.13 元/(100m)

敷设 1m DN20 镀锌电线管,需要消耗 1.03m 管材。

定额分项工程费=(756.13×500/100+8.40×500×1.03)元=(3780.65+4326.00)元=8106.65 元

2. 补充定额子目

定额存在时效性等特点,当分项工程设计要求与定额子目的相关条件完全不符,或由于采用新技术、新工艺、新材料而"18 安装定额"没有类似子目或缺项时,需要补充定额,具体方法有如下几种。

(1)定额替代法

利用性能要求、材料类型相似、施工方法接近的定额子目,按一定的系数调整使用。一定的系数要经过施工实践、反复测算、测定,才能保证所补充定额子目的科学性。

(2)定额组合法

若新增分项工程项目的施工工艺与消耗是已有定额子目的组合或分解,在补充制定新定额项目时,便可以直接利用现行定额子目的全部或部分内容,将原综合定额子目叠加或拆分,补充成新定额。

(3)计算补充法

依据综合定额编制原则和方法进行计算补充。参考设计图纸构件或材料做法算出相应的施工数量,材料消耗量=施工数量+损耗量;再按劳动定额和机械台班定额计算人工和机械消耗量。

1.2.2.2　安装工程定额换算

1. 计算定额工程量

按设计图纸计算工程量,根据"18 安装定额"工程量计算规则,调整定额工程量。

例 1.4　敷设一根由低压柜至总配电箱的铜芯电力电缆 VV-3×35+2×16,设计图示长度为 500m,根据"18 安装定额"计算定额工程量。

解　查得"18 安装定额"敷设铜芯电力电缆的定额在第四册上册,查该册第 257~259 页"工程量计算规则"计算电缆附加长度(仅考虑电缆头和低压柜、总配电箱的预留)。

1. 电缆终端头 2 个

预留定额工程量为

$$1.5m×2=3m$$

2. 低压柜及配电箱

预留定额工程量为

$$2.0m×2=4m$$

3. 电缆敷设弛度、波形弯度、交叉的预留长度

$$(500m+3m+4m)×2.5\%=12.675m$$

所以该根电缆定额工程量为

$$(500+3+4+12.675)m=519.675m$$

2. 安装定额换算的内容

(1)直接换算定额子目基价

当施工图设计要求与拟建定额子目的工程内容、材料规格、施工工艺等不完全相符时,就不能直接套用定额,如果定额规定允许换算的话,就按照定额的规定进行换算;如果定额

规定不允许换算的话,就不能对该项定额子目进行换算。可以补充定额。

例1.5 如例1.4,若铜芯电力电缆VV−3×35+2×16材料价格为75.23元/m,计算广州地区定额分项工程费。

解 查得"18安装定额"敷设铜芯电力电缆的定额子目在第四册第261～262页,子目名称及规格只有电缆截面10mm²以下、35mm²以下、70mm²以下、120mm²以下、185mm²以下、240mm²以下、400mm²以下七种规格,与本题要求的三芯加二芯的电缆规格不完全相符,应进行定额换算。首先看第四册"C.4.8电缆"的说明,了解能否换算,查得定额第255页第五条"电力电缆敷设均按三芯(包括三芯连地)考虑的,五芯电缆敷设定额乘以系数1.30"。符合定额换算的条件。

查定额,由第四册第261页得知:定额编号是C4-8-2,得定额基价855.34元/(100m);其中定额人工费619.02元/(100m)、定额材料费39.74元/(100m)、定额机具费14.50元/(100m)、管理费182.08元/(100m);电缆的定额消耗量[101.000]。

本页附注说明"未计价材料:电缆",还要加上电缆的材料价。未计价材料费计算方法如下:

$$未计价材料费 = \sum(材料消耗量 \times 当时当地材料价格)$$
$$= \sum[定额工程量 \times (1+损耗率) \times 当时当地材料价格]$$

首先要查明电缆的定额消耗量是多少? 由第四册定额下册第817页附录中查出电力电缆的损耗率是1.0%,计算定额消耗量公式为

$$100m + 100m \times 1.0\% = 101m$$

电缆主要材料费

$$(75.23 \times 101)元/(100m) = 7598.23元/(100m)$$

所以

定额分项工程费 = (定额基价×1.3+未计价材料费)×定额工程量/定额计量单位工程量 = $[(855.34 \times 1.3 + 7598.23) \times 519.675/100]$元 = 45264.59元

计算定额分项工程费时要注意以下三点。

1) 定额与拟建定额子目的工程内容、材料规格、施工工艺等不完全相符时,需要查找定额的换算系数,定额的换算系数在分部工程(如电缆)章节说明内查找;

2) 未计价材料的损耗率在对应册的附录内查找;

3) 定额消耗量是指安装定额计量单位的工程量(如100m)所消耗材料总量,消耗量 = 施工量+损耗量。

(2) 人材机市场价格的调整换算

根据拟建工程时期对定额分项工程人工、材料、机械单价进行调整,形成拟建工程当期的人工费、材料费、机具费、管理费组价费用,再加上利润,从而完成编制工程量清单综合单价分析表的"单价"工作。

人工价格的换算:"18安装定额"人工费按照2017年广东省建筑市场综合水平取定,各时期各地区的水平差异可按各市发布的动态人工调整系数进行调整,拟建工程应根据各时期各市发布的动态人工调整系数进行调整换算。

材料价格的换算:"18安装定额"的材料价格按照2017年全省综合水平取定,拟建工程应根据各时期各市发布造价材料价格信息进行调整换算,信息价上没有的材料设备应根据

当期的市场价进行调整。

机械台班单价的换算：根据拟建项目的人工、材料当期价格，依据《广东省建设工程施工机具台班费用(2018)》调整机械台班单价。实际工作中，在软件操作中该部分人工、燃油费用等调价工作与人工、材料价格方法一致，而且可以实现同时调整。这里不再阐述，具体调整方法详见计价软件。

例 1.6   如例 1.4，若拟建工程当地当时人工调整系数为 1.2，铜芯电力电缆 $VV-3\times35+2\times16$ 材料价格为 125.23 元/m，其中机具费中所含的人工费不调整。计算敷设该根电缆的人工费、材料费、机具费、管理费。

解   按市场价调整如下：

$$人工费=(619.02\times1.2\times519.675/100)元=3860.27 元$$

$$材料费=[(101\times125.23+39.74)\times519.675/100]元=65936.21 元$$

$$机具费=(14.50\times519.675/100)元=75.35 元$$

$$管理费=(182.08\times519.675/100)元=946.22 元$$

项目 1.3   安装工程计价

教学导航

项目任务	任务 1.3.1 安装工程费用组成与计算	参考学时	2
	任务 1.3.2 安装工程计价模式		
教学载体	机房、教学课件及教材相关内容		
教学目标	知识目标	熟悉安装工程费用项目的构成；掌握安装工程计价	
	能力目标	能够计算安装工程的工程造价	
过程设计	任务布置及知识引导—学习相关新知识—解决与实施工作任务—检查与评价		
教学方法	项目教学法		

任务 1.3.1   安装工程费用组成与计算

根据住房城乡建设部、财政部《关于印发〈建筑安装工程费用项目组成〉的通知》(建标〔2013〕44 号文)。该文件在总结建设部、财政部《关于印发〈建筑安装工程费用项目组成〉的通知》(建标〔2003〕206 号)执行情况的基础上，对《建筑安装工程费用项目组成》进行了修订和调整。安装工程费用项目按费用构成要素组成划分为：人工费、材料费(包含工程设备)、施工机具使用费、企业管理费、利润、规费和税金。其中人工费、材料费、施工机具使用费、企业管理费和利润包含在分部分项工程费、措施项目费、其他项目费中，如图 1.6 所示。

1.3.1.1   安装工程费用组成

第一种划分：按照安装工程费用构成要素划分。

1. 人工费

人工费指按工资总额构成规定，支付给从事建筑安装工程施工的生产工人和附属生产

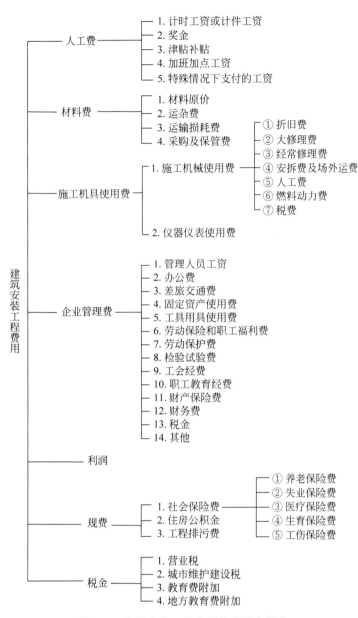

图 1.6　按照安装工程费用构成要素划分

单位工人的各项费用。内容包括如下几项。

（1）计时工资或计件工资

计时工资或计件工资是指按计时工资标准和工作时间或对已做工作按计件单价支付给个人的劳动报酬。

（2）奖金

奖金是指对超额劳动和增收节支支付给个人的劳动报酬，如节约奖、劳动竞赛奖等。

（3）津贴补贴

津贴补贴是指为补偿职工特殊或额外的劳动消耗和因其他特殊原因支付给个人的津贴，以及为保证职工工资水平不受物价影响支付给个人的物价补贴。例如，流动施工津贴、特殊地区施工津贴、高温(寒)作业临时津贴、高空津贴等。

（4）加班加点工资

加班加点工资是指按规定支付的在法定节假日工作的加班工资和在法定日工作时间外延时工作的加点工资。

（5）特殊情况下支付的工资

特殊情况下支付的工资是指根据国家法律、法规和政策规定,因病、工伤、产假、计划生育假、婚丧假、事假、探亲假、定期休假、停工学习、执行国家或社会义务等原因按计时工资标准或计时工资标准的一定比例支付的工资。

2. 材料费

材料费是指施工过程中耗费的原材料、辅助材料、构配件、零件、半成品或成品、工程设备的费用。内容包括以下几项。

（1）材料原价

材料原价是指材料、工程设备的出厂价格或商家供应价格。

（2）运杂费

运杂费是指材料、工程设备自来源地运至工地仓库或指定堆放地点所发生的全部费用。

（3）运输损耗费

运输损耗费是指材料在运输装卸过程中不可避免的损耗。

（4）采购及保管费

采购及保管费是指为组织采购、供应和保管材料、工程设备的过程中所需要的各项费用,包括采购费、仓储费、工地保管费、仓储损耗。

工程设备是指构成或计划构成永久工程一部分的机电设备、金属结构设备、仪器装置及其他类似的设备和装置。

3. 施工机具使用费

施工机具使用费是指施工作业所发生的施工机械、仪器仪表使用费或其租赁费。

（1）施工机械使用费

施工机械使用费以施工机械台班耗用量乘以施工机械台班单价表示,施工机械台班单价应由下列7项费用组成。

① 折旧费：施工机械在规定的使用年限内,陆续收回其原值的费用。

② 大修理费：施工机械按规定的大修理间隔台班进行必要的大修理,以恢复其正常功能所需的费用。

③ 经常修理费：施工机械除大修理以外的各级保养和临时故障排除所需的费用,包括为保障机械正常运转所需替换设备与随机配备工具附具的摊销和维护费用,机械运转中日常保养所需润滑与擦拭的材料费用及机械停滞期间的维护和保养费用等。

④ 安拆费及场外运费。安拆费是指施工机械(大型机械除外)在现场进行安装与拆卸所需的人工、材料、机械和试运转费用,以及机械辅助设施的折旧、搭设、拆除等费用;场外运费是指施工机械整体或分体自停放地点运至施工现场或由一施工地点运至另一施工地点的运输、装卸、辅助材料及架线等费用。

⑤ 人工费：机上司机(司炉)和其他操作人员的人工费。

⑥ 燃料动力费：施工机械在运转作业中所消耗的各种燃料及水、电费用等。

⑦ 税费：施工机械按照国家规定应缴纳的车船使用税、保险费及年检费等。

（2）仪器仪表使用费

仪器仪表使用费指工程施工所需使用的仪器仪表的摊销及维修费用。

4. 企业管理费

企业管理费指建筑安装企业组织施工生产和经营管理所需的费用。内容包括以下几项。

① 管理人员工资：按规定支付给管理人员的计时工资、奖金、津贴补贴、加班加点工资及特殊情况下支付的工资等。

② 办公费：企业管理办公用的文具、纸张、账表、印刷、邮电、书报、办公软件、现场监控、会议、水电、烧水和集体取暖降温（包括现场临时宿舍取暖降温）等费用。

③ 差旅交通费：职工因公出差、调动工作的差旅费、住勤补助费，市内交通费和误餐补助费，职工探亲路费，劳动力招募费，职工退休、退职一次性路费，工伤人员就医路费，工地转移费以及管理部门使用的交通工具的油料、燃料等费用。

④ 固定资产使用费：管理和试验部门及附属生产单位使用的属于固定资产的房屋、设备、仪器等的折旧、大修、维修或租赁费。

⑤ 工具用具使用费：企业施工生产和管理使用的不属于固定资产的工具、器具、家具、交通工具和检验、试验、测绘、消防用具等的购置、维修和摊销费。

⑥ 劳动保险和职工福利费：由企业支付的职工退职金、按规定支付给离休干部的经费、集体福利费、夏季防暑降温、冬季取暖补贴、上下班交通补贴等。

⑦ 劳动保护费：企业按规定发放的劳动保护用品的支出。例如，工作服、手套、防暑降温饮料，以及在有碍身体健康的环境中施工的保健费用等。

⑧ 检验试验费：施工企业按照有关标准规定，对建筑以及材料、构件和建筑安装物进行一般鉴定、检查所发生的费用，包括自设实验室进行试验所耗用的材料等费用。检验试验费不包括新结构、新材料的试验费，对构件做破坏性试验及其他特殊要求检验试验的费用和建设单位委托检测机构进行检测的费用。此类费用由建设单位在工程建设其他费用中列支。但对施工企业提供的具有合格证明的材料进行检测不合格的，该检测费用由施工企业支付。

⑨ 工会经费：企业按《中华人民共和国工会法》规定的全部职工工资总额比例计提的工会经费。

⑩ 职工教育经费：按职工工资总额的规定比例计提，企业为职工进行专业技术和职业技能培训、专业技术人员继续教育、职工职业技能鉴定、职业资格认定，以及根据需要对职工进行各类文化教育所发生的费用。

⑪ 财产保险费：施工管理用财产、车辆等的保险费用。

⑫ 财务费：企业为施工生产筹集资金或提供预付款担保、履约担保、职工工资支付担保等所发生的各种费用。

⑬ 税金：企业按规定缴纳的房产税、车船使用税、土地使用税、印花税等。

⑭ 其他：技术转让费、技术开发费、投标费、业务招待费、绿化费、广告费、公证费、法律顾问费、审计费、咨询费、保险费等。

5. 利润

利润是指施工企业完成所承包工程获得的盈利。

6. 规费

规费是指按国家法律、法规规定,由省级政府和省级有关权力部门规定必须缴纳或计取的费用,包括以下几项。

(1) 社会保险费

① 养老保险费:企业按照规定标准为职工缴纳的基本养老保险费。

② 失业保险费:企业按照规定标准为职工缴纳的失业保险费。

③ 医疗保险费:企业按照规定标准为职工缴纳的基本医疗保险费。

④ 生育保险费:企业按照规定标准为职工缴纳的生育保险费。

⑤ 工伤保险费:企业按照规定标准为职工缴纳的工伤保险费。

(2) 住房公积金

住房公积金指企业按规定标准为职工缴纳的公积金。

(3) 工程排污费

工程排污费指按规定缴纳的施工现场费用。

其他应列而未列入的规费,按实际发生计取。

7. 税金

税金是指国家税法规定的应计入建筑安装工程造价内的营业税、城市维护建设税、教育费附加以及地方教育费附加。

第二种划分:按照造价形成进行安装工程费用划分。

为指导工程造价专业人员计算安装工程造价,将安装工程费用按工程造价形成顺序划分为:分部分项工程费、措施项目费、其他项目费、规费和税金。分部分项工程费、措施项目费、其他项目费包含人工费、材料费(包含工程设备)、施工机具使用费、企业管理费和利润,如图1.7所示。

1. 分部分项工程费

分部分项工程费是指各专业工程的分部分项工程应予列支的各项费用。专业工程是指按现行国家计量规范划分的房屋建筑与装饰工程、仿古建筑工程、通用安装工程、市政工程、园林绿化工程、矿山工程、构筑物工程、城市轨道交通工程、爆破工程等各类工程。分部分项工程是指按现行国家计量规范对各专业工程划分的项目。例如,房屋建筑与装饰工程划分的土石方工程、地基处理与桩基工程、砌筑工程、钢筋及钢筋混凝土工程等。各类专业工程的分部分项工程划分见现行国家或行业计量规范。

2. 措施项目费

措施项目费是指为完成建设工程施工,发生于该工程施工前和施工过程中的技术、生活、安全、环境保护等方面的费用。

(1) 安全文明施工费

① 环境保护费:施工现场为达到环保部门要求所需要的各项费用。

② 文明施工费:施工现场文明施工所需要的各项费用。

③ 安全施工费:施工现场安全施工所需要的各项费用。

④ 临时设施费:施工企业为进行建设工程施工所必须搭设的生活和生产用的临时建筑物、构筑物和其他临时设施的费用。包括临时设施的搭设、维修、拆除、清理费或摊销费等。

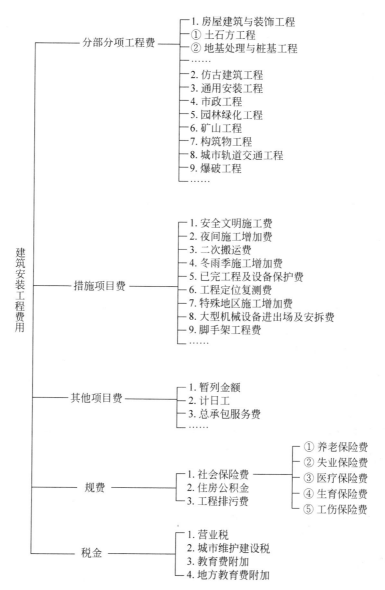

图 1.7　安装工程费用构成按造价形成划分

（2）夜间施工增加费

夜间施工增加费是指因夜间施工所发生的夜班补助费、夜间施工降效、夜间施工照明设备摊销及照明用电等费用。

（3）二次搬运费

二次搬运费是指因施工场地条件限制而发生的材料、构配件、半成品等一次运输不能到达堆放地点，必须进行二次或多次搬运所发生的费用。

（4）冬雨季施工增加费

冬雨季施工增加费是指在冬季或雨季施工需增加的临时设施、防滑、排除雨雪，人工及施工机械效率降低等产生的费用。

（5）已完工程及设备保护费

已完工程及设备保护费是指竣工验收前，对已完工程及设备采取的必要保护措施所发生的费用。

（6）工程定位复测费

工程定位复测费是指工程施工过程中进行全部施工测量放线和复测工作的费用。

（7）特殊地区施工增加费

特殊地区施工增加费是指工程在沙漠或其边缘地区、高海拔、高寒、原始森林等特殊地区施工增加的费用。

（8）大型机械设备进出场及安拆费

大型机械设备进出场及安拆费是指机械整体或分体自停放场地运至施工现场或由一个施工地点运至另一个施工地点，所发生的机械进出场运输及转移费用及机械在施工现场进行安装、拆卸所需的人工费、材料费、机具费、试运转费和安装所需的辅助设施的费用。

（9）脚手架工程费

脚手架工程费是指施工需要的各种脚手架搭、拆、运输费用以及脚手架购置费的摊销（或租赁）费用。

措施项目及其包含的内容详见各类专业工程的现行国家或行业计量规范。

3．其他项目费

（1）暂列金额

暂列金额是指建设单位在工程量清单中暂定并包括在工程合同价款中的一笔款项。用于施工合同签订时尚未确定或者不可预见的所需材料、工程设备、服务的采购，施工中可能发生的工程变更、合同约定调整因素出现时的工程价款调整以及发生的索赔、现场签证确认等的费用。

（2）计日工

计日工是指在施工过程中，施工企业完成建设单位提出的施工图纸以外的零星项目或工作所需的费用。

（3）总承包服务费

总承包服务费是指总承包人为配合、协调建设单位进行的专业工程发包，对建设单位自行采购的材料、工程设备等进行保管以及施工现场管理、竣工资料汇总整理等服务所需的费用。

4．规费

规费是指按国家法律、法规规定，由省级政府和省级有关权力部门规定必须缴纳或计取的费用，包括以下几项。

（1）社会保险费

① 养老保险费：企业按照规定标准为职工缴纳的基本养老保险费。

② 失业保险费：企业按照规定标准为职工缴纳的失业保险费。

③ 医疗保险费：企业按照规定标准为职工缴纳的基本医疗保险费。

④ 生育保险费：企业按照规定标准为职工缴纳的生育保险费。

⑤ 工伤保险费：企业按照规定标准为职工缴纳的工伤保险费。

（2）住房公积金

住房公积金是指企业按规定标准为职工缴纳的住房公积金。

（3）工程排污费

工程排污费是指企业按规定缴纳的施工现场工程排污费。

其他应列而未列入的规费按实际发生计取。

5. 税金

税金是指国家税法规定的应计入建筑安装工程造价内的营业税、城市维护建设税、教育费附加以及地方教育费附加。

1.3.1.2 安装工程费用计算

根据建标〔2013〕44号文，建筑安装工程费用参考计算方法如下。

第一种：按费用构成要素划分的安装工程造价参考计算方法。

1. 人工费

$$人工费 = \sum（工程工日消耗量 \times 日工资单价）$$

日工资单价是指施工企业平均技术熟练程度的生产工人在每工作日（国家法定工作时间内）按规定从事施工作业应得的日工资总额。

工程造价管理机构确定日工资单价应通过市场调查，根据工程项目的技术要求，参考实物工程量人工单价综合分析确定，最低日工资单价不得低于工程所在地人力资源和社会保障部门所发布的最低工资标准的1.3倍（普工）、2倍（一般技工）、3倍（高级技工）。

工程计价定额不可只列一个综合工日单价，应根据工程项目技术要求和工种差别适当划分多种日人工单价，确保各分部工程人工费的合理构成。

2. 材料费（包含工程设备）

（1）材料费

$$材料费 = \sum（材料消耗量 \times 材料单价）$$

$$材料单价 = [（材料原价 + 运杂费）\times（1 + 运输损耗率）] \times$$
$$[1 + 采购保管费费率（\%）]$$

（2）工程设备费

$$工程设备费 = \sum（工程设备量 \times 工程设备单价）$$

$$工程设备单价 = （设备原价 + 运杂费）\times [1 + 采购保管费费率（\%）]$$

3. 施工机具使用费

（1）施工机械使用费

$$施工机械使用费 = \sum（施工机械台班消耗量 \times 机械台班单价）$$

$$机械台班单价 = 台班折旧费 + 台班大修费 + 台班经常修理费 +$$
$$台班安拆费及场外运费 + 台班人工费 + 台班燃料动力费 +$$
$$台班车船税费$$

注：工程造价管理机构在确定计价定额中的施工机械使用费时，应根据《建筑施工机械台班费用计算规则》，结合市场调查编制施工机械台班单价。施工企业可以参考工程造价管

理机构发布的台班单价,自主确定施工机械使用费的报价,如租赁施工机械,公式为:施工机械使用费 $=\sum$(施工机械台班消耗量×机械台班租赁单价)。

(2)仪器仪表使用费

$$仪器仪表使用费=工程使用的仪器仪表摊销费+维修费$$

4. 企业管理费费率

(1)以分部分项工程费为计算基础

$$企业管理费费率(\%)=\frac{生产工人年平均管理费}{年有效施工天数×人工单价}×人工费占分部分项工程费比例(\%)$$

(2)以人工费和机具费合计为计算基础

$$企业管理费费率(\%)=\frac{生产工人年平均管理费}{年有效施工天数×(人工单价+每一工时机械使用费)}×100\%$$

(3)以人工费为计算基础

$$企业管理费费率(\%)=\frac{生产工人年平均管理费}{年有效施工天数×人工单价}×100\%$$

注:上述公式适用于施工企业投标报价时自主确定管理费,是工程造价管理机构编制计价定额确定企业管理费的参考依据。

工程造价管理机构在确定计价定额中企业管理费时,应以定额人工费或定额人工费+定额机具费作为计算基数,其费率根据历年工程造价积累的资料,辅以调查数据确定,列入分部分项工程和措施项目中。

5. 利润

1)施工企业根据企业自身需求并结合建筑市场实际自主确定,列入报价中。

2)工程造价管理机构在确定计价定额中利润时,应以定额人工费或定额人工费+定额机具费作为计算基数,其费率根据历年工程造价积累的资料,并结合建筑市场实际确定,以单位(单项)工程测算,利润在税前建筑安装工程费的比重可按不低于5%且不高于7%的费率计算。利润应列入分部分项工程和措施项目中。

6. 规费

(1)社会保险费和住房公积金

社会保险费和住房公积金应以定额人工费为计算基础,根据工程所在地省、自治区、直辖市或行业建设主管部门规定费率计算。

$$社会保险费和住房公积金=\sum(工程定额人工费×社会保险费和住房公积金费率)$$

式中:社会保险费和住房公积金费率可以每万元发承包价的生产工人人工费和管理人员工资含量与工程所在地规定的缴纳标准综合分析取定。

(2)工程排污费

工程排污费等其他应列而未列入的规费应按工程所在地环境保护等部门规定的标准缴纳,按实计取列入。

7. 税金

税金计算公式:

$$税金=税前造价×综合税率(\%)$$

综合税率：

（1）纳税地点在市区的企业

$$综合税率(\%) = \left(\frac{1}{1 - 3\% - (3\% \times 7\%) - (3\% \times 3\%) - (3\% \times 2\%)} - 1 \right) \times 100\%$$

（2）纳税地点在县城、镇的企业

$$综合税率(\%) = \left(\frac{1}{1 - 3\% - (3\% \times 5\%) - (3\% \times 3\%) - (3\% \times 2\%)} - 1 \right) \times 100\%$$

（3）纳税地点不在市区、县城、镇的企业

$$综合税率(\%) = \left(\frac{1}{1 - 3\% - (3\% \times 1\%) - (3\% \times 3\%) - (3\% \times 2\%)} - 1 \right) \times 100\%$$

实行营业税改增值税的,按纳税地点现行税率计算。

第二种：按造价形成的安装工程造价参考计算方法。

1. 分部分项工程费

$$分部分项工程费 = \sum (分部分项工程量 \times 综合单价)$$

式中：综合单价包括人工费、材料费、施工机具使用费、企业管理费和利润以及一定范围的风险费用(下同)。

2. 措施项目费

（1）国家计量规范规定应予计量的措施项目

其计算公式为

$$措施项目费 = \sum (措施项目工程量 \times 综合单价)$$

（2）国家计量规范规定不宜计量的措施项目

① 安全文明施工费

$$安全文明施工费 = 计算基数 \times 安全文明施工费费率(\%)$$

计算基数应为定额基价(定额分部分项工程费+定额中可以计量的措施项目费)、定额人工费或定额人工费+定额机具费,其费率由工程造价管理机构根据各专业工程的特点综合确定。

② 夜间施工增加费

$$夜间施工增加费 = 计算基数 \times 夜间施工增加费费率(\%)$$

③ 二次搬运费

$$二次搬运费 = 计算基数 \times 二次搬运费费率(\%)$$

④ 冬雨季施工增加费

$$冬雨季施工增加费 = 计算基数 \times 冬雨季施工增加费费率(\%)$$

⑤ 已完工程及设备保护费

$$已完工程及设备保护费 = 计算基数 \times 已完工程及设备保护费费率(\%)$$

上述②～⑤项措施项目的计费基数应为定额人工费或定额人工费+定额机具费,其费率由工程造价管理机构根据各专业工程特点和调查资料综合分析后确定。

3. 其他项目费

1）暂列金额由建设单位根据工程特点,按有关计价规定估算,施工过程中由建设单位掌握使用、扣除合同价款调整后如有余额,归建设单位。

2）计日工由建设单位和施工企业按施工过程中的签证计价。

3) 总承包服务费由建设单位在招标控制价中根据总包服务范围和有关计价规定编制, 施工企业投标时自主报价, 施工过程中按签约合同价执行。

4. 规费和税金

建设单位和施工企业均应按照省、自治区、直辖市或行业建设主管部门发布标准计算规费和税金, 不得作为竞争性费用。

任务 1.3.2 安装工程计价模式

工程造价管理的核心是工程计价模式及计价依据的管理, 涉及政策、定额、价格、费用、招投标和承发包等内容。

1.3.2.1 定额计价模式

定额计价是指以概(预)算定额为基准确定各分部分项工程的人、材、机消耗量和定额直接费, 从而确定单位工程造价的计价方法。当分项工程设计要求的工程内容、技术特征、施工方法、材料规格等与拟套用的定额分项工程规定的工作内容、技术特征、施工方法、材料规格等完全相符时, 则可直接套用定额。

1. 安装工程定额计价的费用项目构成

在定额计价模式下, 安装工程费由直接费、间接费、利润和税金组成, 如图 1.8 所示。

(1) 直接费

1) 直接工程费。直接工程费是指施工过程中消耗的构成工程实体的各项费用, 包括人工费、材料费、施工机械使用费。

① 人工费: 支付直接从事安装工程施工的生产工人的有关费用, 包括基本工资、工资性补贴、生产工人辅助工资、职工福利费、生产工人劳动保护费。

② 材料费: 施工过程中耗用的, 构成工程实体的主要材料、辅助材料、构配件(半成品)、零件的费用, 以及材料、构配件的检验试验费用, 包括材料原价(或供应价格)、材料运杂费、运输损耗费、采购及保管费、检验试验费。

③ 施工机械使用费: 施工过程中施工机械作业所发生的机械使用费用, 包括折旧费、大修理费、经常修理费、安拆费及场外运费、机上人工费、燃料动力费、养路费及车船使用税。

2) 措施项目费。措施项目费是指为完成工程项目施工, 发生于该工程施工前和施工全过程中的安全、技术、生活等方面的非工程实体项目所需的费用。措施项目费包括环境保护费, 文明施工费, 临时设施费, 夜间施工增加费, 二次搬运费, 大型机械设备进出场及安拆费, 脚手架搭拆费, 已完工程及设备保护费, 施工排水、降水费, 冬雨季施工增加费, 现场组装平台费, 设备、管道施工安全、防冻和焊接保护措施费, 压力容器和高压管道的检验费, 焦炉施工大棚费, 焦炉烘炉、热态工程费, 管道安装后的充气保护措施费, 隧道坑洞内施工用的通风、给排水、供气、供电、照明及通信设施费, 格架式抱杆费, 总承包服务费。

(2) 间接费

1) 企业管理费。企业管理费是指施工现场和企业组织施工生产管理和经营管理所需费用, 包括管理人员工资、办公费、差旅交通费、固定资产使用费、工具用具使用费、劳动保险费、工会经费、职工教育经费、财产保险费、财务费、税金(指企业按规定缴纳的房产税、车船使用税、土地使用税、印花税等)、其他。

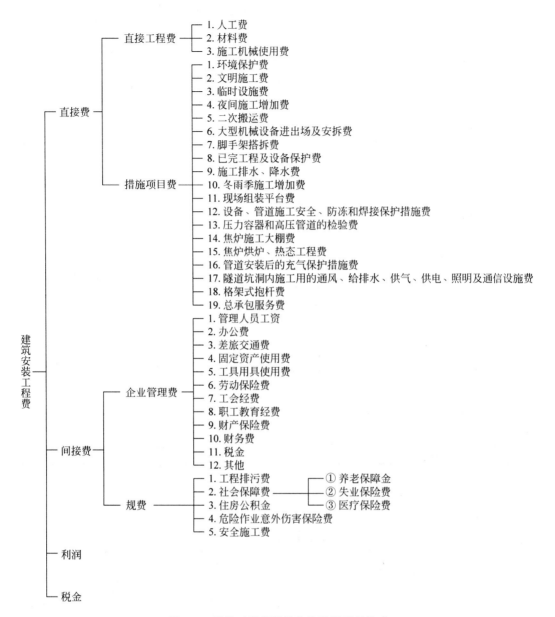

图 1.8　安装工程定额计价的费用项目构成

2）规费。规费是指国务院或省人民政府规定的,且允许列入工程成本的费用,包括工程排污费、社会保障费(包括养老保障金、失业保险费、医疗保险费)、住房公积金、危险作业意外伤害保险费、安全施工费。

3）利润。利润是指施工企业完成所承包工程应获得的收入。

4）税金。税金是指国家税法规定的应计入建筑工程造价内的营业税、城市维护建设税及教育费附加。

2. 安装工程定额计价的费用计算程序

安装工程定额计价的费用计算程序,如表 1.6 所示。

表 1.6 安装工程定额计价的费用计算程序

序号	费用项目名称	计 算 方 法
一	直接费	(一)+(二)
	(一)直接工程费	$\sum\{$工程量$\times\sum[$(定额工日消耗数量$\times$人工单价)$+$(定额材料消耗数量$\times$材料单价)$+$(定额机械台班消耗数量$\times$机械台班单价)$]\}$
	计费基础 JF_1	按说明中"1.计费基础及其计算方法"计算
	(二)措施项目费	1.1+1.2+1.3+1.4
	1.1 参照定额规定计取的措施费	按定额规定计算
	1.2 参照省发布费率计取的措施费	计费基础 $JF_1\times$相应费率
	1.3 按施工组织设计(方案)计取的措施费	按施工组织设计(方案)计取
	1.4 总承包服务费	专业分包工程费(不包括设备费)$\times$费率
	计费基础 JF_2	按说明中"1.计费基础及其计算方法"计算
二	企业管理费	$(JF_1+JF_2)\times$管理费费率
三	利润	$(JF_1+JF_2)\times$利润率
四	规费	4.1+4.2+4.3+4.4+4.5
	4.1 安全文明施工费	(一+二+三)$\times$费率
	4.2 工程排污费	按工程所在地设区市相关规定计算
	4.3 社会保障费	(一+二+三)$\times$费率
	4.4 住房公积金	按工程所在地设区市相关规定计算
	4.5 危险作业意外伤害保险	按工程所在地设区市相关规定计算
五	税金	(一+二+三+四)$\times$税率
六	工程费用合计	一+二+三+四+五

(1)措施费费率

措施费费率如表 1.7 所示。

表 1.7 措施费费率   %

专业名称		费 用 名 称				
		夜间施工费	二次搬运费	冬雨季施工增加费	已完工程及设备保护费	总承包服务费
建筑工程	建筑工程	0.7	0.6	0.8	0.15	
	装饰工程	4.0	3.6	4.5	0.15	
安装工程	设备安装	2.6	2.2	2.9	1.3	
	炉窑砌筑	6.8	5.8	7.6	3.4	
园林绿化工程		5.3	4.7	6.1	—	3
房屋修缮工程	土建及二次装修工程	4.3	3.8	4.8	1.2	
	安装工程	2.4	2.0	2.6	1.2	

注：① 建筑工程、装饰工程、园林绿化工程、房屋修缮工程措施费中人工费含量：夜间施工费、冬雨季施工增加费及二次搬运费为 20%，已完工程及设备保护费为 10%。
② 安装工程措施费中人工费含量：夜间施工费为 50%；冬雨季施工增加费及二次搬运费为 40%，已完工程及设备保护费为 25%。
③ 装饰工程已完工程及设备保护费计费基础为省价直接工程费。

（2）企业管理费费率、利润率

企业管理费费率、利润率如表1.8所示。

表1.8　企业管理费费率、利润率　　　　　　　　　　　　%

专业名称		企业管理费费率			利润率		
		Ⅰ	Ⅱ	Ⅲ	Ⅰ	Ⅱ	Ⅲ
建筑工程	工业、民用建筑工程	8.7	6.9	5.0	7.4	4.2	3.1
	构筑物工程	6.9	6.2	4.0	6.2	5.0	2.4
	单独土石方工程	5.7	4.0	2.4	4.6	3.3	1.4
	桩基础工程	4.5	3.4	2.4	3.5	2.7	1.0
	装饰工程	102	81	49	34	22	16
安装工程	设备安装	63	52	40	38	30	23
	炉窑砌筑	130	108	83	85	70	45
市政工程	道路工程	16.0	13.5	12.5	10.5	6.1	3.6
	桥涵工程	18.6	16.9	15.2	12.7	7.1	5.0
	排水工程	18.1	16.0	13.8	10.1	6.0	4.6
	隧道工程	15.8	14.4	12.9	10.8	5.9	4.3
	给水工程	29.1	24.7	21.5	31.0	25.9	7.8
	燃气工程	23.6	21.2	19.1	22.6	13.4	6.7
	供热工程	18.9	16.3	15.4	24.9	12.2	6.0
	路灯工程	27.3	23.1	20.4	10.8	5.9	4.0

（3）规费费率

规费费率如表1.9所示。

表1.9　规费费率　　　　　　　　　　　　%

费用名称	建筑工程		安装工程	园林绿化工程	房屋修缮工程	
	建筑工程	装饰工程			土建及二次装修工程	安装工程
安全文明施工费	3.12	3.84	4.7(3.7)	2.77	4.2	
其中：（1）安全施工费	2.0	2.0	2.0(1.0)	1.0	2.0	
（2）环境保护费	0.11	0.12	0.3	0.16	0.26	
（3）文明施工费	0.29	0.10	0.6	0.35	0.54	
（4）临时设施费	0.72	1.62	1.8	1.26	1.40	
工程排污费	按工程所在地设区市相关规定计算					
社会保障费	2.6					
住房公积金	按工程所在地设区市相关规定计算					
危险作业意外伤害保险	按工程所在地设区市相关规定计算					

注：安装工程安全施工费费率：民用安装工程为2.0%，工业安装工程为1.0%。

（4）税率

税率如表1.10所示。

表 1.10　税率　　　　　　　　　　　　　　　　　　　　　　　%

工程所在地	税率
市区	3.48
县城、镇	3.41
市区及县城、镇以外	3.28

1.3.2.2　清单计价模式

随着市场经济的发展以及建设市场的逐步建立和完善,为了适应投标报价的要求,住房和城乡建设部于 2013 年 7 月 1 日正式颁布了《建设工程工程量清单计价规范》(GB 50500—2013),在建设领域推行工程量清单计价模式。

1. 安装工程清单计价的费用项目构成

在清单计价模式下,安装工程费用由分部分项工程费、措施项目费、其他项目费、规费和税金组成,如图 1.9 所示。

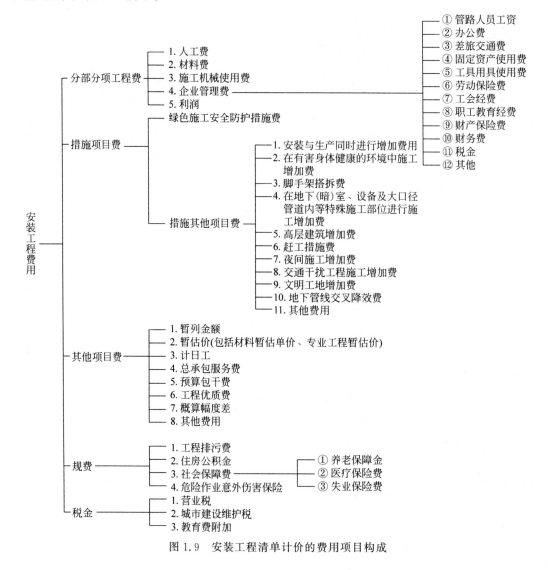

图 1.9　安装工程清单计价的费用项目构成

2. 安装工程清单计价的费用计算

(1) 分部分项工程费

$$分部分项工程费 = \sum(分部分项工程量 \times 综合单价)$$

综合单价是指完成一个计量单位的分部分项工程量清单项目或措施清单项目所需要的人工费、材料费、施工机械使用费和企业管理费与利润，以及一定范围内的风险费用。

该定义并不是真正意义上的全包括的综合单价，而是一种狭义上的综合单价，规费和税金等不可竞争的费用并不包括在项目单价中。国际上所谓的综合单价一般是指全包括的综合单价。

利润是工程造价的组成部分，它反映了承包工程应收取的合理酬金。对于招标工程，电气设备安装工程的利润率是指导性标准，供工程承发包双方参考或按招标文件规定和合同约定执行。利润在工程计价中，列入各分项费用内。计价基础以人工费与机具费之和为基础计算工程利润。工程利润标准按 20.00% 计算。

(2) 措施项目费

1) 绿色施工安全防护措施费

绿色施工安全防护措施费是在现阶段建设施工过程中，为达到绿色施工和安全防护标准，需实施实体工程之外的措施性项目而发生的费用，主要内容包括以下两个方面。

① 按照国家现行的建筑施工安全、施工现场环境与卫生标准和有关规定，购置和更新施工安全防护用具及设施、改善安全生产条件和作业环境所需要的费用。

② 在保证质量、安全等基本要求的前提下，项目实施中通过科学管理和技术进步，最大限度地节约资源，减少对环境影响，实现环境保护、节能与能源利用、节材与材料资源利用、节水与水资源利用、节地与土地资源保护，达到广东省《建筑工程绿色施工评价标准》所需要的措施性费用。

绿色施工安全防护措施费属于不可竞争费用，工程计价时应单独列项并按"18 安装定额"相应项目及费率计算。

各地建设行政主管部门制定的绿色施工安全防护措施补充内容和建设单位对绿色施工安全防护措施有其他要求的，所发生费用应一并列入绿色施工安全防护措施费列支和使用。

根据施工图纸、方案及施工组织设计等资料，以下绿色施工安全防护措施费项目按相关定额子目计算：

　　a. 综合脚手架；

　　b. 施工现场围挡和临时占地围挡；

　　c. 施工围挡照明；

　　d. 施工便道；

　　e. 防尘降噪绿色施工防护棚；

　　f. 样板引路。

对于不能按工作内容单独计量的绿色施工安全防护措施（具体包括绿色施工、临时设施、安全施工和用工实名管理）费编制概预算时，按分部分项的人工费与机具费之和的 35.77% 计算。

各地建设行政主管部门制定的其他内容，根据各地规定计算。

2) 措施其他项目费

措施项目是指为完成工程项目施工，发生于该工程施工准备和施工过程中的技术、生活、安全、环境保护等方面的非实体项目,包括绿色施工安全防护措施费以及措施其他项目。措施其他项目是指措施项目中尚未包括的工程施工可能发生的其他措施性项目。

措施其他项目费已包含利润及管理费,属于指导性费用,供工程承发包双方参考,合同有约定的按合同约定执行。

电气设备安装工程列出了措施其他项目的名称、内容、费用标准、计算方法和有关说明。根据工程和施工现场发生但本章未列明的措施其他项目,应按实际发生或经批准的施工组织设计方案计算。

① 安装与生产同时进行增加费用:按人工费的 10.00% 计算。

② 在有害身体健康的环境中(包括高温、多尘、噪声超过标准和有害气体等有害环境)施工增加费:按人工费的 10.00% 计算。

③ 脚手架搭拆费:按人工费的 4.00% 计算(10kV 以下架空线路和单独承担埋地或沟槽敷设线缆工程除外)。

④ 在地下(暗)室、设备及大口径管道内等特殊施工部位进行施工增加费:按该部分人工费的 30.00% 计算。

⑤ 高层建筑增加费:高度在 20m 以上的工业与民用建筑按表 1.11,以人工费为基础计算。

表 1.11　高层建筑增加费

高度	30m 以下	40m 以下	50m 以下	60m 以下	70m 以下	80m 以下
按人工费/%	2	3	4	6	8	10
高度	90m 以下	100m 以下	110m 以下	120m 以下	130m 以下	140m 以下
按人工费/%	13	16	19	22	25	28
高度	150m 以下	160m 以下	170m 以下	180m 以下	190m 以下	200m 以下
按人工费/%	31	34	37	40	43	46
高度	220m 以下	240m 以下	260m 以下	280m 以下	300m 以下	330m 以下
按人工费/%	50	55	65	78	93	108

注:为高层建筑供电的变电所和供水等动力工程,如装在高层建筑的底层或地下室的,均不计取高层建筑增加费。装在 20m 以上的变配电工程和动力工程则同样计取高层建筑增加费。

⑥ 赶工措施费:招标工期短于标准工期的,招标工程量清单应开列赶工措施,招标控制价应计算赶工措施费,投标人应计算赶工措施费。非招标工程,发包人要求的合同工期短于标准工期的,施工图预算应计算赶工措施费。招标控制价、施工图预算的赶工措施费按以下计算;工程结算按合同约定,合同对赶工措施费没有约定的,按以下确定。

$$赶工措施费=(1-\delta)\times 分部分项的(人工费+机具费)\times 3.44\%$$

其中:① $0.80\leqslant\delta<1.00$;

② $\delta=$ 合同工期/定额工期。

⑦ 夜间施工增加费:除赶工和合理的施工作业要求外,因施工条件不允许在白天施工的工程,按其夜间施工项目人工费的 20.00% 计算。

⑧ 交通干扰工程施工增加费:在行人车辆通行的市政道路上施工所发生的施工降效费用,按在市政道路上施工项目人工费的 10.00% 计算(在小区内和交通全封闭的道路施工时不能计算)。

⑨ 文明工地增加费：承包人按要求创建省、市级文明工地，加大投入、加强管理增加的费用。获得省、市级文明工地的工程，其计取方式为分部分项的人工费与机具费为计算基础，费率按照表1.12标准计算。

表 1.12 文明工地增加费

名称	市级文明工地	省级文明工地
文明工地增加费费率/%	1.00	2.00

⑩ 地下管线交叉降效费：为保护各种市政地下交叉管线而影响施工所发生的降效补贴费用，由编制人根据工程要求和施工现场实际情况，按实际发生或经批准的施工方案计算。

⑪ 其他费用，如特殊工种培训费、地上、地下设施、建筑物的临时保护设施、危险性较大的分部分项工程安全管理措施等，根据工程和施工现场需要发生的其他费用，按实际发生或经批准的施工组织设计方案计算。

（3）其他项目费

电气设备安装工程列出其他项目名称、费用标准、计算方法和说明，供工程招投标双方参考，合同有约定的按合同约定执行。

其他项目费中的暂列金额、暂估价和计日工数量，均为估算、预测数，虽计入工程造价中，但不为承包人所有。工程结算时，应按合同约定计算，剩余部分仍归发包人所有。

暂估价中的材料单价应按发承包双方最终确认价进行调整，专业工程暂估价应按中标价或发承包与分包人最终确认价计算。

计日工是指在施工过程中，完成发包人提出的施工图纸以外的零星项目或工作所消耗的人工、材料、机具，按合同的约定计算。

总承包服务费应依据合同约定金额计算，如发生调整的，以发承包双方确认调整的金额计算。

工程优质费是指承包人按照发包人的要求创建优质工程，增加投入与管理发生的费用。

其他项目，各市有标准者，从其规定。各市没标准者，按本章规定计算。

1）暂列金额

暂列金额是指发包人暂定并包括在合同价款中的一笔款项。它用于施工合同签订时尚未确定或者不可预见的所需材料、设备、服务的采购，施工中可能发生的工程变更、合同约定调整因素出现时的工程价款调整以及发生的索赔、现场签证确认的费用等。招标控制价和施工图预算具体由发包人根据工程特点确定，发包人没有约定时，按分部分项工程费的10.00%计算。结算按实际发生数额计算。

2）暂估价

暂估价是指发包人提供的用于支付必然发生，但暂时不能确定价格的材料的单价以及专业工程的金额。按预计发生数估算。

① 材料暂估价：招标控制价和施工图预算按工程所在地的工程造价信息确定；工程造价信息没有的，参考市场价格确定。结算时，若材料是招标采购的，按照中标价调整；非招标采购的，按发承包双方最终确认的单价调整。

② 专业工程暂估价：招标控制价和施工图预算应区分不同专业，按规定估算确定。结

算时,若专业工程是招标采购的,其金额按照中标价计算;非招标采购的,其金额按发承包双方最终确认的金额计算。

　　3) 计日工

　　计日工预计数量由发包人根据拟建工程的具体情况,列出人工、材料、机具的名称、计量单位和相应数量,招标控制价和预算中计日工单价按工程所在地的工程造价信息计列,工程造价信息没有的,参考市场价格确定。工程结算时,工程量按承包人实际完成的工作量计算;单价按合同约定的计日工单价,合同没有约定的,按工程所在地的工程造价信息计列(其中人工按总说明签证用工规定执行)。

　　4) 总承包服务费

　　总承包服务费:总承包人为配合协调发包人在法律法规允许范围内进行工程分包和自行采购的设备、材料等进行管理、服务(如分包人使用总包人的脚手架、水电接驳等)以及施工现场管理、竣工资料汇总整理等服务所需的费用。

　　① 仅要求对发包人发包的专业工程进行总承包管理和协调时,可按专业工程造价的1.50%计算。

　　② 要求对发包人发包的专业工程进行总承包管理和协调,并同时要求提供配合和服务时,按专业工程造价的4.00%计算,具体应根据配合服务的内容和要求确定。

　　③ 配合发包人自行供应材料的,按发包人供应材料价值的1.00%计算(不含该部分材料的保管费)。

　　5) 预算包干费

　　预算包干费:按分部分项的人工费与机具费之和的10.00%计算,预算包干内容一般包括施工雨(污)水的排除、因地形影响造成的场内料具二次运输、20m高以下的工程用水加压措施、施工材料堆放场地的整理、机电安装后的补洞(槽)工料、工程成品保护、施工中的临时停水停电、基础埋深2m以内挖土方的塌方、日间照明施工增加(不包括地下室和特殊工程)、完工清场后的垃圾外运等费用。

　　6) 工程优质费

　　发包人要求承包人创建优质工程,招标控制价和预算应按表1.13规定计列工程优质费。经有关部门鉴定或评定达到合同要求的,工程结算应按照合同约定计算工程优质费,合同没有约定的,参照表1.13规定计算。

表1.13　工程优质费

工程质量	市级质量奖	省级质量奖	国家级质量奖
计算基础	分部分项的(人工费+机具费)		
费用标准/%	7.50	12.50	20.00

　　7) 概算幅度差

　　概算幅度差是指依据初步设计文件资料,按照预算(综合)定额编制项目概算,因设计深度原因造成的工程量偏差而应增补的费用。本定额概算幅度差标准按分部分项工程费的3.00%计算。

　　8) 其他费用

　　工程发生时,由编制人根据工程要求和施工现场实际情况,其他费用按实际发生或经批准的施工方案计算。

（4）税金

税金是指国家税法规定的应计入工程造价内的增值税。

增值税按工程所在地税务机关规定的增值税纳税方法计算。

模 块 小 结

本模块主要讲述以下内容：

1. 安装工程计量与计价的概念和基本建设程序及其各阶段的计量与计价活动内容。

2. 工程计量与计价活动是一个动态过程，按照基本建设不同阶段，分投资估算、设计概算、修正概算、施工图预算、招标控制价、投标报价、工程结算、索赔与现场签证、竣工决算等。

3. 安装工程施工图预算的编制依据。

4. 安装工程施工图预算的编制步骤和方法。

5. 安装工程定额的种类、定额消耗量指标、未计价材料、综合单价的确定与计算。

6. 安装工程定额的应用与换算。

7. 定额计价是指以概（预）算定额为基准确定各分部分项工程的人、材、机消耗量和定额直接费，从而确定单位工程造价的计价方法。当分项工程设计要求的工程内容、技术特征、施工方法、材料规格等与拟套用的定额分项工程规定的工作内容、技术特征、施工方法、材料规格等完全相符时，则可直接套用定额。

8. 随着市场经济的发展以及建设市场的逐步建立和完善，为适应投标报价的要求，住房和城乡建设部于 2013 年 7 月 1 日正式颁布了《建设工程工程量清单计价规范》（GB 50500—2013），在建设领域推行工程量清单计价模式。

检 查 评 估

一、单项选择题

1. 具有独立的设计文件，可独立组织施工，但建成后不能独立发挥生产和效益的工程是（　　）。

　　A. 建设项目　　　　B. 单位工程　　　　C. 分项工程　　　D. 单项工程

2. 具有独立的设计文件，可以独立组织施工，建成后可以独立发挥生产或效益的工程是（　　）。

　　A. 建设工程　　　　B. 分项工程　　　　C. 单项工程　　　D. 单位工程

3. 从工程费用计算角度分析，工程造价计价的顺序是（　　）。

　　A. 单位工程造价→分部分项工程单价→单项工程造价→建设项目总造价

　　B. 单位工程造价→单项工程造价→分部分项工程单价→建设项目总造价

　　C. 分部分项工程单价→单位工程造价→单项工程造价→建设项目总造价

　　D. 分部分项工程造价→单项工程造价→单位工程造价→建设项目总造价

4. 影响工程造价计价的两个主要因素是（　　）。

　　A. 单位价格和实物工程量　　　　　　　B. 单位价格和单位消耗量

　　C. 资源市场单价和单位消耗量　　　　　D. 资源市场单价和措施项目工程量

5. 依据《广东省通用安装工程综合定额》（2018 版），下列（　　）费用不应计入分部分项工程费。

A. 材料二次搬运费

B. 已供材料保管费

C. 施工企业自行对材料进行一般鉴定、检查所发生的检验试验费

D. 供销部门手续费

6. 若完成某分项工程需要某种材料的净耗量为 0.95t,损耗率为 5%,那么必需消耗量为(　　)。

A. 1.0t　　　　　　B. 0.95t　　　　　　C. 1.05t　　　　　　D. 0.9975t

二、多项选择题

1. 定额按主编单位和管理权限划分,可有(　　)。

A. 全国统一定额　　　B. 企业定额　　　C. 土建定额　　　D. 安装定额

E. 地方定额

2. 机械台班单价的组成内容包括(　　)。

A. 折旧费　　　　　　　　　　　B. 大修理费

C. 经常修理费　　　　　　　　　D. 安拆及场外运输费

E. 施工机构迁移费

3. 以下属于建设项目的是(　　)。

A. 某一办公楼的土建工程　　　　B. 某一化工厂

C. 某一大型体育馆　　　　　　　D. 教学楼的安装工程

E. 某教学楼装修工程

4. 单位工程计价费用组成及计价程序表包括下列(　　)费用。

A. 分部分项工程费　　　　　　　B. 措施项目费

C. 其他项目费　　　　　　　　　D. 分部工程费

E. 规费及税金

三、查找表 1.14 所示分部分项工程项目对应的定额并填写完整。

表 1.14　分部分项工程项目定额

定额编码	项目名称	单位	人工费	材料费	机具费	管理费
	室内塑料排水管(黏结)公称直径 100mm 以内					
	管道消毒、冲洗公称直径 200mm 以内					
	蹲式大便器安装、自闭式冲洗 DN25					

参考答案:

一、1. B　2. C　3. C　4. A　5. A　6. D

二、1. ABE　2. ABCD　3. BC　4. ABCE

三、略

计量准备 •

项目 2.1　安装工程计量

教学导航

项目任务	任务 2.1.1　认识安装工程计量	参考学时	2
	任务 2.1.2　项目编码		
教学载体	多媒体课室、教学课件及教材相关内容		
教学目标	知识目标	了解工程计量相关知识；掌握安装工程计量规定和项目划分	
	能力目标	能为安装工程计量与计价项目做好计量准备	
过程设计	任务布置及知识引导—学习相关新知识—解决与实施工作任务—自我检查与评价		
教学方法	项目教学法		

任务 2.1.1　认识安装工程计量

1. 安装工程计量相关知识

安装工程计量是对拟建或已完成的安装工程(实体性或非实体性)数量的计算与确定。安装工程计量可划分为项目设计阶段、招投标阶段、项目实施阶段和竣工验收阶段的工程计量。项目设计阶段的工程计量是根据设计项目的建设规模、拟生产产品数量、生产方法、工艺流程和设备清单等,对拟建项目安装工程量的计算;招投标阶段的工程计量是依据安装施工图对拟建工程予以计量;项目实施阶段的工程计量是指根据实际完成的安装工程数量进行计量;竣工验收阶段的工程计量是依据竣工图对安装工程进行的最终确认。

在进行计量的过程中,须依据《通用安装工程工程量计算规范》(GB 50856—2013)(简称"13 计量规范")、《建设工程工程量清单计价规范》(GB 50500—2013)、《广东省通用安装工程综合定额》(2018 版)(简称"18 安装定额")和工程计量内容进行计量,对计量对象的计量内容包括清单工程量和定额工程量。

2．工程计量

（1）工程计量的概念

工程量计算是指建设工程项目以工程设计图纸、施工组织设计或施工方案及有关技术经济文件为依据，按照相关工程国家标准的计算规则、计量单位等规定，进行工程数量的计算活动，在工程建设中简称工程计量。

（2）工程计量的依据

①《通用安装工程工程量计算规范》（GB 50856—2013）各项规定；

② 经审定通过的施工设计图纸及其说明；

③ 经审定通过的施工组织设计或施工方案；

④ 经审定通过的其他技术经济文件；

⑤ 与工程有关的标准、规范和技术资料。

任务 2.1.2　项目编码

建筑安装工程项目的计量是通过对工程项目分解进行的，工程项目分解成不同层次后，为了有效管理，需进行规范编码。项目编码作为建筑安装工程的项目管理、成本分析和数据积累的基础，是很重要的业务标准。

1．编码原则

项目编码与数据处理方式相联系，也反映了项目管理信息系统的功能，因而在编码中应遵循以下原则。

（1）与建筑安装项目分解的原则一致

在范围上，要包括所有的项目内容；在深度上，要达到项目分解的最低层次，必要时还要考虑预留 1～2 个层次，以便在项目实施过程中因项目分解进一步加深时扩充编码。

（2）便于查询、检索和汇总

编码体系应尽可能地适应管理人员的各种需要，并尽可能做到便于使用者识别和记忆项目编码所对应的项目内容。

（3）反映项目的特点和需要

不同的建设项目在规模、功能、项目构成、项目特征、费用组成等方面往往有较大的差别，对项目管理工作的具体要求也有所不同，这就要求编码体系能够反映具体项目的特点，充分体现编码体系对管理工作的作用。

2．编码方法

在进行项目信息编码的过程中，编码的方法主要有以下几种。

（1）顺序编码

即从 01（或 001 等）开始依次排下去，直到最后的编码方法。该法简单，代码较短。但这种代码缺乏逻辑基础，本身不说明事物的任何特征。

（2）多面码

一个事物可能具有多个属性，如果在编码中能为这些属性各自规定一个位置，就形成了多面码。该法的优点是逻辑性能好，便于扩充。但这种代码位数较长，会有较多的空码。

（3）十进制码

这种编码方法是先把对象分成十大类，编以 0~9 的号码，每类中再分成十小类，编以第二个 0~9 的号码，依次下去。这种方法可以无限扩充下去，直观性较好。

（4）文字数字码

这种方法是用文字表明对象的属性。这种编码的直观性较好，记忆、使用也都方便。但数据过多时，很容易使含义模糊，造成错误理解。

3. 项目编码

我国建设工程清单工程量计算，按照我国现行国家标准《通用安装工程工程量计算规范》(GB 50856—2013)的规定，分部分项工程量清单项目编码采用 12 位阿拉伯数字表示，以"安装工程—安装专业工程—安装分部工程—安装分项工程—具体安装分项工程"的顺序进行五级项目编码设置。一、二、三、四级编码为全国统一码，第五级编码由清单编制人根据工程的清单项目特征分别编制。

如 030801001000 编码的含义如图 2.1 所示。

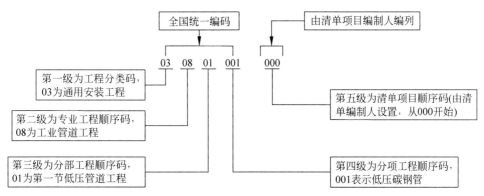

图 2.1　建筑安装编码示例

（1）第一级编码表示工程分类码

采用两位数字（即第一、第二位数字）表示。例如，01 表示房屋建筑与装饰工程，02 表示仿古建筑工程，03 表示通用安装工程，04 表示市政工程，05 表示园林绿化工程，06 表示矿山工程，07 表示构筑物工程，08 表示城市轨道交通工程，09 表示爆破工程。

（2）第二级编码表示专业工程顺序码

采用两位数字（即第三、第四位数字）表示。例如，0304 为"电气设备安装工程"，0308 为"工业管道工程"等。

（3）第三级编码表示各专业工程下的各分部工程顺序码

采用两位数字（即第五、第六位数字）表示。例如，030401 为"变压器安装工程"，030801 为"低压管道工程"。

（4）第四级编码表示各分部工程的各分项工程顺序码，即表示清单项目

采用三位数字（即第七、第八和第九位数字）表示。如 030401001 为"油浸电力变压器安装工程"，030801001 为"低压碳钢管"。

（5）第五级编码表示清单项目顺序码

采用三位数字（即第十、第十一和第十二位数字）表示。由清单编制人员编列，可有 000~999 个子项。

工程量清单是以单位工程为单位编制的。若在同一标段的一份工程量清单含有多个单位工程,在编制工程量清单时第五级数字的位置不得重码。

项目 2.2 工程量清单

教学导航

项目任务	任务 2.2.1 安装工程计量规定	参考学时	2
	任务 2.2.2 编制工程量清单		
教学载体	多媒体课室、教学课件及教材相关内容		
教学目标	知识目标	熟悉安装工程计量规定;掌握编制工程量清单	
	能力目标	能够编制工程量清单	
过程设计	任务布置及知识引导—学习相关新知识点—解决与实施工作任务—自我检查与评价		
教学方法	项目教学法		

任务 2.2.1 安装工程计量规定

安装工程造价采用清单计价的,其工程量的计算应依照《安装计量规范》附录中安装工程工程量清单项目及计算规则进行工程计量,以工程量清单的形式表现。

1)工程量清单应由具有编制能力的招标人或受其委托具有相应资质的工程造价咨询人编制。工程量清单标明的工程量是投标人投标报价的共同基础,投标人工程量必须与招标人提供的工程量一致。

2)"13 计量规范"适用于安装工程施工图设计和施工招投标阶段编制工程量清单,也适用于工程设计变更后的工程量计算。

3)"13 计量规范"附录中有两个或两个以上计量单位的,应结合拟建工程项目的实际情况,确定其中一个为计量单位。同一工程项目的计量单位应一致。

4)计算尺寸以设计图纸表示的或设计图纸能读出的尺寸为准。除另有规定外,工程量的计量单位应按下列规定计算。

① 以体积计算的为立方米(m^3);

② 以面积计算的为平方米(m^2);

③ 以长度计算的为米(m);

④ 以质量计算的为千克(kg)、吨(t);

⑤ 以自然计量单位计算的为台、个、件、套、根、组、系统等。

汇总工程量时,其精确度取值:以"t"为单位,应保留小数点后三位数字,第四位小数四舍五入;以"m""m^2""m^3""kg"为单位,应保留小数点后两位数字,第三位小数四舍五入;以"台""个""件""套""根""组""系统"为单位,应取整数。

5)计算工程量时,应按照施工图纸顺序,分部分项依次计算,并尽可能地采用计算表格及计算机计算,简化计算过程。

在"13计量规范"中,按专业、设备特征或工程类别分为:机械设备安装工程、热力设备安装工程等13个部分,形成附录A～附录N,其对应的项目编码如下。

附录A:机械设备安装工程,编码0301;

附录B:热力设备安装工程,编码0302;

附录C:静置设备与工艺金属结构制作安装工程,编码0303;

附录D:电气设备安装工程,编码0304;

附录E:建筑智能化工程,编码0305;

附录F:自动化控制仪表安装工程,编码0306;

附录G:通风空调工程,编码0307;

附录H:工业管道工程,编码0308;

附录J:消防工程,编码0309;

附录K:给排水、采暖、燃气工程,编码0310;

附录L:通信设备及线路工程,编码0311;

附录M:刷油、防腐蚀、绝热工程,编码0312;

附录N:措施项目,编码0313。

每个专业工程又统一划分为若干个分部工程。例如,附录D电气设备安装工程,又可划分为:

D.1 变压器安装,编码030401;

D.2 配电装置安装,编码030402;

D.3 母线安装,编码030403;

D.4 控制设备及低压电器安装,编码030404;

D.5 蓄电池安装,编码030405;

D.6 电机检查接线及调试,编码030406;

D.7 滑触线装置安装,编码030407;

D.8 电缆安装,编码030408;

D.9 防雷及接地装置,编码030409;

D.10 10kV 以下架空配电线路,编码030410;

D.11 配管配线,编码030411;

D.12 照明器具安装,编码030412;

D.13 附属工程,编码030413;

D.14 电器调整试验,编码030414;

D.15 相关问题及说明。

每个分部工程又统一划分为若干个分项工程,列于分部工程表格内。例如,D.1变压器安装,如表2.1所示。

"13计量规范"中的清单项目工程量计算规则适用于工业、民用、公共设施、建设安装工程的计量和工程计量清单编制。在进行安装工程工程量计算时,除应遵守本规范外,还应符合国家现行标准规定。

表 2.1   D.1 变压器安装(编码 030401)

项目编码	项目名称	项目特征	计量单位	工程量计算规则	工作内容
030401001	油浸电力变压器	1. 名称 2. 型号 3. 容量(kV·A) 4. 电压(kV) 5. 油过滤要求 6. 干燥要求 7. 基础型钢形式、规格	台	按设计图示数量计算	1. 本体安装 2. 基础型钢制作、安装 3. 油过滤 4. 干燥 5. 接地 6. 网门、保护门制作、安装 7. 补刷(喷)油漆
030401002	干式变压器	8. 网门、保护门材质、规格 9. 温控箱型号、规格			1. 本体安装 2. 基础型钢制作、安装 3. 温控箱安装 4. 接地 5. 网门、保护门制作、安装 6. 补刷(喷)油漆
...					

任务 2.2.2   编制工程量清单

1. 工程量清单

(1) 工程量清单的概念

工程量清单是由招标人(甲方)按照"13 计量规范"附录中统一的项目编码、项目名称、项目特征、计量单位和工程量计算规则进行编制的表现建设工程的分部分项工程项目、措施项目、其他项目、规费项目和税金项目名称和相应数量的明细清单。

(2) 编制工程量清单的依据

1)《通用安装工程工程量计算规范》(GB 50856—2013);

2)《建设工程工程量清单计价规范》(GB 50500—2013);

3) 国家或省级、行业建设主管部门颁发的计价依据和办法;

4) 建设工程设计文件;

5) 与建设工程项目有关的标准、规范和技术资料;

6) 拟定的招标文件;

7) 施工现场情况、工程特点及常规施工方案;

8) 其他相关资料。

2. 分部分项工程量清单

安装工程分部分项工程量清单应根据"13 计量规范"附录规定的项目编码、项目名称、项目特征、计量单位和工程量计算规则进行编制。分部分项工程量清单形式以避雷网为例进行介绍,如表 2.2 所示。

表 2.2　分部分项工程量清单

工程名称：　　　　　　　　　　　标段：　　　　　　　　　　　第　页共　页

序号	项目编码	项目名称	项目特征	计量单位	工程量
1	030409005001	避雷网	1. 名称：避雷网 2. 材质：镀锌热轧圆盘条 3. 规格：$\phi 10$ 4. 安装形式：沿女儿墙支架敷设	m	498.72

在编制分部分项工程量清单时,必须符合四个统一的要求,即统一项目编码、统一项目名称、统一计量单位和统一工程量计算规则。

（1）统一项目编码

项目编码应按照"13 计量规范"要求的安装工程项目分解编码进行编制,编制工程量清单时若出现附录中未包括的项目,编制人应作补充,并报省级或行业工程造价管理机构备案,省级或行业工程造价管理机构应汇总报往住房和城乡建设部标准定额研究所。

补充项目的编码由附录的顺序码与 B 和三位阿拉伯数字组成,并应从 03B001 起顺序编制,同一招标工程的项目不得重码。工程量清单中需附有补充项目的名称、项目特征、计量单位、工程量计算规则、工程内容。

（2）统一项目名称

项目名称是表明建设项目各专业工程分部分项工程清单项目的具体名称。安装工程各专业工程的清单项目名称应按"13 计量规范"附录 A～附录 N 的规定,并结合拟建工程实际确定。

（3）统一计量单位

"13 计量规范"统一规定了安装工程各清单项目的计量单位。在清单计价方式中,清单项目工程量的计量单位均采用基本单位,不得使用扩大单位。

有两个或两个以上计量单位的,应结合拟建工程项目的实际情况,确定其中一个为计量单位。例如,给排水、采暖、燃气工程中管道支架、设备支架项目的计量单位为"kg"或"套"。以"kg"计量,按设计图示质量计算;以"套"计量,按设计图示数量计算。

（4）统一工程量计算规则

"13 计量规范"统一规定了清单工程量的计算规则。其原则是按施工图图示尺寸（数量）计算工程实体工程数量的净值。例如,031001001 镀锌钢管的工程量计算规则为:按设计图示管道中心线以长度计算。

（5）项目特征

项目特征是指构成分部分项工程量清单项目、措施项目自身价值的本质特征,是确定一个清单项目综合单价的重要依据之一,必须对项目进行准确全面的特征描述,才能满足确定综合单价的需要。

安装工程应按照"13 计量规范"附录 A～附录 N 的规定,结合技术规范、标准图集、施工图纸,按照工程结构、使用材质及规格或安装位置等,予以详细而准确的表述和说明清单项目内容。例如,030801001 低压碳钢管,项目特征有：材质、规格、连接形式、焊接方法、压力试验、吹扫与清洗设计要求、脱脂设计要求。其中材质可区分为不同钢号;型号规格可区分为不同公称直径；连接方式可区分为螺纹、法兰等连接方式；压力试验可区分试验方法，如水压试验、气压试验、泄漏性试验、真空试验等；吹扫与清洗可区分吹扫与清洗方法和介质，如水冲洗、空气吹扫、蒸汽吹扫、化学清洗、油清洗等；脱脂可区分脱脂介质种类，如二氯乙烷、三氯乙烯、四氯化碳、动力苯、苯酮或酒精等。经过上述区分，即可编列出 030801001 低压碳钢管的各个子项，并作出相应的特征描述。

项目安装高度若超过基本高度时，应在项目特征中描述。"13 计量规范"安装工程各附录基本安装高度为：附录 D 电气设备安装工程 5m，附录 E 建筑智能化工程 5m，附录 G 通风空调工程 6m，附录 J 消防工程 5m，附录 K 给排水、采暖、燃气工程 3.6m，附录 M 刷油、防腐蚀、绝热工程 6m。

（6）工程内容

"13 计量规范"统一规定了"加工完成"一个安装工程"产品"（一个清单项目）可能需要的施工作业内容。清单编制人应根据该清单项目特征中的设计要求，或根据工程具体情况，或根据常规施工方案，从中选择具体的施工作业内容，即从施工作业方面准确全面地描述该清单项目的特征，并列入该清单项目特征的描述项，以满足确定该清单项目综合单价的需要。例如，030801001 低压碳钢管，此项工作内容有：安装、压力试验、吹扫、清洗、脱脂。当低压碳钢管用于热水采暖管道时，设计要求有：压力试验、系统清洗。该项目特征描述应根据工程实际综合选择工程内容中的安装、压力试验、吹扫、清洗等施工作业内容，记入分部分项工程量清单项目特征描述项。当附录中工程内容所列的施工作业内容不足时，在清单项目特征描述中应予以补充。

3. 措施项目清单

措施项目是指为完成工程项目施工，发生于该工程施工准备和施工过程中的技术、生活、安全、环境保护等方面的非工程实体项目。

（1）措施项目清单编制要求

措施项目清单的编制应考虑多种因素，除了工程本身的因素外，还要考虑水文、气象、环境、安全和施工企业的实际情况。

措施项目中可以计算工程量的项目，宜采用分部分项工程量清单的方式编制，列出项目编码、项目名称、项目特征、计量单位和工程量；对不可以计算工程量的项目，以"项"为计量单位。

（2）措施项目清单内容

安装工程中措施项目清单依据"13 计量规范"附录 N 中的规定进行编制。

"13 计量规范"根据措施项目的通用性和安装的专业性，将措施项目分为专业措施项目和安全文明施工及其他措施项目。专业措施项目如表 2.3 所示，安全文明施工及其他措施项目如表 2.4 所示。

表 2.3　专业措施项目一览表

序号	项 目 名 称
1	吊装加固
2	金属抱杆安装、拆除、移位
3	平台铺设、拆除
4	顶升、提升装置

续表

序号	项目名称
5	大型设备专用机具
6	焊接工艺评定
7	胎(模)具制作、安装、拆除
8	防护棚制作、安装、拆除
9	特殊地区施工增加
10	安装与生产同时进行施工增加
11	在有害身体健康环境中施工增加
12	工程系统检测、检验
13	设备、管道施工的安全、防冻和焊接保护
14	焦炉烘炉、热态工程
15	管道安拆后的充气保护
16	隧道内施工的通风、供水、供气、供电、照明及通信设施
17	脚手架搭拆
18	其他项目

表 2.4 安全文明施工及其他措施项目一览表

序号	项目名称
1	安全文明施工(含环境保护、文明施工、安全施工、临时设施)
2	夜间施工增加
3	非夜间施工增加
4	二次搬运
5	冬雨季施工增加
6	已完工程及设备保护
7	高层施工增加

4. 其他项目清单

其他项目清单主要表明了招标人提出的与拟安装工程有关的特殊要求。

在编制其他项目清单时,工程建设项目标准的高低、工程的复杂程度、工程的工期长短、工程的组成内容等直接影响其他项目清单中的具体内容。

其他项目清单应根据拟建工程的具体情况确定。一般包括暂列金额、暂估价、计日工和总承包服务费等。其他项目清单的编制按照下列内容列项。

(1)暂列金额

暂列金额是招标人在工程量清单中暂定并包括在合同价款中的一笔款项。用于工程合同签订时尚未确定或者不可预见的所需材料、工程设备、服务的采购,施工中可能发生的工程变更、合同约定调整因素出现时的合同价款调整以及发生的索赔、现场签证确认等的费用。

招标控制价和施工图预算具体由发包人根据工程特点确定,发包人没有约定时,按分部分项工程费的 10.00% 计算。结算按实际发生数额计算。

(2)暂估价

暂估价是招标人在工程量清单中提供的用于支付必然发生,但暂时不能确定价格的材料、工程设备的单价及专业工程的金额,包括材料暂估价、专业工程暂估价。

① 材料暂估价:招标控制价和施工图预算按工程所在地的工程造价信息。工程造价信息没有的,参考市场价格确定。结算时,若材料是招标采购的,按照中标价调整;非招标采购的,按发承包双方最终确认的单价调整。

② 专业工程暂估价:招标控制价和施工图预算应区分不同专业,按规定估算确定。结算时,若专业工程是招标采购的,其金额按照中标价计算;非招标采购的,其金额按发承包双方最终确认的金额计算。

（3）计日工

计日工是在施工过程中,承包人完成发包人提出的工程合同范围以外的零星项目或工作,按合同中约定的单价计价的一种方式。

预计数量由发包人根据拟建工程的具体情况,列出人工、材料、机具的名称、计量单位和相应数量。招标控制价和预算中计日工单价按工程所在地的工程造价信息计列,工程造价信息没有的,参考市场价格确定。工程结算时,工程量按承包人实际完成的工作量计算;单价按合同约定的计日工单价,合同没有约定的,按工程所在地的工程造价信息计列(其中人工按总说明签证用工规定执行)。

（4）总承包服务费

总承包服务费为总承包人为配合协调发包人进行的专业工程发包,对发包人自行采购的材料、工程设备等进行保管以及施工现场管理、竣工资料汇总整理等服务所需的费用。

仅要求对发包人发包的专业工程进行总承包管理和协调时,可按专业工程造价的 1.50% 计算。

要求对发包人发包的专业工程进行总承包管理和协调,并同时要求提供配合和服务,按专业工程造价的 4.00% 计算,具体应根据配合服务的内容和要求确定。

配合发包人自行供应材料的,按发包人供应材料价值的 1.00% 计算(不含该部分材料的保管费)。

《建设工程工程量清单计价规范》(GB 50500—2013)设定的规费、税金项目清单按有关规定列项。

模 块 小 结

本模块主要讲述以下内容:

1. 安装工程计量是对拟建或已完成的安装工程(实体性或非实体性)数量的计算与确定。

2. 工程量计算是指建设工程项目以工程设计图纸、施工组织设计或施工方案及有关技术经济文件为依据,按照相关工程国家标准的计算规则、计量单位等规定,进行工程数量的计算活动,在工程建设中简称工程计量。

3. 工程计量的依据。

4. 项目编码的原则和方法。

5. 项目编码的含义。

6. 安装工程计量规定。

7. 工程量清单和编制工程量清单的依据。

8. 编制分部分项工程量清单、措施项目清单和其他项目清单。

检 查 评 估

一、单项选择题

1. 项目编码是以五级编码设置,用(　　)表示。同一招标工程的项目编码(　　)重复。

    A. 9 位中文数字,不得　　　　　　　B. 12 位阿拉伯数字,可以

    C. 9 位英文字母,可以　　　　　　　D. 12 位阿拉伯数字,不得

2. 根据《建设工程工程量清单计价规范》(GB 50500—2013)第 3.1.1 条,使用国有资金投资的建设工程发承包(　　)。

    A. 必须采用清单计价　　　　　　　B. 可以采用清单计价

    C. 可以采用定额计价　　　　　　　D. 可以采用清单或定额计价

3. 根据《建设工程工程量清单计价规范》(GB 50500—2013)第 3.1.5 条,措施项目中的安全文明施工费必须按照国家或省级、行业建设主管部门的规定计算,(　　)。

    A. 可以作为竞争性费用　　　　　　B. 不得作为投标费用

    C. 不得作为竞争性费用　　　　　　D. 可以不作为投标费用

4. 根据《建设工程工程量清单计价规范》(GB 50500—2013)规定,以下属于安装工程清单计价费用组成部分的是(　　)。

    A. 直接费、间接费、计划利润、税金

    B. 分部分项工程费用、措施项目费用、其他项目费用、规费和税金

    C. 人工费、材料费(包含工程设备)、施工机具使用费、总包管理费、计划利润、规费和税金

    D. 直接费、间接费、利润、税金

5. 根据《建设工程工程量清单计价规范》(GB 50500—2013)规定,第 6.1.3 条投标报价(　　)。

    A. 可以低于工程成本　　　　　　　B. 不得低于工程成本

    C. 不得低于市场平均价　　　　　　D. 不得高于企业成本

6. (　　)是指完成一个规定计量单位的分部分项工程量清单项目或措施项目所需的人工费、材料费、机具费、企业管理费和利润,以及一定范围内的风险费用。

    A. 市场价格　　　　B. 综合合价　　　　C. 成本价格　　　　D. 综合单价

二、多项选择题

1. 工程量清单是工程量清单计价的基础,是作为(　　)的依据。

    A. 投标报价　　　　B. 招标控制价　　　　C. 支付工程款

    D. 计算工程量　　　　E. 办理竣工结算及工程索赔

2. 安装工程清单计价费用组成部分包含(　　)。

    A. 规费和税金　　　　　　　　　　B. 措施项目费用

    C. 分部分项工程费用　　　　　　　D. 企业管理费

    E. 其他项目费用

3. 投标人必须按招标工程量清单填报价格,其中(　　)必须与招标工程量清单一致。

    A. 项目名称　　　　B. 项目特征　　　　C. 工程量

D. 项目编码　　　　　E. 计量单位

4. 其他项目费用包括(　　)等费用。

A. 材料购置费　　　　　　　　　B. 总承包服务费

C. 工程量　　　　　　　　　　　D. 暂列金额

E. 计日工

5. 其他项目费用中与招标人有关的费用有(　　)等。这部分费用按招标人事先在招标文件中说明规定计算。

A. 暂列金额　　　　　　　　　　B. 总承包服务费

C. 工程量　　　　　　　　　　　D. 甲供材料购置费

E. 计日工

6. 安装工程工程量清单计价中的规费主要由(　　)组成。

A. 暂列金额　　　　　　　　　　B. 总承包服务费

C. 住房公积金　　　　　　　　　D. 社会保险费

E. 工程排污费

7. 安装工程工程量清单计价中的税金主要由(　　)组成。

A. 营业税　　　　　　　　　　　B. 城市维护建设税

C. 教育费附加　　　　　　　　　D. 地方教育附加

E. 社会保险费

三、计算题

某 20 层的办公楼,首层高度为 10m,其余各层的层高均为 4.0m。该建筑给排水安装工程分部分项工程费用为 320 万元,其中人工费为 45.8 万元。该工程首层安装高度超过 5m 的分部分项工程费有 32 万元,其中人工费 4.58 万元。试计算确定该给排水安装工程中的超高费、高层建筑增加费及调整后的分部分项工程费中的人工费。

参考答案:

一、1. D　2. A　3. C　4. B　5. B　6. D

二、1. ABCDE　2. ABCE　3. ABCDE　4. ABDE　5. BDE　6. CDE　7. ABCD

三、1. 首层高度为 10m,超高系数取 1.15;其余各层的层高均为 4.0m,超高系数取 1.10;超高费=[4.58×(1.15-1)+(45.8-4.58)×(1.10-1)]万元=4.809 万元。

2. 办公楼的高度=[10+(20-1)×4]m=86m,高层建筑增加费系数为 13%;高层建筑增加费=(45.8×0.13)万元=5.954 万元。

3. 调整后的分部分项工程费中的人工费=(45.8+4.809+5.954)万元=56.563 万元。

给排水工程计量

项目 3.1　给排水工程基础知识

教学导航

项目任务	任务 3.1.1　建筑给水系统	参考学时	4
	任务 3.1.2　建筑排水系统		
教学载体	多媒体课室、教学课件及教材相关内容		
教学目标	知识目标	了解给排水工程基础知识；熟悉给排水工程常用管材；掌握给排水工程安装	
	能力目标	能根据拟建工程实际，选择安装管材和安装方案	
过程设计	任务布置及知识引导—学习相关新知识点—解决与实施工作任务—自我检查与评价		
教学方法	项目教学法		

任务 3.1.1　建筑给水系统

3.1.1.1　室内给水系统

自建筑物的给水引入管至室内各用水及配水设施部分，称为室内给水系统。

1. 室内给水系统的分类

室内给水系统按用途可分为生活给水系统、生产给水系统和消防给水系统。各给水系统可以单独设置，也可以采用合理的公用系统。

（1）生活给水系统

生活给水系统供给民用建筑和公共建筑内的饮用、烹调、盥洗、洗涤、淋浴等生活用水，其水质必须符合国家规定的饮用水水质标准。

（2）生产给水系统

生产给水系统供给生产设备冷却、原料和产品的洗涤，以及各类产品制造过程中所需的生产用水。生产用水应根据工艺要求,提供所需的水质、水量和水压。

（3）消防给水系统

消防给水系统供给各类消防设备灭火用水。消防用水对水质要求不高,但必须按照建筑防火规范保证供给足够的水量和水压。

上述三类给水系统可独立设置,也可根据实际条件和用户需要,组成不同的共用给水系统,如生活-生产共用给水系统、生活-消防共用给水系统、生产-消防共用给水系统、生活-生产-消防共用给水系统等。

2. 室内给水系统的组成

室内给水系统由引入管（进户管）、水表节点、给水管道系统（干管、立管、支管）、给水附件（阀门、配水龙头）等组成,如图 3.1 所示。当室外管网水压不足时,还需要设置升压和储水设备（水泵、水箱、储水池、气压给水装置）。

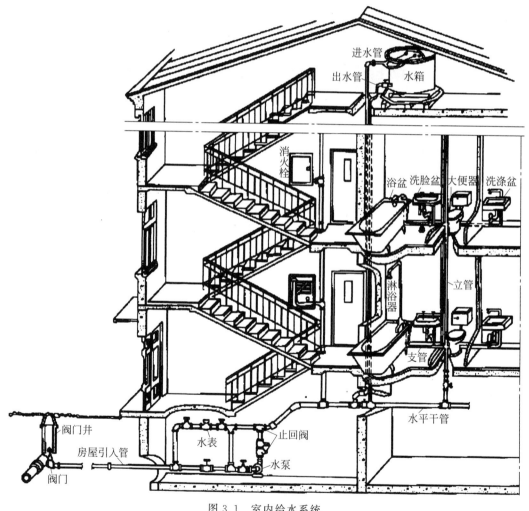

图 3.1　室内给水系统

（1）引入管

引入管是指将室外供水管网的水引入建筑内部的联络管段,也称进户管。

（2）水表节点

水表节点是指引入管上装设的水表及其前后设置的阀门及泄水装置的总称,如图 3.2 所示。水表用以计量建筑用水量。在建筑内部给水系统中,广泛采用流速式水表,它是根据管径一定时,水流速度和流量成正比的原理进行计量的。流速式水表按翼轮构造不同可分为两类:叶轮转轴与水流方向垂直的为旋翼式水表,适用于用水量较小的用户;叶轮转轴与水流方向平行的为螺翼式水表,适用于用水量大的用户。

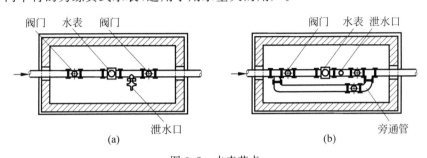

图 3.2 水表节点

（a）水表节点；（b）有旁通管的水表节点

水表前后的阀门用以水表检修、拆换时关闭管路,泄水口主要用于系统检修时放空管网的余水,也可用于检测水表精度和测定管道进户时的水压值。

（3）给水管道系统

给水管道包括干管、立管和配水支管。干管是连接引入管和给水立管的管段;立管是将干管供给来的水沿垂直方向输送至各楼层配水支管的管段;配水支管是将水从立管输送至各个用水设备的管段。

（4）配水装置和用水设备

各类卫生器具和用水设备的配水龙头和生产、消防等用水设备。例如,球形阀式配水龙头、旋塞式配水龙头、普通洗脸盆配水龙头、单手柄洗脸盆水龙头等。

（5）给水附件

给水附件是用以调节系统内水量、水压,控制水流方向,以及关断水流,便于管道、仪表和设备检修的各类阀门。例如,截止阀、闸阀、蝶阀、止回阀、浮球阀、液位控制阀等。

（6）升压和储水设备

当室外给水管网的水压、水量不能满足建筑用水要求或要求供水压力稳定、确保供水安全可靠时,应根据需要,在给水系统中设置水泵、气压给水设备和水池、水箱等升压和储水设备。

3. 室内给水系统的给水方式

给水方式就是建筑内部给水系统的供水方案。合理的供水方案应综合工程涉及的各项因素,如技术因素包括:供水可靠性、水质、节水节能效果、管理操作、自动化程度等;经济因素包括:基建投资、年经常费用等;社会环境因素包括:对城市观瞻的影响、对结构和基础的影响、占地面积、对环境的影响等,采用综合评判法确定。在初步确定给水方式时,对层高不超过 3.5m 的民用建筑,给水系统所需的压力,可用以下经验法估算:1 层为 100kPa,2 层为 120kPa,3 层以上每增加 1 层,增加 40kPa。

（1）直接给水方式

由室外管网直接供水，即室内给水管道系统与室外供水管网直接相连，是最为简单、经济的给水方式，如图3.3所示。直接给水方式适用于室外供水管网的水量和水压充足，能全天满足用水要求的建筑。

这种给水方式的优点是：给水系统简单，投资少，安装维修方便，充分利用了室外管网压力，供水较为安全可靠。缺点是：此种系统内无储备水量，当室外管网停水时，室内系统立即断水。

（2）设水箱的给水方式

设水箱的给水方式宜在室外管网的供水压力周期性不足，且室内给水系统要求水压稳定，且允许设置水箱的建筑内采用。如图3.4所示，建筑物在屋顶设有高位水箱，室内给水系统与室外供水管网连接。当室外供水管网压力满足室内用水要求时，由室外供水管网直接向室内给水系统供水，并向高位水箱充水，从而储备一定的水量。当用水高峰时，室外供水管网的压力不足，则由水箱向室内给水系统补充供水。为防止水箱中的水回流至室外管网，应在引入管上设置止回阀。

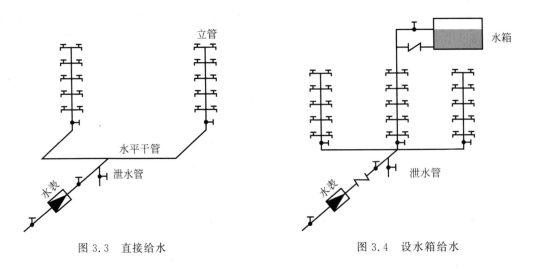

图3.3 直接给水   图3.4 设水箱给水

这种给水方式的优点是系统比较简单，投资少，能充分利用室外管网的压力供水，节省电耗；具有一定的储备水量，供水可靠性较好。缺点是由于设置了高位水箱，增加了建筑结构荷载，并给建筑的立面处理带来一定困难。

（3）设水泵升压的给水方式

设水泵升压的给水方式宜在室外给水管网的水压经常不足时采用。当建筑内用水量大且较均匀时，可用恒速水泵供水；当建筑内用水不均匀时，宜采用一台或多台水泵变速运行供水，以提高水泵的工作效率。

① 设储水池、水泵和水箱的给水方式

设储水池、水泵和水箱的给水方式宜在室外供水管网压力经常不能满足室内给水系统需要，并且不允许水泵直接从室外管网吸水且室内用水又不均匀时采用，如图3.5所示。

水泵从储水池中吸水,经加压后供给室内系统。当水泵供水水量大于系统用水量时,多余的水流入水箱储存;当水泵供水水量小于系统用水量时,则由水箱向系统补充供水,以满足室内给水系统要求。此外,储水池和水箱又起到了储备一定水量的作用,提高了供水可靠性。

该给水方式的优点是:水泵能及时向水箱充水,可缩小水箱的容积,同时在水箱的调节下,水泵的出水量稳定,能保持在高效区运行,节省电耗。

②　气压给水方式

气压给水方式即在给水系统中设置气压给水设备,利用该设备的气压水罐内气体的可压缩性,升压供水。气压水罐的作用相当于高位水箱,但其位置可根据需要设置在高处或低处。该给水方式宜在室外给水管网压力低于或经常不能满足建筑内给水管网所需水压,室内用水不均匀,且不宜设置高位水箱时采用,如图3.6所示。

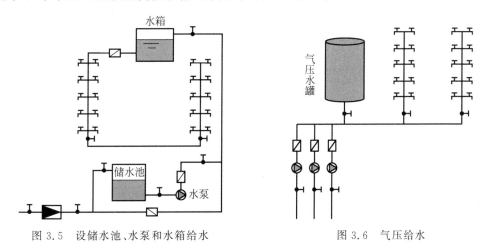

图3.5　设储水池、水泵和水箱给水　　　图3.6　气压给水

③　叠压给水方式

水泵直接从室外供水管网吸水时,应设旁通管,在旁通管上设阀门,如图3.7所示。当室外供水管网压力足够大时,可停泵,由室外管网直接向室内系统供水。应在水泵出水口和旁通管上设止回阀,以防止水泵停止运行时,室内系统中的水回流至室外管网,这样设置的优点是充分利用了室外管网压力,节省了电能。

因水泵直接从室外管网抽水,会使外网压力降低,影响附近用户用水,严重时还可能造成外网负压,在管道接口不严密时,其周围土壤中的渗漏水会吸入管内,污染水质。当采用水泵直接从室外管网抽水时,必须经供水部门同意,并在管道连接处采取必要的防护措施,以免水质污染。

④　变频调速给水方式

水箱设在小区公共设备间或某幢建筑单独设备间内,水箱储水量根据用水标准确定,水泵把水箱内的水取出,供给小区供水管网或建筑内部供水管线,变频调速装置根据泵出口压力变化来调节水泵转速,使泵出口压力维持在一个非常恒定的水平,当用水量非常小时,水泵转速极低,甚至停转,节能效果显著,供水压力稳定,如图3.8所示。

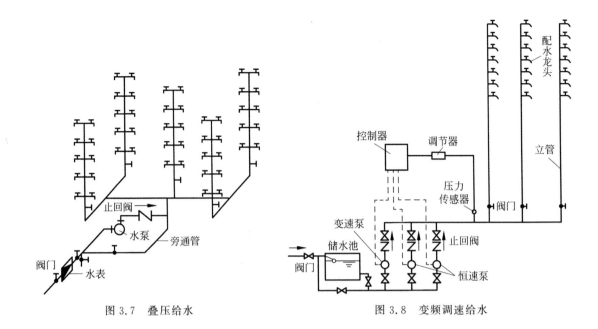

图 3.7 叠压给水   图 3.8 变频调速给水

（4）分区给水方式

① 多层建筑的分区给水方式

当室外给水管网的压力只能满足建筑下层供水需求时，可采用分区给水方式，如图 3.9 所示，室外给水管网水压线以下楼层为低区由外网直接供水，以上楼层为高区由升压储水设备供水。可将两区的 1 根或几根立管相连，在分区处设阀门，以备低区进水管发生故障或外网压力不足时，打开阀门由高区水箱向低区供水。

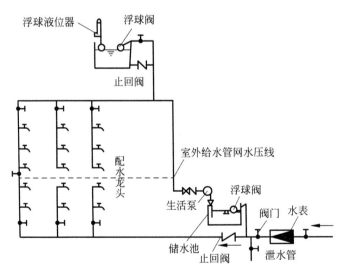

图 3.9 多层建筑分区给水

② 高层建筑的分区给水方式

在高层建筑中常见的分区给水方式有分区减压给水方式、分区并联给水方式和分区串联给水方式，如图 3.10 所示。

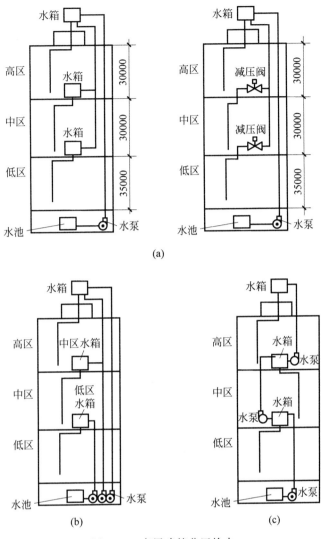

图 3.10　高层建筑分区给水

(a) 分区减压给水；(b) 分区并联给水；(c) 分区串联给水

（5）分质给水方式

分质给水方式即根据不同用途所需的不同水质,分别设置独立的给水系统。如图 3.11 所示,饮用水给水系统供饮用、烹饪、盥洗等生活用水,水质符合生活饮用水卫生标准,杂用水给水系统,水质较差,仅符合生活杂用水水质标准,只能用于建筑内冲洗便器、绿化、洗车、扫除等用水。近年来,为确保水质,有些国家还采用了饮用水与盥洗、沐浴等生活用水分设两个独立管网的分质给水方式。生活用水均先入屋顶水箱(空气隔断)后,再经管网供给各用水点,以防回流污染。饮用水则根据需要,深度处理达到直接饮用要求,再行输配。

3.1.1.2　给水管材、附件和设备

给水系统是由管道、管件、附件和给水设备连接而成的,管道材料及附件合适与否,对工程质量、工程造价及使用产生直接影响。

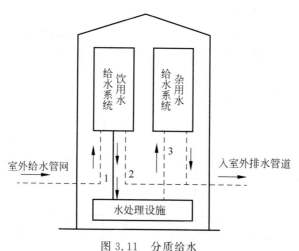

图 3.11　分质给水
1—生活废水；2—生活污水；3—杂用水

1. 给水管材

建筑给水系统的常用管材有给水塑料管、铸铁给水管、钢管和复合管等。

（1）给水塑料管

给水塑料管作为一种新型化学管材，已被广泛推广使用，加快了民用建筑"以塑代钢"的步伐，塑料管材因具有质量小、耐腐蚀、不生锈、易着色、隔热保温性能好，以及外形美观等金属管材无可比拟的优点而得到了较快发展。各种新型塑料管材相继推出，由最先的聚氯乙烯（PVC）管材逐步发展到高密度聚乙烯（HDPE）管、铝塑复合管、聚丁烯（PB）管、无规共聚聚丙烯（PP-R）管等，这些管材已在不同领域得到越来越广泛的应用。

① 硬聚氯乙烯给水管（UPVC 管）

生产 UPVC 管的材料以 PVC 树脂为主，加入所必要的添加剂。UPVC 管的使用温度为 5～45℃，公称压力为 0.60～1.00MPa，其优点是耐腐蚀性好、抗衰老、黏结方便、价格低、产品规格全、质地坚硬。缺点是无韧性，环境温度低于 5℃时脆化，高于 45℃时软化，长期使用有 UPVC 单体和添加剂渗出，在饮用水应用上受到很大的限制，已广泛用于排水系统中。UPVC 管连接方式分为三种，可采用承插黏结，也可采用橡胶密封圈柔性连接，螺纹或法兰连接。

② 聚乙烯给水管（PE 管）

PE 管包括高密度聚乙烯管（HDPE 管）、低密度聚乙烯管（LDPE 管）和交联聚乙烯管（PE-X 管），聚乙烯管的特点是质量小、韧性好、耐腐蚀、耐低温、运输及施工方便，在建筑给水系统中得到广泛应用。目前国内产品的规格在 De16～De160，最大可达 De400，常采用热熔、电熔、橡胶圈柔性连接，工程上主要采用熔接。

交联聚乙烯管（PE-X 管）具有耐高温（−70～110℃）、耐高压（爆破压力 6.00MPa）、良好的稳定性和持久性。这种管材是目前比较理想的冷热水及饮用水塑料管材。采用卡箍连接、卡压式连接、过渡连接。生产工艺要求较高，废品不能回收；线膨胀系数大，由于热胀冷缩引起的温差应力导致接头部位容易漏水。

③ 聚丙烯管(PP管)

聚丙烯管具有密度小、力学均衡性好、耐化学腐蚀性强、易成型加工、热变形温度高等优点,从材质分为均聚聚丙烯(PP-H)、嵌段共聚聚丙烯(PP-B)、无规共聚聚丙烯(PP-R)三种,其基本连接方式为热熔承插连接,局部采用螺纹接口配件、金属管件连接。

PP-R管的优点是热膨胀系数小,耐压可达4.90MPa,可输送90℃热水。热熔连接牢固,不需铜接头,成本较低。产生的废品可回收利用。采用热熔连接、电熔连接、过渡连接和法兰连接。

PP-R管的缺点主要是刚性和抗冲击性能差,线膨胀系数较大,抗紫外线性能差,属于可燃性材料,不得用于消防给水系统。

PP-R管应用于公共及民用建筑,用于输送冷热水、采暖系统和空调系统。

④ 聚丁烯管(PB管)

PB管质量很轻,具有独特的抗蠕变(冷变形)性能,基本连接方式为热熔连接,局部采用螺纹接口配件、金属管件、附件连接。

⑤ 工程塑料管(ABS管)

ABS管质量小,具有较高的耐冲击强度和表面硬度,基本连接方式为黏结,在与其他管道或金属管件、附件连接时,可采用螺纹、法兰等接口。

(2) 铸铁给水管

我国生产的铸铁给水管按其材质分为球墨铸铁管和普通灰口铸铁管。铸铁给水管具有耐腐蚀性强、使用期长、价格较低等优点,适合于埋地敷设;缺点是性脆、长度小、质量大,适用于消防系统、生产给水系统的埋地敷设。

铸铁给水管有低压管、普压管和高压管三种,工作压力分别不大于0.45MPa、0.75MPa、1.00MPa。实际选用时应根据管道的工作压力来选择管的类型。

铸铁管的接口形式一般为承插接口,有柔性接口和刚性接口两类,柔性接口采用胶圈连接,刚性接口采用石棉水泥接口或膨胀性填料接口,重要场合可采用铅封接口。

(3) 钢管

钢管主要有焊接钢管和无缝钢管两种,焊接钢管又分为普通钢管和加厚钢管,根据是否镀锌又分为镀锌钢管和不镀锌钢管。钢管镀锌的目的是防锈、防腐,保护水质,并延长使用年限。

钢管强度高、承受压力大、抗震性能好、每根管长度大、质量比铸铁管小、接头少,加工安装方便,但造价较高,抗腐蚀性差。

钢管的连接方式分为螺纹连接、焊接、法兰连接和沟槽式(卡箍)连接。

① 螺纹连接多用于明装管道,是利用配件连接。配件由可锻铸铁制成,也分镀锌和不镀锌两种。选用时,管件应与管材一致。镀锌钢管必须用螺纹连接。

② 焊接多用于暗装管道,接头严密、不漏水,施工迅速,不需配件,但不能拆卸。焊接只能用于非镀锌钢管。

③ 法兰连接用于较大管径的管道上(50mm以上),将法兰盘焊接或用螺纹连接在管端,再以螺栓连接。法兰连接一般用于连接闸阀、止回阀、水泵、水表等处,以及需要经常拆卸、检修的管段上。

④ 沟槽式(卡箍)连接用滚槽机或开槽机在管材上开(滚)出沟槽,套上密封圈,再用卡

箍固定。沟槽式(卡箍)连接方式不仅用于钢管,还可以用于其他管材。沟槽式(卡箍)连接分刚性接头连接和柔性接头连接。

（4）复合管

复合管包括钢塑复合管和铝塑复合管等多种类型。

1) 钢塑复合管分衬塑和涂塑两大系列。第一系列为衬塑的钢塑复合钢管,兼有钢材强度高和塑料耐腐蚀的优点,但需在工厂预制,不宜在施工现场切割。第二系列为涂塑钢管,是将高分子粉末涂料均匀地涂敷在金属表面经固化或塑化后,在金属表面形成一层光滑、致密的塑料涂层,它也具备第一系列的优点。钢塑复合管一般采用螺纹连接,其配件一般也是钢塑制品。

2) 铝塑复合管内外壁均为聚乙烯,中间以铝合金为骨架,该种管材具有质量小、耐压强度好、输送流体阻力小、耐化学腐蚀性强、接口少、安装方便、耐热、可挠曲、美观等优点,是一种可用于给水、热水、供暖、煤气等方面的多用途管材,在建筑给水范围可用于给水分支管。铝塑复合管一般采用螺纹卡套压接,其配件一般是铜制品。

2. 给水附件

给水附件是给水管网系统中调节水量和水压、控制水流方向、关断水流等各类装置的总称,可分为配水附件和控制附件两类。

（1）配水附件

一般情况下,配水附件和卫生器具配套安装,主要是分配、调节给水流量的作用。

① 升降式水龙头

一般安装在洗涤盆、污水盆、盥洗槽上。该龙头阻力较大,因其橡胶衬垫容易磨损而引起漏水,目前城市中正逐渐淘汰此种水龙头。

② 旋塞式水龙头

旋塞式水龙头的主要零件为柱状旋塞,沿径向开有一圆形孔,旋塞限定旋转90°即可完全开启,短时间可获得较大的流量,由于水流呈直线通过,其阻力较小,但由于启闭迅速,容易产生水击,一般配水点不宜采用,仅用于浴池、洗衣房、开水间等需要迅速启闭的配水点。

③ 球形水龙头

装设在洗脸盆、污水盆、盥洗槽上,因水流改变流向,故压力损失较大。

④ 盥洗龙头

装设在洗脸盆上,用于供给冷热水,有莲蓬头式、角式和长脖式等多种形式。

⑤ 混合水龙头

用以调节冷热水的温度,如盥洗、洗涤、浴用热水等。

⑥ 电子自动水嘴

电子自动水嘴控制能源仅需安装几节干电池,使用时不用接触水嘴,只需将手伸至出水口下方,即可使水流出,既卫生安全又节水。

（2）控制附件

控制附件用来调节水压、调节管道水流量大小及切断水流、控制水流方向,如闸阀、截止阀、蝶阀、球阀、止回阀、倒流防止器、安全阀、减压阀、自动水位控制阀等。

① 闸阀

闸阀如图 3.12 所示,闸阀全开时水流呈直线通过,阻力小,但水中杂质沉积阀座时阀板关闭不严,易产生漏水现象。闸阀多用于管径大于 50mm 或允许水双向流动的管道上,用来开启和关闭管道中的水流,调节水量。

② 截止阀

截止阀如图 3.13 所示,截止阀关闭后是严密的,但水流阻力较大。一般用在管径小于或等于 50mm 经常启闭的管道上,用来启闭水流,调节水量,同时也可以用来调节压力。安装时注意方向,应使水流低进高出,不得装反。

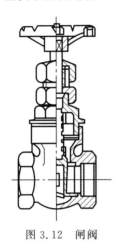

图 3.12 闸阀

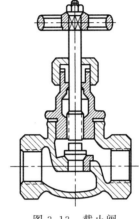

图 3.13 截止阀

③ 蝶阀

蝶阀如图 3.14 所示,此阀为盘状圆板启闭件,绕其自身中轴旋转改变与管道轴线间的夹角,从而控制水流通过,具有结构简单、尺寸紧凑、启闭灵活、开启度指示清楚、水流阻力小等优点。在双向流动的管段上应采用闸阀或蝶阀。

④ 球阀

球阀如图 3.15 所示,此阀具有闸阀或截止阀的作用,与闸阀和截止阀相比,具有阻力小、密封性能好、机械强度高、耐腐蚀等特点。

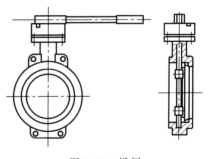

图 3.14 蝶阀

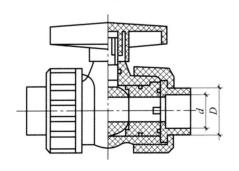

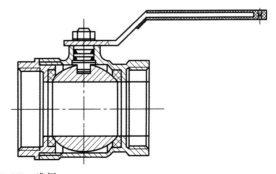

图 3.15 球阀

⑤ 止回阀

止回阀如图 3.16 所示,用来阻止水流的反向流动,有升降式止回阀和旋启式止回阀两种。

升降式止回阀,靠上下游压力差使阀盘自动启闭,装于水平管道上,水头损失较大,只适用于小管径。

旋启式止回阀,可水平安装或垂直安装,垂直安装时水流只能向上流,不宜用在压力大的管道中。

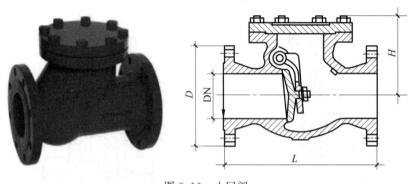

图 3.16　止回阀

⑥ 倒流防止器

倒流防止器是防止倒流污染的专用附件,是由进水止回阀、出水止回阀和自动泄水阀共同连接在一个阀腔上构成的,如图 3.17 所示。正常工作时不会泄水,当止回阀有渗漏时能自动泄水,当进水管失压时,阀腔内的水会自动泄空,形成空气间隙,从而防止倒流污染。

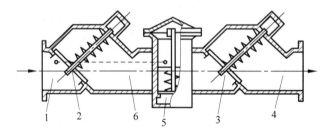

图 3.17　倒流防止器

1—进口;2—进水止回阀;3—出水止回阀;4—出口;5—泄水阀;6—阀腔

⑦ 安全阀

安全阀是在管网和其他设备所承受的压力超过规定的情况时,为避免遭受破坏而装设的附件。一般有弹簧式安全阀和杠杆式安全阀两种,如图 3.18 所示。

⑧ 减压阀

减压阀的作用是降低水流压力。在高层建筑中,可以减少或替代减压水箱,简化给水系统,增加建筑的使用面积,同时可防止水质的二次污染。在消火栓给水系统中,可以防止消火栓栓口处发生超压现象。

常用的减压阀有两种:可调式减压阀和比例式减压阀,如图 3.19 所示。可调式减压阀采用阀后压力反馈机构,工作中既减动压也减静压,既可水平安装也可垂直安装,在高层建

图 3.18　安全阀

(a) 弹簧式安全阀；(b) 杠杆式安全阀

筑冷热供水系统中完全可以代替分区供水中的分区水箱。比例式减压阀是在进口压力的作用下，活动活塞被推开，介质通过，由于活塞两端截面面积不同而造成的压力差改变了阀后的压力，也就是在管路有压力的情况下，活塞两端的面积比构成了阀前与阀后的压力比。无论阀前压力如何变化，阀后静压及动压按比例可减至相应的压力值。

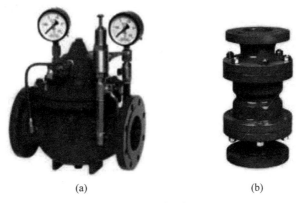

图 3.19　减压阀

(a) 可调式减压阀；(b) 比例式减压阀

⑨　自动水位控制阀

给水系统的调节水池(箱)，除进水能自动控制切断进水外，其进水管上应设自动水位控制阀，如图 3.20 所示。水位控制阀的公称直径应与进水管管径一致。常见的有浮球阀、活塞式液压水位控制阀、薄膜式液压水位控制阀等。

3. 给水设备

建筑给水系统的供水设备包括水泵、吸水井、储水池、高位水箱及气压给水装置等。

(1) 水泵

水泵是将原动机的机械能传递给流体的一种动力机械，是提升水压和输送水的重要设备。水泵的种类很多，有离心泵、轴流泵、混流泵、活塞泵、真空泵等。这里介绍水暖工程中常用的离心泵，它具有结构简单、体积小、效率高且流量和扬程在一定范围内可以调整等优点。

①　离心泵的基本构造和工作原理

图 3.21 是一个单级离心泵的构造图，主要由叶轮、泵壳、泵轴和填料函等组成。

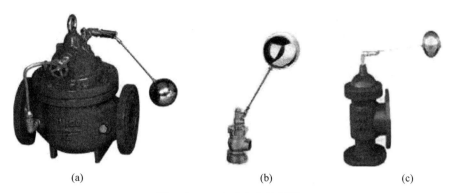

图 3.20 　自动水位控制阀

（a）电池遥控浮球阀；（b）浮球阀；（c）液压水位控制阀

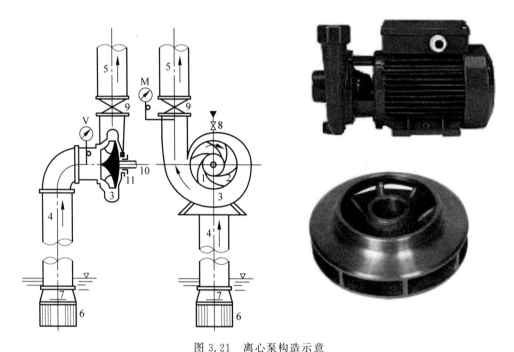

图 3.21 　离心泵构造示意

1—叶轮；2—叶片；3—泵壳；4—吸水管；5—压水管；6—拦污栅；7—底阀；8—灌水斗；
9—阀门；10—泵轴；11—填料函；M—压力表；V—真空计

　　泵的主要工作部分有叶轮及其叶片、泵轴、蜗形泵壳、吸水管、压水管。泵在启动前必须先将泵壳与吸水管充满水,启动后,在电动机的带动下使叶轮高速旋转,在离心力的作用下,叶片间的水被甩出叶轮,再沿蜗形泵壳中的流道而流入压水管。由于水经叶轮后获得动能,又经泵壳后转化为很高的压能,因此水流入压水管时具有很大的压力,便可压向管网。同时在叶轮中心处,水被甩出而形成真空,水池的水便在大气压力的作用下,经吸水管不断地流入叶轮空间,由于叶轮的连续旋转,水泵连续不断地吸水和压水。

　　为了保证水泵正常工作,还必须装设一些管路附件,如压力表、闸阀、可曲挠接头等,当水泵从水池吸水时,还应装设底阀、真空表等。

　　② 水泵的基本性能参数

　　水泵的基本性能通常由以下几个参数来表示。

流量：水泵在单位时间内输送的液体体积，以符号 Q 表示，单位为 m^3/h 或 L/s。

扬程：单位质量的液体通过水泵后所获得的能量，以符号 H 表示，单位为 m。

功率：水泵在单位时间内所做的功，也就是单位时间内通过水泵的液体所获得的能量，水泵的这个功率称为有功功率，以符号 N 表示，单位为 kW。电动机通过泵轴传递给水泵的功率称为轴功率，以符号 $N_轴$ 表示。轴功率大于有效功率，这是因为电动机传递给水泵轴的功率除了用于增加水的能量之外，还有一部分功率被损耗掉了，这些损失包括水泵转动时产生的机械摩擦损失，水在泵中流动时由于克服水阻力而产生的水头损失等。

效率：水泵的有效功率与轴功率的比值，用符号 η 表示，即

$$\eta = N/N_轴 \times 100\% \tag{3-1}$$

转速：水泵叶轮的转动速度，以每分钟转动的转数来表示。以符号 n 表示，单位为 r/min。常用的转速为 $2900r/min$、$1450r/min$、$960r/min$。选用电动机时，必须使电动机的转速与水泵转速一致。

吸程：吸程也称作允许吸上真空高度，是指水泵在标准状态下（即水温为 $20℃$，水面压力为一个标准大气压）运转时，进口处允许产生的真空度数值，一般是生产厂家以清水做试验得到的发生汽蚀的吸水扬程减去 $0.3m$，以符号 H_s 表示。

（2）吸水井

室外给水管网能够满足建筑内所需水量，不需设置储水池，但室外给水管网又不允许直接抽水，即可设置满足水泵吸水要求的吸水井。吸水井的尺寸应满足吸水管的布置、安装和水泵正常工作的要求。吸水井的容积应大于最大一台水泵 $3min$ 的出水量。

（3）储水池

储水池是建筑给水常用调节和储存水量的构筑物，采用钢筋混凝土、砖石等材料制作，形状多为圆形和矩形。储水池布置在地下室或室外泵房附近，并应有严格的防渗漏、防冻和抗倾覆措施。储水池设计应保证池内储水经常流动，不得出现滞流和死角，以防水质变坏。储水池一般应分为两格，并能独立工作，分别泄空，以便清洗和维修。消防水池容积超过 $500m^3$ 时，应分成两个，并应在室外设供消防车取水用的吸水口。生活或生产用水与消防用水合用水池时，应设有消防水平时不被动用的措施。储水池应设进水管、出水管、溢流管、泄水管、通气管和水位信号装置。

储水池的有效容积（不含被梁、柱、墙等构件占用的容积）应根据调节水量、消防储备水量和生产事故备用水量计算确定，当资料不足时，储水池的调节水量可按最高日用水量的 $10\% \sim 20\%$ 估算。

（4）高位水箱

按用途不同，水箱可分为高位水箱、减压水箱、冲洗水箱和断流水箱等多种类型，其形状多为矩形和圆形，制作材料有钢板、钢筋混凝土、玻璃钢等。这里只介绍给水系统中广泛采用的起到保证水压和储存、调节水量的高位水箱。

高位水箱的配管、附件如图 3.22 所示。

① 进水管

一般由侧壁接入，也可由顶部或底部接入，管径按水泵出水量或设计秒流量确定。当水箱利用管网压力进水时，应在进水管上安装浮球阀或液压水位控制阀，并在进水端设检修用

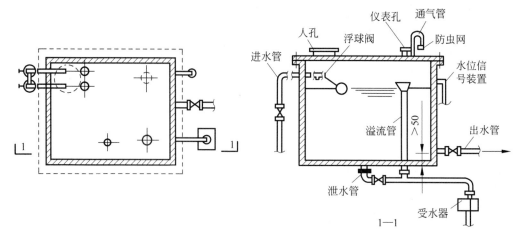

图 3.22   高位水箱的配管、附件

的阀门；当管径≥50mm 时,控制阀不少于 2 个;利用水泵供水并采用自动控制水泵启闭装置时,可不设浮球阀或水位控制阀。侧壁进水管中心距水箱上缘应有 150～200mm 距离。

② 出水管

出水管可由水箱底部或侧壁接出,其出水管口顶面(底部接出)或出水管内底(侧壁接出)应高出水箱内底 50mm,以防箱内污物进入配水系统,管径按水泵出水量或设计秒流量确定。出水管上应安装阻力较小的闸阀(不允许安装截止阀),为防止短流,水箱进出水管宜分设在水箱两侧。

③ 溢流管

溢流管可从底部或侧壁接出,用来控制水箱内最高水位。溢流管宜采用水平喇叭口集水,喇叭口顶面应高出水箱最高水位 50mm,管径宜比进水管管径大一号。溢流管上不允许设置阀门。

④ 泄水管

泄水管从水箱底接出,管上应设置阀门,可与溢流管相连,但不得与排水系统直接相连,管径不得小于 50mm。

⑤ 通气管

设在饮用水箱的密封盖上,以使水箱内空气流通,管上不应设阀门,管口应朝下,并设防止尘土、昆虫和蚊蝇进入的滤网,其管径一般宜为 100～150mm。

⑥ 水位信号装置

反映水位控制阀失灵的信号装置,可采用自动液位信号计,设在水箱内。若在水箱未装液位信号计时,可在溢流管下 10mm 处设水位信号管,直通值班室的洗涤盆等处,其管径为 15～20mm 即可。若水箱液位与水泵连锁,则可在水箱侧壁或顶盖上安装液位继电器或信号器,采用自动水位报警装置。

(5) 气压给水装置

气压给水装置是利用密闭罐中空气的压缩性进行储存、调节、压送水量和保持气压的装置,其作用相当于高位水箱或水塔。气压给水装置位置限制条件少,便于操作和维护,但其调节容积小,供水可靠性稍差,耗材、耗能较大。

气压给水装置按罐内水、气接触方式可分为补气式和隔膜式两类,按输水压力的稳定状况可分为变压式和定压式两类。气压给水装置一般由气压水罐、水泵机组、管路系统、电控系统、自动控制箱(柜)等组成,补气式气压给水装置还有气体调节控制系统。

3.1.1.3　给水系统的安装

要合理布置室内给水管道和确定管道的敷设方式,保证供水的安全可靠,节省工料,便于施工和日常维护管理。管网布置的总原则:缩短管线、减少阀门、安装维修方便、不影响美观。

1. 给水管道布置

给水管道的布置与建筑性质、外形、结构状况、卫生器具布置及采用的给水方式有关,一般要布置成枝状,单向供水。对不允许中断供水的建筑物,在室内应连成环状,双向供水,如消火栓系统。

2. 给水管道的敷设

根据建筑对卫生、美观方面的要求不同,给水管道的敷设可分为明装和暗装两种。

(1) 明装

管道的明装是指管道在室内沿墙、梁、柱、天花板下、地板旁暴露敷设。管道的明装造价低,便于安装维修;但是存在不美观、会凝结水、积灰、妨碍环境卫生等方面的缺点。明装一般用于对卫生、美观没有特殊要求的建筑。

(2) 暗装

管道的暗装是指管道敷设在地下室或吊顶中,或在管井、管槽、管沟中隐蔽敷设。管道的暗装卫生条件好、美观、造价高,但施工维护不便。对于建设标准高的建筑,如高层建筑、宾馆;要求室内洁净无尘的车间,如精密仪器、电子元件等场所应进行暗装敷设。室内给水管道可以与其他管道一同架设,应当考虑安全、施工、维护等要求。

(3) 敷设要求

1) 给水管道在穿过建筑物内墙及楼板时,一般均应预留孔洞或设置金属或塑料套管,安装在楼板内的套管,其顶部应高出装饰地面20mm;安装在卫生间及厨房内的套管,其顶部应高出装饰地面50mm,底部应与楼板底面相平;安装在墙壁内的套管,其两端与饰面相平。暗装管道在墙中敷设时,也应预留墙槽,待管道装好后,用水泥砂浆堵塞,以防孔洞墙槽影响结构强度。横管穿过预留洞时,管顶上部净空不能小于建筑物的沉降量,以保护管道不致因建筑沉降而损坏,一般不小于0.1m,敷设具体要求见表3.1。

表 3.1　给水管预留孔洞、墙壁尺寸　　　　　　　　　　　　　　mm

管道名称	管径	明装管道		暗管墙槽尺寸(宽×深)
		预留尺寸[长(高)×宽]	管外皮距墙面距离	
立管	≤25	100×100	25~35	130×130
	32~50	150×150	30~50	150×130
	75~100	200×200	50	200×200
两根立管	≤32	150×100		200×130
横支管	≤25	100×100		60×60
	32~40	150×130		150×100
引入管	≤100	300×300		

2) 管道在空间敷设时,必须采取固定措施,以保证施工方便和安全供水。固定水平管道常用的支、托架如图 3.23 所示。给水立管当层高不大于 5m 时,一般每层安装 1 个管卡,管卡距地面高 1.5~1.8m,当层高大于 5m 时,则每层须安装 2 个管卡,均匀安装。钢管水平安装管道支架最大间距见表 3.2。

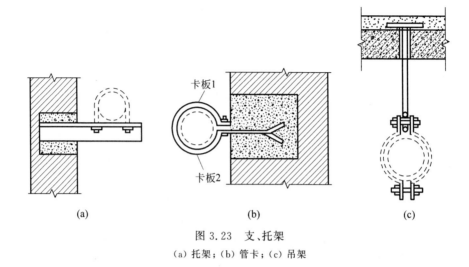

图 3.23　支、托架

(a) 托架;(b) 管卡;(c) 吊架

表 3.2　钢管水平安装管道支架最大间距

公称直径 DN/mm		15	20	25	32	40	50	70	80	100	125	150
支架的最大间距/m	保温管	2	2.5	2.5	2.5	3	3	4	4	4.5	6	7
	非保温管	2.5	3	3.25	4	4.5	5	6	6	6.5	7	8

(4) 引入管

引入管自室外管网将水引入室内,引入管力求简短,铺设时常与外墙垂直,引入管的位置,要结合室外给水管网的具体情况,由建筑物用水量最大处接入;在居住建筑中,如卫生器具分布比较均匀,则从房屋中央接入。在选择引入管的位置时,应考虑便于水表安装与维修,同时要注意与其他地下管线保持一定的距离。一般的建筑物设一根引入管,单向供水。对不允许间断供水及用水量大、设有消防给水系统的大型或多层建筑,应设两根以上引入管,在室内连成环状或贯通枝状供水。引入管的埋设深度主要根据城市给水管网及当地的气候、水文地质条件和地面的荷载而定。寒冷地区引入管应埋在冰冻线以下 0.15m 处。生活给水引入管与污水排出管外壁的水平距离不宜小于 1.0m,引入管应有不小于 0.003 的坡度,坡向室外给水管网。

引入管穿越承重墙的基础时,应注意管道保护。如果基础埋深较浅,管道可以从基础底部穿过,如图 3.24(a)所示;如果基础埋深较深,则引入管将穿越承重墙的基础墙体,如图 3.24(b)所示。此时应预留洞口,管顶上部净空高度一般不小于 0.15m。

3. 给水系统的安装

建筑内给水管道的安装包括生活给水、消防给水及生活热水管道的施工。一般按引入管(总管)→水平干管→立管→横支管→支管的顺序施工。

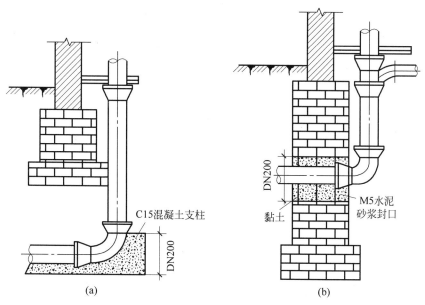

图3.24 引入管进入建筑物示意

（a）从浅基础下穿过；（b）穿基础

（1）建筑内给水管道安装的技术要求

1）管道穿越建筑物基础,墙、楼板的空洞和暗装时管道的墙槽应配合土建预留。

2）管道穿过墙壁和楼板,应设置金属或塑料套管。穿过楼板的套管与管道之间缝隙应用阻燃密实材料和防水油膏填实,端面光滑。穿墙套管与管道之间缝隙宜用阻燃密实材料填实,且端面应光滑。管道的接口不得设在套管内。

3）给水管道与其他管道同沟或共架敷设时,应铺设在排水管、冷冻管的上面,热水管或蒸汽管的下面。给水管不宜与输送易燃或有害流体的管道同沟敷设。

4）管道支、吊、托架的安装,应符合下列规定。

① 位置正确,埋设应平整牢固。

② 固定支架与管道接触紧密,固定应牢靠。

③ 滑动支架应灵活,滑拖与滑槽两侧间应留有 3～5mm 的间隙,纵向移动量应符合设计要求。

④ 固定在建筑结构上的管道支、吊架不得影响结构的安全。

5）直埋管在室外部分要考虑冰冻线深度和地面荷载情况,室内直埋管应避免穿越柱基,埋深不应小于 500mm。管道及其支墩严禁铺设在冻土和未经处理的松土上。

6）隐蔽管道和给水、消防系统的水压试验及管道冲洗,应按规定执行。

7）生活给水管、消防管,应根据需要及设计要求,进行保温处理,以防止结露。

8）除敷设于地下室的给水管道外,给水引入管（总管）入户处均设竖井并盖活动盖板以便于维修,而且应设置总阀（或装水表组）,以利于启闭与调节。

9）管道安装用螺纹连接时,凡采用管段原有螺纹的,均应检查螺纹的完整情况,并应切去 2～3 个螺纹,重新套丝,以保证连接的严密。

（2）建筑内给水管道的安装

1）引入管的安装。引入管穿越建筑物基础时,应按要求施工,并妥善封填预留的基础空洞。当有防水要求时,给水引入管应采用防水套管,常用的是刚性防水套管。

引入管底部宜用三通管件连接,三通底部装泄水阀或管堵,以利管道系统试验及冲洗时排水,引入管在室外的埋深应大于当地的冰冻深度。

2)干管的安装。给水干管为下分式系统的,可置于地下室楼板下、地沟内或沿一层地面拖地安装;为上分式系统的,可明装于顶层楼板下,也可暗装于屋顶内、吊顶内或技术层内。所有暗装的给水干管均应在压力试验合格后,方可进行隐蔽。

给水干管的安装程序如下:

① 管子的调直与刷油

② 管子的定位放线及支架安装

依据施工图所要求的干管走向、位置、标高和坡度,检查预留孔洞。如未预留孔洞时,应打通干管需穿越的隔墙洞,挂通线弹出管子安装的坡度线。在此管中心坡度线下方,画出支架安装打洞位置方块线,即可安装支架。

③ 管子的上架与连接

对焊接连接的干管,直线部分可整根管子上架,弯曲部分应在地面上焊好弯管后上架。干管如采用焊接连接时,对口应不错口并留有对口间隙(1.5mm),点焊后调直管道最后焊死。

3)给水立管的安装。给水立管可分为明装或暗装,暗装即安装于管道竖井内或墙槽内。

立管预制以楼层管段长度为单元。每安装一层立管,均应使其就位于立管安装中心线上,并用立管管卡固定。立管管卡的安装高度宜为1.5m。

给水立管与排水立管并行时,应置于排水立管的外侧,与热水立管(蒸汽立管)并行时,应置于热水立管的右侧。

从地下室、地沟干管上接出给水立管时,应采用2～3个弯头引向地面上(或墙槽内)。立管穿越各层楼板时,应加钢套管。

4)给水横支管的安装。给水系统的横支管安装应具有不小于0.2%的坡度。

5)给水弯道的特殊处理。

① 管道通过伸缩缝和沉降缝时的处理。管道通过建筑沉降缝、伸缩缝时,需做特殊处理。常用方法有两种:一种是柔性做法,即把通过伸缩缝的管段部分采用软管;另一种是刚性做法,即利用螺纹弯头把管道做成 U 形管,利用弯头螺纹微小的旋动缓解由沉降不均匀引起的剪切力。

② 管道的防噪声处理。管道的噪声源主要来自水泵运行,水流速度较大,阀门或水嘴启闭引起的水击等。减弱和消除这些噪声的措施除了在设计方面采用合理流速、水泵减震等方法外,从安装角度考虑,主要是利用吸声材料隔离管道与其依托的建筑实体的硬接触。例如,暗装管和穿墙套管填充矿渣棉、管道托架及立管管卡和管子之间的衬垫橡胶或毛毡,水嘴采用软管连接等。

任务 3.1.2　建筑排水系统

3.1.2.1　建筑排水系统的分类与组成

建筑排水系统主要包括建筑物内污水与废水的收集、输送、排出以及进行局部处理。

1．建筑排水系统的分类及排水体制

（1）建筑排水系统的分类

建筑排水系统根据所接纳污废水类型不同，可分为以下三类。

1）生活排水系统

生活排水系统用于排除居住建筑、公共建筑以及工厂生活间的污废水。生活排水系统又可进一步分为排除冲厕所的生活污水排水系统和排除盥洗、沐浴、洗涤废水的生活废水排水系统。

2）工业废水排水系统

工业废水排水系统用于排除生产过程中所产生的污、废水，根据污染的程度不同，又可分为生产污水和生产废水。生产污水是指生产过程中被化学物质（氰、铬、酸、碱、铅、汞等）和有机物污染较重的水，生产污水必须经过相关处理达到排放标准后才能排放；生产废水是指生产过程中受污染较轻或被机械杂质（悬浮物及胶体）污染的水。

3）屋面雨水排水系统

屋面雨水排水系统是收集并排除降落到建筑屋面的雨、雪水的排水系统。雨、雪水一般较清洁，可直接排放。

（2）室内排水系统的排水体制

室内排水系统的排水体制分为合流制和分流制两种。选择排水体制时主要考虑以下因素：污废水性质、污废水污染程度、室外排水体制以及污废水综合利用的可能性和处理要求等。

2．建筑排水系统的组成

建筑排水系统的主要任务是将生活污水、工业废水及降落在屋面上的雨、雪水用最经济合理的方式顺畅地排至室外。完整的排水系统由以下部分组成，如图3.25所示。

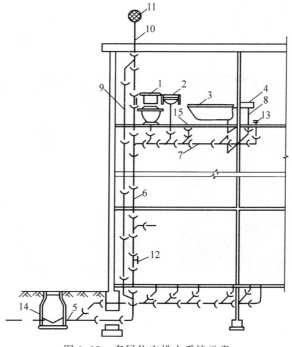

图3.25　多层住宅排水系统示意

1—坐便器冲洗水箱；2—洗脸盆；3—浴盆；4—厨房洗盆；5—排出管；6—排水立管；
7—排水横支管；8—排水支管；9—专用通气管；10—伸顶通气管；11—通风帽；
12—检查口；13—清通口；14—排水检查井；15—地漏

（1）污（废）水收集器具

污（废）水收集器具往往就是用水器具，是排水系统的起点，收集和排出污废水，包括各种卫生器具、生产设备上的受水器、收集屋面雨水的雨水斗等。

（2）水封装置

水封装置是设置在污废水收集器具的排水口下方，与排水横支管相连的一种存水装置，俗称存水弯。水封装置的作用是阻挡排水管道中的臭气和其他有害气体、虫类等通过排水管进入室内。

存水弯一般有 S 形和 P 形两种，水封高度不能太大，也不能太小，若水封高度太大，污水中固体杂质容易沉积，太小则容易被破坏，因此水封高度一般在 50～100mm，水封底部应设清通口，以利于清通。存水弯的形式及安装如图 3.26 所示。

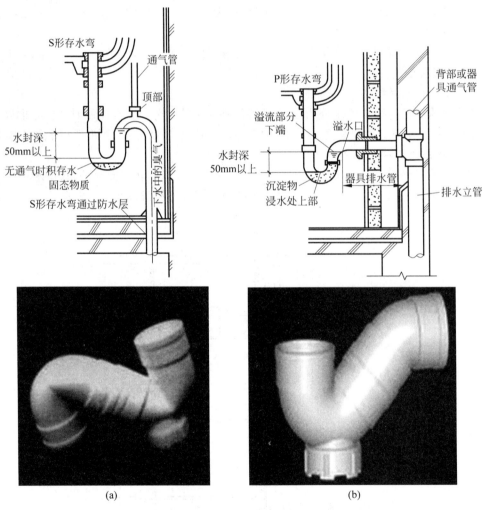

图 3.26　存水弯的形式及安装

（a）S形存水弯；（b）P形存水弯

（3）排水管道

排水管道由器具排水支管、排水横支管、排水立管、排水干管和排出管等组成。

1）器具排水支管。它是连接污、废水收集器具与排水横支管之间的短管。

2）排水横支管。它是汇集各器具排水支管的来水，水平方向输送污、废水的管道。排水横支管应有一定坡度坡向立管。

3）排水立管。排水立管收集各排水横支管的来水，为保证污废水的水流畅通，立管的管径不应小于任何一根接入的横支管管径。

4）排水干管。排水干管为收集排水立管的污废水，水平方向输送污废水的管道。排水干管应有一定坡度。

5）排出管。排出管是水平方向穿过建筑外墙或外墙基础，连接室内排水立管与室外污水检查井之间的管段，也称出户管。排出管的管径不得小于所连接立管的管径，排出管也应有一定的坡度。

（4）通气管系统

绝大多数排水管道内部流动的是重力流，即管道系统中的污废水是依靠重力的作用排出室外，因此排水管道系统必须和大气相通。

1）通气管系统的作用。既能向排水管内补充空气，使水流畅通，减少排水管内的气压变化幅度，防止卫生器具水封被破坏；又能将管道中散发的有毒、有害气体和臭气排到大气中去；同时还可以保持管道内的新鲜空气流通，减轻废气对管道的锈蚀。

2）通气管系统的形式。对于楼层不高、卫生器具不多的建筑物，将排水立管的上端伸出屋顶一定高度，作为通气管。为防止异物落入立管，通气管顶端应装设网罩或伞形通气帽，该通气管也称为伸顶通气管。对于层数较多或卫生器具较多的建筑物，必须设置专用通气管，如图 3.27 所示。

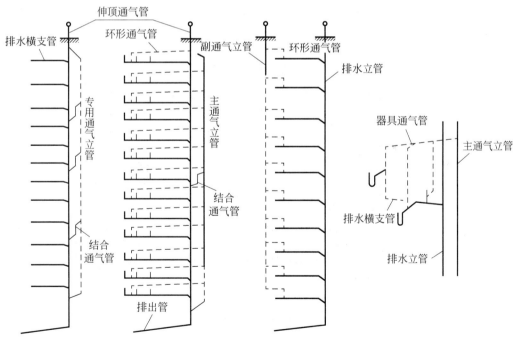

图 3.27 通气管系统

3）专用通气管。专用通气管指仅与排水立管相连，为确保污水立管内空气流通而设置的垂直通气管道。当立管总负荷超过允许排水负荷时，专用通气管起平衡立管内的正负压作用。实践证明,这种做法对于高层民用建筑的排水支管承接少量卫生器具时,能起到保护水封的作用。采用专用通气管后,污水立管排水能力可增加一倍。

主通气立管指连接环形通气管和排水立管,并为排水支管和排水立管内空气流通而设置的垂直管道。当主通气立管通过环形通气管每层都和污水横管相连时,接合通气管与排水立管相连不宜多于 8 层。

副通气立管指仅与环形通气管连接,为使排水横支管内空气流通而设置的通气管道。其作用同专用通气立管,设在污水立管对侧。

环形通气管指从最始端卫生器具的下游端接至通气立管的一段通气管段。它适用于排水横支管较长、连接的卫生器具较多时,即污水支管上连接 4 个或 4 个以上卫生器具,且污水支管长度大于 12m,或同一污水支管所连接的大便器在 6 个或 6 个以上时。

器具通气管指设在卫生器具存水弯出口端,在高于卫生器具一定高度处与主通气立管连接的通气管段;可以防止卫生器具产生自虹吸现象和噪声;适用于对卫生、安静要求较高的建筑物。

结合通气管指排水立管与通气立管的连接管段。当上部横支管排水水流沿立管向下流动,水流前方空气被压缩,通过结合通气管可以释放被压缩的空气至通气立管。当结合通气管布置有困难时,可用 H 形管件替代。

(5)清通设备

为了排水管道疏通方便,管道上需设清通设备。在室内排水系统中,一般有清扫口、检查口、检查井等。

1)清扫口。一种装在排水横支管上,用于清扫排水横支管的附件。清扫口设置在楼板或地坪上,且与地面相平。也可用带清扫口的弯头配件或在排水管起点设置堵头代替清扫口。清扫口构造如图 3.28 所示。

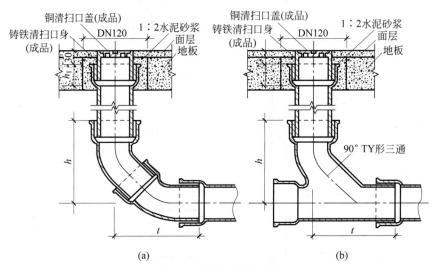

图 3.28 清扫口构造示意
(a)横支管起端的清扫口;(b)横支管中段的清扫口

清扫口的设置应符合以下要求:

① 在排水横支管直线管段上的一定距离处,应设清扫口。

② 当排水横支管连接卫生器具数量较多时,在横支管起端应设置清扫口。如系统采用

铸铁管时,连接 2 个及 2 个以上大便器的排水横支管或连接 3 个及 3 个以上卫生器具时宜设置清扫口;如系统采用 UPVC 管时,一根横支管上连接 4 个或 4 个以上大便器的排水横支管宜设置清扫口。

③ 在水流偏转角大于 45°的排水横支管上,应设清扫口。

④ 管径小于 100mm 的排水管道上,设置清扫口的尺寸应与管径相同;管径等于或大于 100mm 的排水管道上设置的清扫口,其尺寸应采用 100mm。

⑤ 清扫口不能高出地面,必须与地面相平。污水横管起端的清扫口与墙面的距离不得小于 0.2m。当采用管堵代替清扫口时,为便于清通和拆装,与墙面的净距不得小于 0.4m。

2)检查口。检查口设在排水立管以及较长的水平管段上,是一个带盖板的开口短管,清通时将盖板打开,如图 3.29 所示。

在生活排水管道上,应按下列规定设置检查口;铸铁排水立管上检查口之间的距离不宜大于 10m,塑料排水立管宜每六层设置一个检查口;但在建筑物最底层和设有卫生器具的二层以上建筑物的最高层,应设置检查口,当立管有水平拐弯或乙字管时,在该层立管拐弯处和乙字管的上部应设检查口。

排水管上设置的检查口应符合下列规定:

① 立管上设置检查口,应在地(楼)面以上 1.0m,并应高于该层卫生器具上边缘 0.15m。

② 地下室立管上设置检查口时,检查口应设置在立管底部之上。

③ 立管上的检查口应面向便于检查清扫的方位。

④ 横干管上的检查口应垂直向上。

3)检查井。埋地管道上应设检查井,以便清通,如图 3.30 所示。

图 3.29 检查口

图 3.30 检查井

检查井的设置应符合以下要求:

① 生活污水排水管道,在建筑物内不宜设检查井。

② 对于不散发有害气体或大量蒸汽的工业废水的排水管道,可在建筑物内排水管上下列部位设检查井:一是在管道转弯或连接支管处;二是在管道管径及坡度改变处;三是在直线管段上每隔一定距离处(生产废水不宜大于 30m,生产污水不宜大于 20m)。

③ 检查井直径不得小于 0.7m。

④ 检查井中心至建筑物外墙的距离不宜小于 3.0m。

（6）地漏的设置

地漏是一种内有水封,用来排除地面水的特殊排水装置,一般由铸铁或塑料制作而成。

地漏有 50mm、75mm、100mm 三种规格,卫生间及盥洗室一般设置直径为 50mm 的地漏,地漏一般设在地面的最低处,地面做成坡度为 0.005～0.01 的坡向地漏,地漏算子面低于地面标高 5～10mm。

（7）污废水抽升设备

建筑物的地下室、人防建筑工程等地下建筑物内的污废水不能以重力流排入室外检查井时,应利用集水池、污水泵把污废水集流、提升后排放。

集水池的净容积应按小区或建筑物地下室内污水量大小、污水泵启闭方式和现场场地条件等因素确定。集水池的有效水深一般取 1～1.5m,保护高度取 0.3～0.5m。

污水泵应优先选用潜水污水泵和液下污水泵。

（8）局部处理构筑物

当建筑内部污水未经处理不允许直接排入市政排水管网或水体时,须设污水局部处理构筑物。例如,处理民用建筑生活污水的化粪池,去除含油污水的隔油池,降低锅炉、加热设备排放的高温污水的降温池,以及以消毒为主要目的的医院污水处理设施等。

3.1.2.2　建筑排水系统的管材及卫生设备

1. 排水管材

对敷设在建筑物内部的排水管道,要求有足够的机械强度、抗污水侵蚀性能好、不漏水等特性。下面重点介绍排水铸铁管、塑料管等常用管材的性能及特点。

（1）排水铸铁管

排水铸铁管具有耐腐蚀性能强,有一定的强度、使用寿命长、价格便宜等优点,每根管长一般在 1.0～2.0m,与给水铸铁管相比管壁较薄,不能承受较大的压力,主要用于一般的生活污水、雨水和工业废水的排水管道,在要求强度较高或排除压力水的地方常用给水铸铁管代替。

排水铸铁管有承插连接、法兰连接,承插连接有刚性接口和柔性接口两种。排水铸铁管承插直管的规格如表 3.3 所示。

表 3.3　排水铸铁管承插直管的规格

管内径/mm	壁厚/mm	长度/m	质量/kg	管内径/mm	壁厚/mm	长度/m	质量/kg
50	5	1.5	10.3	125	6	1.5	29.4
75	5	1.5	14.9	150	6	1.5	34.9
100	5	1.5	12.6	200	7	1.5	53.7

1）刚性接口排水铸铁管及管件。刚性接口排水铸铁管采用承插连接。承插连接管件如图 3.31 所示。接口有铅接口、石棉水泥接口、沥青水泥砂浆接口、膨胀性填料接口、水泥砂浆接口等。实践证明,刚性接口排水管道的寿命可与建筑物使用寿命相同。

2）柔性接口排水铸铁管及管件。随着房屋建筑层数和高度的增加,刚性接口已经不能适应高层建筑在风荷载、地震等作用下的位移,宜采用柔性接口,使其具有良好的曲挠性和伸缩性,以适应建筑楼层间变位导致的轴向位移和横向曲挠变形,防止管道裂缝、折断。柔性接口排水铸铁管具有强度高、抗震性能好、噪声低、防火性能好、寿命长、膨胀系数小、安装

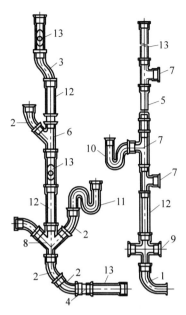

图 3.31　承插连接管件

1—90°弯头；2—45°弯头；3—乙字管；4—双承管；5—大小头；6—斜三通；7—正三通；

8—斜四通；9—正四通；10—P形弯；11—S形弯；12—直管；13—检查口

施工方便、美观、耐磨、耐高温等优点；缺点是造价高。对于建筑高度超过 100m 的高层建筑、防火等级要求高的建筑物、要求环境安静的场所、环境温度可能出现 0℃以下的场所，以及连续排水温度大于 40℃或瞬间排水温度大于 80℃的排水管道应采用柔性接口排水铸铁管。

柔性抗震接头的构造有两种(图 3.32)：一种是由承口、插口、法兰压盖、橡胶密封圈、紧固螺栓、定位螺栓等组成。橡胶密封圈在螺栓和压盖的作用下，呈压缩状态与管壁紧贴，起到密封作用；承口端有内八字，使橡胶密封圈嵌入，增强了阻水效果，同时由于橡胶密封圈具有弹性；插口可在承口内伸缩和弯折，接口仍可保持不渗不漏；定位螺栓则在安装时起定位作用。另一种是采用不锈钢带、橡胶密封圈、卡紧螺栓连接，安装时只需将橡胶密封圈套在两根连接管的端部，用不锈钢带卡紧，螺栓锁住即可。这种连接方法具有安装和更换管道方便、接头轻巧、美观等优点。

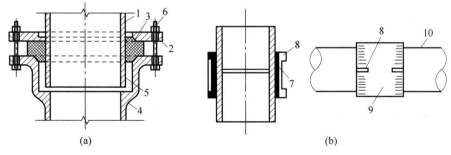

图 3.32　排水铸铁管柔性抗震接头的连接方法

(a)法兰压盖螺栓连接；(b)不锈钢带卡紧螺栓连接

1—直管、管件直部；2—法兰压盖；3—橡胶密封圈；4—承口端头；5—插口端头；

6—定位螺栓；7—橡胶圈；8—紧固螺栓；9—不锈钢带；10—排水铸铁管

（2）塑料管

塑料管具有质量小、耐腐蚀、水流阻力小、外表美观、施工安装方便、价格低廉等优点。近年来,塑料管在国内建筑排水工程中得到普遍认可和应用。最常用的是硬聚氯乙烯管。

1）硬聚氯乙烯管的特点。排水硬聚氯乙烯管（UPVC 管）是以聚氯乙烯树脂为主要原料,加入必要的助剂,经注塑成型,具有质量小、不结垢、耐腐蚀、抗老化、强度高、耐火性能好、施工方便、造价低、可制成各种颜色、节能等优点,在正常使用情况下寿命可达 50 年以上,但排水噪声大。目前在一般民用建筑和工业建筑的内排水系统中已广泛使用。

2）硬聚氯乙烯管的规格。排水硬聚氯乙烯管规格见表 3.4。

3）硬聚氯乙烯管的管件。排水塑料管道连接方法有黏结、橡胶圈连接、螺纹连接等。

表 3.4　排水硬聚氯乙烯直管公称外径与壁厚及黏结承口　　　　　　　mm

公称外径 D	平均外径极限偏差	直　管				粘接承口		
		壁厚		长度 L		承口内径 De		承口深度最小长度
		基本尺寸	极限偏差	基本尺寸	极限偏差	量小值	最大值	
40	+0.30	20	+0.40			40.1	40.4	25
50	+0.30	20	+0.40			50.1	50.4	25
75	+0.30	23	+0.40	4000或6000	±10	75.1	75.5	40
90	+0.30	32	+0.60			90.1	90.5	46
110	+0.40	32	+0.60			110.2	110.6	48
125	+0.40	32	+0.60			125.2	125.6	51
160	+0.50	40	+0.60			160.2	160.7	58

排水管件是用来改变排水管道的直径、方向以及连接交汇的管道,并便于检查和清通管道的配件。常用的排水硬聚氯乙烯管管件如图 3.33 所示。

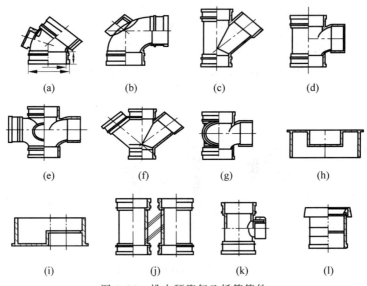

图 3.33　排水硬聚氯乙烯管管件

（a）45°弯头；（b）90°弯头；（c）45°斜三通；（d）90°顺水三通；（e）90°顺水四通；（f）45°斜四通；（g）立体四通；（h）同心异径接头；（i）偏心异径接头；（j）H 管；（k）检查口；（l）伸缩节

4) 伸缩节设置要求。使用排水硬聚氯乙烯管时,要求瞬时排水水温不超过80℃,连续排水水温不超过40℃。为消除硬聚氯乙烯管受温度变化影响而产生的伸缩,通常采用设置伸缩节的方法。一般立管应每层设一伸缩节。

2. 卫生设备

卫生器具是用来满足日常生活的各种卫生要求,收集和排除生活及生产中产生的污废水设备,它是给排水系统的重要组成部分。对卫生器具的一般要求是:耐腐蚀、耐老化、耐摩擦、耐冷热、强度好、表面光滑、易清洗、便于安装和维修、节水低噪,水封效果好。

为防止粗大污物进入管道发生堵塞,除大便器外,所有卫生器具均应在放水口处设截留杂物的栏栅。卫生器具与排水管道连接处应设存水弯,但坐式大便器和地漏因自带水封而例外。

卫生器具按用途可分为便溺用卫生器具、盥洗用卫生器具、沐浴用卫生器具和洗涤用卫生器具四类。

(1) 便溺用卫生器具

便溺用卫生器具用来收集和排出粪便污水。便溺用卫生器具包括便器和冲水设备两部分。

1) 坐式大便器。坐式大便器分为冲洗式大便器和虹吸式大便器两种。冲洗式大便器如低水箱坐式大便器,其安装结构如图3.34所示,斗下端作为存水弯,上口是一圈空心边,下边均布许多孔口。水由孔口沿大便器的内表面冲下,水面升高,水带着粪便冲过存水弯边缘,流入排水管中。这种大便器在使用时粪便直接落入存水弯,臭气少,但每次冲洗不一定能全部将粪便等脏物冲走,且粪便落下时易溅。

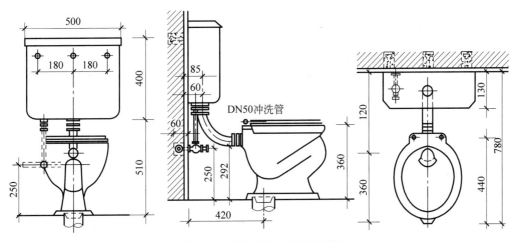

图3.34 低水箱坐式大便器安装

虹吸式大便器在大便器存水弯下面增加一段向下的弯管,形成虹吸管,冲洗时,迅速形成虹吸作用,将粪便吸到排水管中。每次冲洗均能将粪便及脏物带走,且在水封中充入新水,卫生。但是虹吸管易堵塞,用水量大,噪声大,仍易溅。喷射虹吸式大便器、旋涡虹吸式大便器的排污能力强,噪声低,用水量少。

坐式大便器多装设在住宅、宾馆或其他高级建筑内。

2) 蹲式大便器。蹲式大便器(图3.35)有自带存水弯、不带存水弯和自带冲洗阀、不带冲洗阀、水箱冲洗等多种形式。使用蹲式大便器时可避免某些因与人体直接接触引起的疾病传染,所以多用于集体宿舍、学校、办公楼等公共场所中。

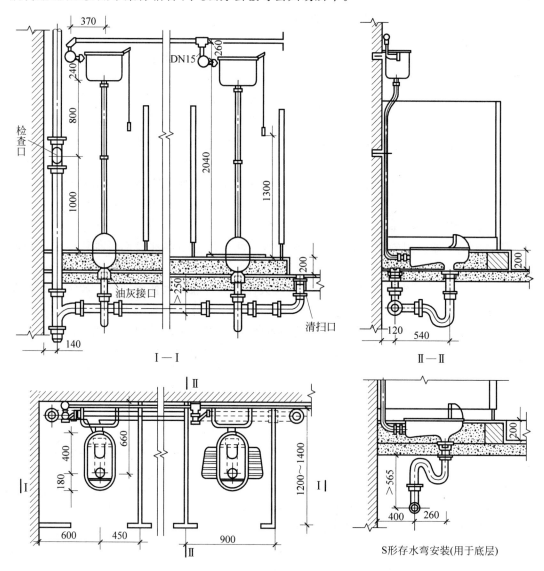

图 3.35　蹲式大便器安装

蹲式大便器多采用高位水箱或延时自闭式冲洗阀进行冲洗,延时自闭式冲洗阀可采用脚踏式、手动式、红外线数控式等多种开启方式,可根据不同场合选取开启方式。

3)小便器。小便器设在机关、学校、旅馆等公共建筑的男卫生间内,用于收集和排除小便,多为陶瓷制品。小便器有挂式小便器和立式小便器,如图 3.36 所示。其中,立式小便器用于标准高的建筑中,多为成组设置;挂式小便器悬挂在墙壁上,多采用手动启闭截止阀冲洗。

4)冲洗设备。冲洗设备有冲洗水箱和冲洗阀两种。冲洗水箱按安装高度分高位水箱和低位水箱,高位水箱用于蹲式大便器,公共厕所宜用自动式冲洗水箱,住宅和旅馆多用

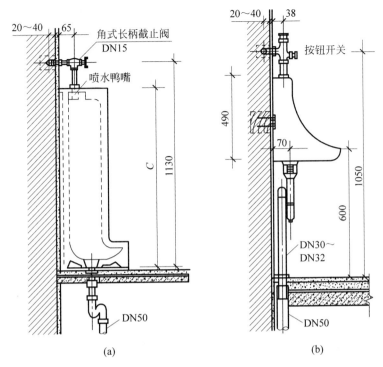

图 3.36 小便器安装

(a) 立式小便器；(b) 挂式小便器

手动式；低位水箱用于坐式大便器，一般为手动式。冲洗水箱具有流出水头小，进水管管径小，并有足够一次冲洗所需的储水容量，补水时间不受限制，浮球阀出水口与冲洗水箱的最高水面之间有空气隔断，以防止回流污染。缺点是冲洗时噪声大，进水浮球阀容易漏水。

冲洗阀直接安装在大小便器冲洗管上，多用于公共建筑、工业企业生活间及火车上的厕所内，使用者可以用手、脚或光控开启冲洗阀。延时自闭式冲洗阀由使用者控制冲洗时间 (5~10s) 和冲洗水量 (1~2L)，具有体积小、占用空间少、外观洁净美观、使用方便、节约水量、流出水头较小以及冲洗设备与大、小便器之间有空气隔断的特点。

（2）洗脸盆

洗脸盆一般用于洗脸、洗手和洗头，常设置在盥洗室、浴室、卫生间和理发店。洗脸盆有长方形、椭圆形、马蹄形及三角形等形式，安装方式有挂式、台式和立柱式三种，如图 3.37 所示。

近年来，为了有效地利用空间，住宅使用洗脸化妆台的多了起来，如台式洗脸盆和橱柜为一体的洗脸化妆台与化妆柜等的组合型；带洗脸盆的面板与化妆柜等的组合型。

（3）沐浴用卫生器具

1）浴盆。浴盆设在住宅、宾馆、医院等建筑的卫生间内及公共浴室内，它常用搪瓷生铁、水磨石、玻璃钢等材料制成，外形呈长方形、方形、椭圆形。浴盆配有冷、热水龙头或混合龙头，有的还有固定的莲蓬头或软管莲蓬头，如图 3.38 所示。

随着人们生活水平的提高，开发研制出的浴盆不仅盛热水，而且还带有诸多的附加功

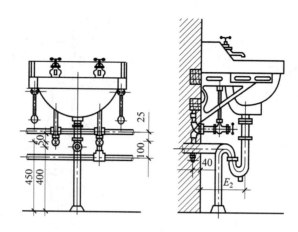

图 3.37　洗脸盆安装

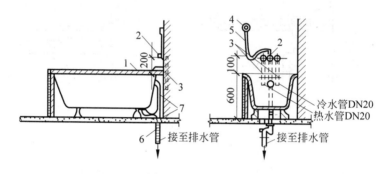

图 3.38　浴盆安装

1—浴盆；2—混合阀门；3—给水管；4—莲蓬头；5—蛇皮管；6—存水管；7—排水管

能，如对浴缸水进行净化、杀菌、24h 恒温、水在浴盆内循环喷流按摩等多种类型。

2）淋浴器。淋浴器具有占地面积小、设备费用低、耗水量小、清洁卫生和可避免疾病传染的优点，因此，多用于工厂、学校、机关、部队、集体宿舍的公共浴室，如图 3.39 所示。浴室的墙壁和地面需用易于清洗和不透水材料，如水磨石或水泥建造，高级浴室可贴瓷砖装饰，一般成组安装时，间距 900～1000mm，浴室地面坡度为 0.5%～1%。

（4）洗涤用卫生器具

洗涤用卫生器具是用来洗涤食物、衣物、器皿等物品的卫生器具。常用的洗涤用卫生器具有洗涤盆、化验盆、污水盆（池）等。

1）洗涤盆。洗涤盆是装设在厨房或公共食堂内，供洗涤碗碟、蔬菜、食物之用，如图 3.40 所示。根据材质的不同可分为水泥洗涤盆、水磨石洗涤盆、陶瓷洗涤盆、不锈钢洗涤盆，其中陶瓷洗涤盆和不锈钢洗涤盆应用最为普遍。

洗涤盆有长方形、正方形和椭圆形。洗涤盆可设置冷、热水龙头或混合龙头，排水设在盆底的一侧，为在盆内存水，备有橡皮塞头。

2）污水盆（池）。污水盆（池）设置在公共的厕所、盥洗室内，供洗涤清扫用具、倾倒污废水的洗涤用卫生器具。污水盆多为陶瓷、不锈钢或玻璃钢制品，污水池多以水磨石现场建造。按设置高度来分，污水盆（池）有落地式和挂墙式两类，如图 3.41 所示。

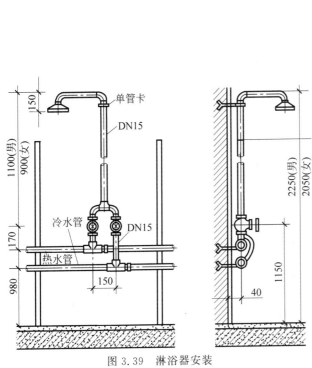

图 3.39 淋浴器安装

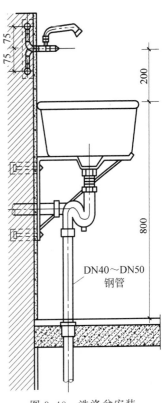

图 3.40 洗涤盆安装

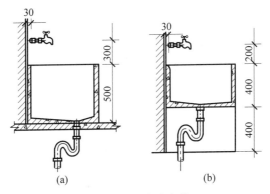

图 3.41 污水盆安装

(a) 落地式；(b) 挂墙式

3.1.2.3 建筑排水管道的安装

1. 建筑排水管道的特点和布置原则

（1）建筑排水管道的特点

排水管道所排泄的水一般是使用后受污染的水,含有大量悬浮物,尤其是生活污水中常含有纤维类和其他大块的杂物,容易引起管道堵塞。

排水管道内的流水是不均匀的,在仅设伸顶通气管的建筑内,变化的水流引起管道内气压急剧变化,会产生较大的噪声;影响房间的使用效果;在管道内温度比管外温度低较多时,管壁外侧会出现冷凝水,这些在管道布置时应加以注意。

（2）建筑排水管道的布置原则

排水管道的布置应力求简短,少拐弯或不拐弯,避免堵塞。室内排水管道的布置一般应满足以下要求。

1）排水管道不得布置在遇水会引起爆炸、燃烧或损坏的原料、产品和设备的地方。

2）排水管不穿越卧室、客厅,不穿行在食品或贵重物品储藏室、变电室、配电室,不穿越烟道,不穿行在生活饮用水池、炉灶上方。

3）排水管道不宜穿越容易引起自身损坏的地方,如建筑沉降缝、伸缩缝、重载地段和重型设备基础下方、冰冻地段。

4）排水塑料管应避免布置在热源附近。

5）塑料排水管道应根据其管道的伸缩量设置伸缩节,伸缩节宜设置在汇合配件处。排水横管应设置专用伸缩节。

6）建筑塑料排水管穿越楼层、防火墙、管道井井壁时,应根据建筑物性质、管径和设置条件,以及穿越部件防火等级等要求设置阻火装置。

2. 建筑排水管道的布置与敷设

（1）器具排水管的布置与敷设

器具排水管是连接卫生器具和排水横支管的管段。在器具排水管上应设水封装置——存水弯,有的卫生器具本身有水封装置可不另设,如坐式大便器。

（2）排水横支管的布置与敷设

排水横支管是连接器具排水管和排水立管的管段,不宜太长,尽量少转弯,连接的卫生器具不宜太多。排水横支管一般沿墙布设,排水横支管与墙壁间应保持 $35\sim50$ mm 的施工间距。明装时,可以吊装于楼板下方,也可以在楼板上方沿地敷设;暗装时,可将横管安装在楼板下的吊顶内,在建筑无吊顶的情况下,可采用局部包装的办法,将管道包起来,但在包装时要留有检修的活门。排水横支管不得穿越建筑大梁,也不得挡窗户。横支管是重力流,要求管道有一定坡度坡向立管。

最低排水横支管,应与立管管底有一定的高差,以免立管中的水流形成的正压破坏该横支管上所有连接的水封。最低排水横支管与立管连接处至立管管底的垂直距离见表 3.5。排水支管直接连接在排出管或横干管上时,其连接点与立管底部的水平距离不宜小于 3.0m,若不能满足上述要求,则排水支管应单独排至室外检查井或采取有效的防反压措施。

表 3.5　最低排水横支管与立管连接处至立管管底的垂直距离

立管连接卫生器具的层数	垂直距离/m	立管连接卫生器具的层数	垂直距离/m
≤4	0.45	13～19	3.0
5～6	0.75	≥20	3.0
7～12	1.2		

注:当与排出管连接的立管底部放大一号管径或横干管比与之连接的立管大一号管径时,可将表中垂直距离缩小一档。

（3）排水立管的布置与敷设

排水立管明装时一般设在墙角处或沿墙、沿柱垂直布置,与墙、柱的净距离为 15～

35mm。暗装时,排水立管常布置在管井中,管井上应有检修门或检修窗。排水立管宜靠近排水量最大、含杂质最多的排水设备,如住宅中的立管应设在大便器附近。立管不得穿越卧室、病房等对要求较安静的房间,也不宜靠近与卧室相邻的内墙。为清通方便,排水立管上每隔一层应设检查口,但底层和最高层必须设,检查口距地面 1.0m。

排水立管穿越楼板时,预留孔洞的尺寸一般较通过的立管管径大 50～100mm,可参照表 3.6 确定,并且应在通过的立管外加设一段套管,现浇楼板可以预先镶入套管。

(4) 排水横干管与排出管的布置与敷设

排水横干管汇集了多条立管的污水,应力求管线简短、不拐弯尽快排出室外。横干管穿越承重墙或基础时应预留洞口,预留洞口要保证管顶上部净空间不得小于建筑物的沉降量,且不得小于 0.15m。排出管穿越地下室外墙时,为防止地下水渗入,应做穿墙套管,此外排出管一般采用铸铁管柔性接头,以防建筑物下沉时压坏管道。

排出管与室外排水管连接处应设检查井,检查井中心到建筑物外墙的距离不宜小于3m,为使水流顺畅,排水立管底部或排出管上的清扫口到室外检查井中心的最大长度见表 3.7,否则应在其间设置清扫口或检查口。排出管也可是排水横干管的延伸部分。

表 3.6　立管穿越楼板时预留孔洞尺寸　　　　　　　　　　　　mm

管径	50	75～100	125～150	200～300
孔洞尺寸	150×150	200×200	300×300	400×400

表 3.7　排水立管底部或排出管上的清扫口到室外检查井中心的最大长度

管径/mm	50	75	100	≥100
最大长度/m	10	12	15	20

(5) 通气管系统的布置与敷设

对于层数不高、卫生器具不多的建筑物通常采用伸顶通气管系统,建筑伸顶通气管的设置高度与周围环境、该地的气象条件、屋面使用情况有关,伸顶通气管高出屋面不应小于0.3m,并应大于最大积雪厚度;对常有人停留的屋顶,高度应大于 2.0m;若在通气管口周围 4m 以内有门窗时,高出窗顶 0.6m 或引向无门窗一侧;通气管口不宜设在建筑物挑出部分(如屋檐檐口、阳台和雨篷等)的下面。

建筑标准要求较高的多层住宅和公共建筑、10 层及 10 层以上高层建筑的生活污水立管宜设置专门的通气管道系统。通气管道系统包括通气支管、通气立管、结合通气管和汇合通气管。

通气支管有环形通气管和器具通气管两类。环形通气管在横支管起端的两个卫生器具之间接出,连接点在横支管中心线以上,在卫生器具上边缘以上不小于 0.15m 处,按不小于0.01 的上升坡度与主通气立管相连,与横支管呈垂直或 45°连接。对卫生和安静要求较高的建筑物宜设置器具通气管,器具通气管在卫生器具存水弯的出口端接出,按不小于 0.01的坡度向上与通气立管相连,器具通气管应在卫生器具上边缘以上不少于 0.15m 处和主通气立管连接。

通气立管有专用通气立管、主通气立管和副通气立管三类。为使排水系统形成空气流通环路,通气立管与排水立管间需设结合通气管(或称 H 管件),专用通气立管每层或隔层设一个结合通气管,主通气立管不宜多于 8 层设一个结合通气管。结合通气管的上端在卫生器具上边缘以上不小于 0.15m 处与通气立管以斜三通连接,且坡度为不小于 0.01 的上升坡度,下端在排水横支管以下与排水立管以斜三通连接。

若建筑物不允许或不可能每根通气管单独伸出屋面时,可设置汇合通气管。也就是将若干根通气立管在室内汇合,设一根伸顶通气管。

通气立管不得接纳污水、废水和雨水,不得与风道和烟道连接。

3. 建筑排水管道的连接

为保证水流顺畅,室内管道的连接应符合下列规定:

1) 器具排水管与排水横管垂直连接,应采用 90°斜三通;

2) 排水横管与立管连接,宜采用 45°斜三通或顺水三通和 45°斜四通或顺水四通;

3) 排水立管与排出管的连接,宜采用两个 45°弯头或弯曲半径不小于 4 倍管径的 90°弯头;

4) 排水管应避免轴线偏置,当受条件限制时,宜采用乙字管或两个 45°弯头连接;

5) 支管、立管接入横干管时,宜在横干管管顶或其两侧 45°范围内接入。

4. 建筑排水管道的安装

建筑排水管道系统安装的施工顺序一般是先做地下管线,即先安装排出管,然后安装干管、立管横支管或悬吊管,最后安装卫生器具或雨水斗。

建筑排水管道主要有铸铁管和塑料管两种材料,下面以铸铁管为主介绍排水管的安装。

(1) 排出管的安装

排出管室外一般做至建筑物外墙 1.0m,室内一般做至一层立管检查口,排出管的安装应满足以下要求。

1) 排出管与室外排水管道一般采用管顶平接,其水流转角不小于 90°,若采用排出管跌水连接且跌落差大于 0.3m 时,其水流转角不受限制。

2) 排出管穿越承重墙或基础时,应预留洞口。其洞口尺寸为:管径为 50~75mm 时,留洞尺寸为 300mm × 300mm;管径≥100mm 时,留洞尺寸为 (d + 300mm) × (d + 200mm),且管顶上部净空不得小于建筑物的沉降量,且不小于 0.15m。

3) 排出管安装并经位置校正和固定后,应妥善封填预留孔洞。其做法是用不透水材料(如沥青油麻或沥青玛琋脂)封填严实,并在内外两侧用 1∶2 水泥砂浆封口。

4) 排出管要保证有足够的覆土厚度,以满足防冻、防压要求。对湿陷性黄土地区,排出管应做捡漏沟。

(2) 排水干管的安装

排水干管应在地沟盖板或吊顶未封闭前进行,其型钢支架均应安装完毕并符合要求。

排水干管的安装应满足设计坡度要求,而且保证坡度均匀,承口朝来水方向。排水干管的管长应以已安装好的排出管斜三通及 45°弯头承口内侧为量尺基准,确定各组成管段的管段长度,经比量法下料、打口预制。

(3) 排水立管的安装

立管安装应在主体结构安装完成后,作业不相互交叉影响时进行。安装竖井中排水立管时,应先把竖井内的模板及杂物清理干净,并设防坠措施。

排水立管(包括通气管)的安装是从一层立管检查口承口内侧,直到通气管伸出屋面的设计高度。排水立管的安装应满足以下要求：

1）立管穿越楼板的孔洞、器具支管穿越楼板的孔洞均应参照设计的尺寸预留。现场打洞时，不得随意切断楼板配筋，必须切断时，管道安装后应补焊。

2）排水立管应用卡箍固定，卡箍间距不得大于3m，层高小于或等于4m时，可安装一个卡箍，卡箍宜设在立管接头处。

3）确定排水立管安装位置时，与后墙及侧墙的距离应考虑到饰面层厚度（一般为20～25m）、楼层墙体是否在同一立面上、立管上是否应用乙字弯管、与辅助通气管之间是否留安装间距等因素。

4）通气立管伸出屋面时，应采用不带承口排水立管，管口应加铅丝球或通气伞罩，并根据防雷要求设防雷装置。

（4）排水横支管的安装

排水横支管安装应在墙体砌筑完毕，并已弹出标高线，墙面抹灰工程已完成后进行。应在施工场地及施工用水、电等临时设施能满足施工要求，管材、管件及配套设备等核对无误，并经验收合格后进行。

安装排水横支管时，铸铁管支架间距不得大于2m且不大于每根管长，支架宜设在承口之后；塑料排水管支架间距不得大于表3.8规定。塑料排水管横管须设置伸缩节，具体位置应符合设计要求。横支管上合流配件至立管的直线管段超过2m时，应设伸缩节，且伸缩节之间的最大间距不得超过4m。伸缩节应设于水流汇合配件的上游端部。

表3.8 塑料排水横管支架间距

管径/mm	50	75	100
间距/m	1.0	1.0	1.1

铸铁管道施工完毕需进行闭水试验，做闭水试验时，应按立管系统逐根、逐层进行，闭水时，管材、管口应无渗漏，并且与土建施工的防水地面做闭水试验分开进行。闭水高度应符合规范要求，合格后需将对接卫生洁具的甩口管道封堵严密，等待洁具的安装。

项目3.2 给排水工程施工图识图

教学导航

项目任务	任务3.2.1 给排水工程施工图的组成与内容	参考学时	4
	任务3.2.2 给排水工程施工图的识图		
	任务3.2.3 某综合楼给排水工程施工图的识图		
教学载体	多媒体课室、教学课件及教材相关内容		
教学目标	知识目标	了解给排水施工图的组成与内容；掌握给排水施工图的识图	
	能力目标	能识读给排水施工图	
过程设计	任务布置及知识引导—学习相关新知识点—解决与实施工作任务—自我检查与评价		
教学方法	项目教学法		

任务 3.2.1　给排水工程施工图的组成与内容

3.2.1.1　建筑给排水工程施工图的组成

建筑给排水施工图一般由图纸目录、设计说明、设备及主要材料明细表、给排水平面图、给排水系统图和详图组成。

3.2.1.2　建筑给排水工程施工图的内容

1. 图纸目录

图纸目录应以工程单体项目为单位进行编写。一般包括工程项目的图纸目录和使用的标准图目录。图纸图号应按下列顺序编排。

1）系统原理图在前，平面图、系统图、详图依次在后；

2）平面图中应地下各层在前，地上各层依次在后。

2. 设计说明

设计图纸上用图线或符号表达不清楚的问题，均须用文字加以说明。例如，系统的形式、水量及所需水压、管材及其连接形式、管道的防腐和保温、卫生器具的类型、所采用的标准图集、施工验收要求等。

3. 设备及主要材料明细表

为了使施工准备的材料和设备等符合设计要求，对重要工程中的材料和设备，应编制设备及主要材料明细表，列出设备、材料的名称、规格、型号、单位数量及附注说明等项目，将在施工中涉及的管材、仪表、设备均列入表中，不影响工程进度和质量的辅助性材料可以不列入表中。

4. 给排水管道平面图

室内给排水管道平面图一般画在一起，如果是楼房，至少应绘制底层和标准层平面图。平面图常用的比例为 1∶100，如果图形比较复杂，也可采用 1∶50。

室内给排水管道平面图主要表示卫生器具和管道布置情况。建筑物的轮廓线和卫生器具用细实线表示；给水管道用粗实线表示；排水管道用粗虚线；平面图中的立管用小圆圈表示；阀门、水表、清扫口等均用图例表示。

5. 给排水系统图

给排水系统图一般是按正面斜等测的方式绘制的。给水和排水应分别绘制，常用 1∶100 或 1∶50 的比例绘制。它主要表明了管道系统的空间走向。

6. 详图

当某些设备的构造或管道之间的连接情况在平面图或系统图上表示不清楚又无法用文字说明时，应将这些部位进行放大，做成详图。详图常用的比例为（1∶50）～（1∶10）。有的节点可直接采用标准图集的详图。

任务 3.2.2　给排水工程施工图的识图

给水管道中水流的方向为：引入管→水表井→水平干管→立管→水平支管→用水设备。在管路中间按需要安装阀门等配水控制附件和设备。

排水管道中水流的方向为：卫生设备→排水横支管→排水立管→排水干管→排出管→室外检查井→化粪池。

1. 识图时应注意的问题

1）先总后分，先粗后细；

2）沿水流方向识读；

3）平面图与系统图相互对照；

4）注意看说明；

5）读图时先易后难，熟能生巧。

2. 识图顺序

（1）看文字部分

识读建筑给排水施工图一般先看设计说明，对工程概况和施工要求有一个大致了解。注意系统图和平面图的对应关系，两类图互相补充、共同表达建筑中各类卫生器具和管道及管道上各种附件的空间位置。管路按给水系统和排水系统应分别阅读，还应注意对照图纸目录，不应遗漏任何内容。

（2）看平面图

查明卫生器具、给排水设备、消防设备的类型、数量、安装位置、定位尺寸等。

读平面图主要是了解给排水出入口、干管、立管的平面位置，以及各层用水设备、卫生器具等的种类和位置，具体连接关系及标高、尺寸等，还需看系统图和详图。

（3）识读给水系统图

识读给水系统图时必须将每一个系统图与各层平面图反复对照，反复识读，才能看懂图纸的内容。首先，在底层管道平面图中，按所注的索引符号找到相应的系统图；然后，对照各层平面图找到该系统的立管和与之相连的横管和卫生器具，以及管道上的附件；最后，进一步识读各管段的公称直径和标高等。

（4）识读排水系统图

室内排水系统图的识读方法可由上而下，自排水设备开始沿污水流向，经支管、立管、干管至排出管。

（5）识读详图

给排水工程中，某些设备或管道节点的详细构造与安装要求的大样图应识读。

任务 3.2.3　某综合楼给排水工程施工图的识图

本工程总建筑面积为 $7331.10m^2$，建筑物高度为室外地坪到檐口 $20.5m$，建筑层数为地下室 1 层、地上 5 层，层高为地下室 $3.50m$、首层 $4.50m$、标准层 $4.0m$，结构形式为混凝土框架结构，基础形式为预制混凝土管桩基础。本工程设有生活给水系统、生活污废水排水系统、雨水系统、消防给水系统。本工程由市政管道给水，污废水采用合流制，污水经生化处理后排入市政污水管，屋面雨水经雨水斗和雨水管排至室外雨水井。消防给水系统在消防部分进行讲解，这里不再赘述。

综合楼安装施工图-给排水.zip

识读某综合楼给排水施工图（见右侧二维码"综合楼安装施工图-给排水.zip"），将平面图和系统图对照看，水平管道在平面图中体现，而立管在平面图中以圆圈的形式表示,相应的立管信息可在系统图中读出,包括其标高、管径等,从干管引至各个楼层的卫生间,可直接识读卫生间大样图,大样图中包括了与卫生器具连接的水平支管和立管。管道、阀门及水泵等的图例如图 3.42 所示。

⊢◇⊣	可曲挠橡胶接头	—Ⓣ—	湿式报警阀	⋇	水力警铃
▭	防水套管		喇叭口	—— G	给水管道
⊢	延时自闭冲洗阀	——◗	室外消火栓	- - - - P	生活废水管道
⊐	异径管	——○	消防卷盘	- - - - F	粪便污水管道
◁	偏心异径管	——◖	消火栓(单出口)	- - - - T	通气管道
◣	水表	Y	水泵接合器	- - - - Y	雨水管道
⊘	压力表	◎—Y	圆形地漏(带水封)	—— X	消火栓管道
◌	泵	存水弯(S形、P形)		—— Z	喷淋管道
⊢⋈⊣	闸阀	⊙—Y	清扫口	GL	给水主管
⊢▷⊣	阀门	⊗	透气球	PL	排水立管
⊤	截止阀	H - ·—⊙	检查口	FL	粪便污水立管
⊢▷	止回阀	- - └┘ - -	方形检查井	TL	通气立管
⊢▷|	消声止回阀	——○	圆形检查井	YL	雨水立管
⊢▱⊣	蝶阀	—⊐	管堵	XL	消火栓立管
⊢⌐○	液压进水阀	—▮—	雨水口	ZL	喷淋立管
⊢▷◦	带开启指示阀门	⊕	自动排气阀	○—▽	喷淋头(闭式)

图 3.42 图例

给排水工程施工图的给水系统中,管道由室外引入,采用 DN80 衬胶镀锌钢管,埋设深度 $H-1.60$m,分成 $2 \times$ DN40 衬胶镀锌钢管接水表井,出水表井后再接 DN80 衬胶镀锌钢管,往上至 $H-1.40$m 敷设在砂浆找平层内,至④轴处分配水流到 GL1 和 DN32 绿化用水管,GL1 往上至 3.60m 接 DN65 水平干管,GL1 直通屋顶分配水流到消防水箱和空调冷却塔;水平干管连接 GL2,由 GL2 引到 1~5 层各用水部位,各层给水横支管于 $H+0.25$m 处引出,管道往上 $H+1.0$m 连接男卫生间洗手盆延时自闭水龙头,再往上 $H+1.05$m 接 4 个小便斗延时自闭水龙头;然后往下 $H+0.4$m 分配水流到男卫生间的 3 个蹲式大便器冲洗水箱、女卫生间的 5 个蹲式大便器冲洗水箱和 2 个洗手盆延时自闭水龙头。给水管道穿楼板时设置钢套管,穿地下室外墙时设置防水套管。给水管道在使用前进行压力试验及消毒冲洗。

在给排水施工图的排水系统中,2~5 层男卫生间洗手盆和地漏的废水由各层各卫生器具的受水器收集排至 DN32 硬聚氯乙烯竖直短管,再排至 DN75 硬聚氯乙烯排水横支管,统一排放到 DN110 硬聚氯乙烯管 PL-2,女卫生间 2 个洗手盆和地漏的废水由各层各卫生器具受水器收集排至 DN32 硬聚氯乙烯竖直短管,再排至 DN75 硬聚氯乙烯排水横支管,统一排放到 DN110 硬聚氯乙烯管 PL-1;首层男卫生间洗手盆和地漏的废水由各卫生器具的受水器收集排至 DN32 硬聚氯乙烯竖直短管,再排至 DN75 硬聚氯乙烯排水横支管,由 PL-2′负责,首层女卫生间 2 个洗手盆和地漏的废水由各卫生器具的受水器收集排至 DN32 硬聚氯乙烯竖直短管,再排至 DN75 硬聚氯乙烯排水横支管,由 PL-1′负责;PL-2、PL-1、PL-2′连接−1.10m 处的 DN150 硬聚氯乙烯排水干管,往下至−1.90m 连接室外排出管,PL-1′连接−1.10m 处的 DN75 硬聚氯乙烯排水干管,往下至−1.80m 连接室外排出管。2～5 层男卫生间 4 个小便斗、3 个大便器和清扫口的污水由各层各卫生器具的受水器收集排至竖直短管,再排至排水横支管,统一排放到 FL-3;2～5 层女卫生间靠近④轴 3 个大便器和清扫口的污水由各层各卫生器具的受水器收集排至竖直短管,再排至排水横支管,统一排放到 FL-2;2～5 层女卫生间靠近③轴 2 个大便器和清扫口的污水由各层各卫生器具的受水器收集排至竖直短管,再排至排水横支管,统一排放到 FL-1;FL-3、FL-2、FL-1 连接−1.10m 处的排水干管,往下至−2.00m 连接室外排出管。首层男卫生间的 3 个大便器和清扫口的污水由各卫生器具的受水器收集排至竖直短管,再排至排水横支管,由 FL-3′负责;首层女卫生间靠近④轴的 3 个大便器和清扫口的污水由各卫生器具的受水器收集,排至竖直短管,再排至排水横支管,由 FL-2′负责;首层女卫生间靠近③轴的 2 个大便器和清扫口的污水由各卫生器具的受水器收集,排至竖直短管,再排至排水横支管,由 FL-1′负责;FL-3′、FL-2′、FL-1′连接−1.10m 处的排水干管,往下至−1.95m 连接室外排出管。首层男卫生间的 4 个小便斗的污水由各卫生器具的受水器收集排至竖直短管,再排至排水横支管,由 FL-4 负责,连接−0.95m 处的排水干管,往下至−1.80m 连接室外排出管。FL-3、FL-2、FL-1、PL-2、PL-1 连接伸顶通气管。

在给排水施工图的雨水系统中,室内雨水管道采用硬聚氯乙烯雨水管,室外雨水管道采用机制钢筋混凝土管。屋面雨水经雨水斗和雨水立管 YL-1～YL-6 排至室外雨水沟或雨水井;空调冷凝水经 $D70$ 铸铁管排至集水井。YL-1～YL-6 分别由−1.90m、−1.80m、−1.9m、−1.90m、−1.0m、−2.0m 处排出。

项目 3.3 给排水工程分部分项工程量清单的编制

教学导航

项目任务	任务 3.3.1 给排水工程分部分项工程量清单设置	参考学时	12
	任务 3.3.2 给排水工程分部分项工程量计算应用		
	任务 3.3.3 给排水工程分部分项工程量清单编制应用		
教学载体	多媒体课室、教学课件及教材相关内容		
教学目标	知识目标	了解给排水工程清单列项;掌握给排水工程工程量计算和清单编制	
	能力目标	能编制给排水工程工程量清单	
过程设计	任务布置及知识引导—学习相关新知识点—解决与实施工作任务—自我检查与评价		
教学方法	项目教学法		

任务 3.3.1　给排水工程分部分项工程量清单设置

给排水工程分部分项工程量清单项目设置依据《通用安装工程工程量计算规范》（GB 50856—2013）附录 K 给排水、采暖燃气工程进行列项。

管道及设备除锈、刷油、保温除注明者外，均应按该规范附录 M 刷油、防腐蚀、绝热工程相关项目编码列项。

给排水工程措施项目应按该规范附录 N 措施项目相关项目编码列项。

任务 3.3.2　给排水工程分部分项工程量计算应用

3.3.2.1　室内外管道界线划分

1. 给排水管道

（1）给水管道

1）室内外界线以建筑物外墙皮 1.5m 为界，入口处设阀门者以阀门为界。

2）室外管道与市政管道界线以水表井为界，无水表井者，以与市政管道碰头点为界。

（2）排水管道

1）室内外界线以出户第一个排水检查井为界。

2）室外管道与市政管道界线以与市政管道碰头井为界。

2. 采暖管道

1）室内外界线以建筑物外墙皮 1.5m 为界；建筑物入口处设阀门者以阀门为界，室外设有采暖入口装置者以入口装置循环管三通为界。

2）与工业管道界线以锅炉房或热力站外墙皮 1.5m 为界。

3）与设在建筑物内的换热站管道界线以站房外墙皮为界。

3. 空调水管道

1）室内外管道界线以建筑物外墙皮 1.5m 为界；建筑物入口处设阀门者以阀门为界。

2）设在建筑物内的空调机房管道以机房外墙皮为界。

4. 燃气管道

1）室内外管道分界如下：

① 地下引入室内的管道以室内第一个阀门为界。

② 地上引入室内的管道以墙外三通为界。

2）室外管道与市政管道以两者的碰头点为界。

3.3.2.2　工程量计算有关说明

1. 给排水、采暖、空调水、燃气管道安装

1）各种管道均按设计图示管道中心线长度以"m"计算，不扣除阀门、管件（包括减压器、疏水器、水表、伸缩器等）所占的长度。

2）各类管道安装按室内外、材质、连接形式、规格分别列项，以"m"计算。定额中铜管、塑料管、复合管（除钢塑复合管外）按公称外径表示，其他管道均按公称直径表示。

3）室内给排水管道与卫生器具连接的分界线。

① 给水管道工程量计算至卫生器具(含附件)前与管道系统连接的第一个连接件(如角阀、三通、弯头、管箍等)止。

② 排水管道工程量自卫生器具出口处的地面或墙面的设计尺寸算起;与地漏连接的排水管道自地面设计尺寸算起,不扣除地漏所占长度。

4) 方形补偿器所占长度计入管道安装工程量。方形补偿器的制作安装应执行"18 安装定额"C.10.3 章相应项目。

5) 采暖管道与分集水器进出口连接的管道工程量应计算至分集水器中心线位置。

6) 直埋保温管保温层补口分管径以"个"计算。

7) 采暖管道与原有采暖热源钢管碰头,区分带介质、不带介质两种规格,按新接支管公称管径列项,以"处"计算。每处含有供、回水两条管道碰头连接。

8) 燃气管道与已有管道碰头项目除钢管带介质碰头,塑料管带介质碰头以支管管径计算外,其他项目均按主管管径,以"处"计算。

9) 氮气置换区分管径以"m"计算。

10) 警示带、示踪线安装以"m"计算。

11) 地面警示标志桩安装以"m"计算。

2. 支架及其他

1) 管道、设备支架制作安装按设计图示单件质量以"kg"计算。

2) 成品管卡、阻火圈安装、成品防火套管安装,按工作介质管道直径区分不同规格,以"个"计算。

3) 管道保护管制作与安装,分为钢和塑料两种材质,钢制保护管按保护管公称直径,塑料管按保护管公称外径,区分不同规格,按设计图示管道中心线长度,以"m"计算。

4) 一般穿墙套管、柔性、刚性套管,按工作介质管道的公称直径,区分不同规格,以"个"计算。

5) 管道水压试验、管道消毒冲洗,均按设计图示管道长度,不扣除阀门、管件所占的长度,区分不同规格,以"m"计算。

例3.1 ××住宅楼室内给排水工程,本住宅楼共 5 层,由 3 个布局完全相同的单元组成,每单元一梯两户。因对称布置,所以只画出 1/2 单元的平面图和系统图,见图 3.43。图中标注尺寸标高以 m 计,其余均以 mm 计。所注标高以底层卧室地坪为 ±0.000m,室外地面为 −0.600m。给水管采用镀锌钢管,丝扣连接。排水管地上部分采用硬聚氯乙烯螺旋消声管,黏结连接。埋地部分采用铸铁排水管,承插连接,石棉水泥接口。卫生器具安装均参照《全国通用给排水标准图集》的要求,选用节水型。洗脸盆龙头为普通冷水嘴;洗涤盆水龙头为冷水单嘴;浴盆采用 1200mm×650mm 的铸铁搪瓷浴盆,采用冷热水带喷头式(暂不考虑热水供应)。给水总管下部安装一个 J41T−1.6 螺纹截止阀,房间内水表为螺纹连接旋翼式水表。施工完毕,给水系统进行静水压力试验,试验压力为 0.6MPa,排水系统安装完毕进行灌水试验,施工完毕再进行通水、通球试验。排水管道横管严格按坡度施工,图中未注明坡度者依管径大小分别为 DN75,$i=0.025$;DN100,$i=0.02$。给排水埋地干管管道做环氧煤沥青普通防腐(暂不考虑防腐),进(出)户管道穿越基础外墙设置刚性防水套管,给水干、立管穿墙及楼板处设置一般钢套管。未尽事宜,按现行施工及验收规范的有关内容执行。计算本住宅楼给排水工程分部分项工程量。

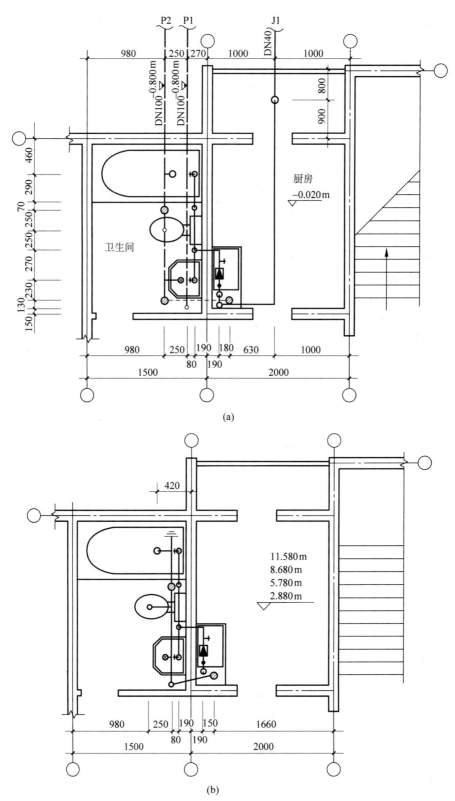

(a)

(b)

图 3.43　给排水工程施工

(a) 底层平面；(b) 2～5 层平面；(c) 给水系统；(d) P1 系统图；(e) P2 系统图

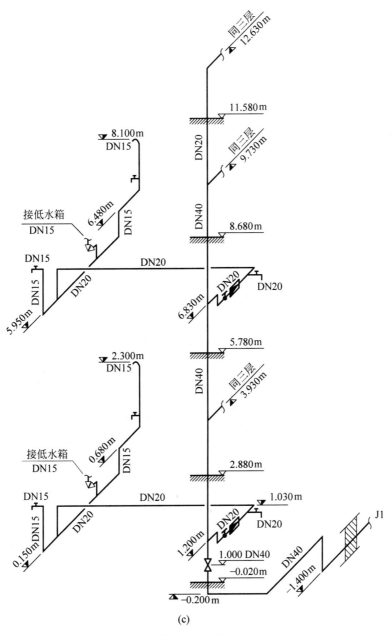

(c)

图 3.43 （续）

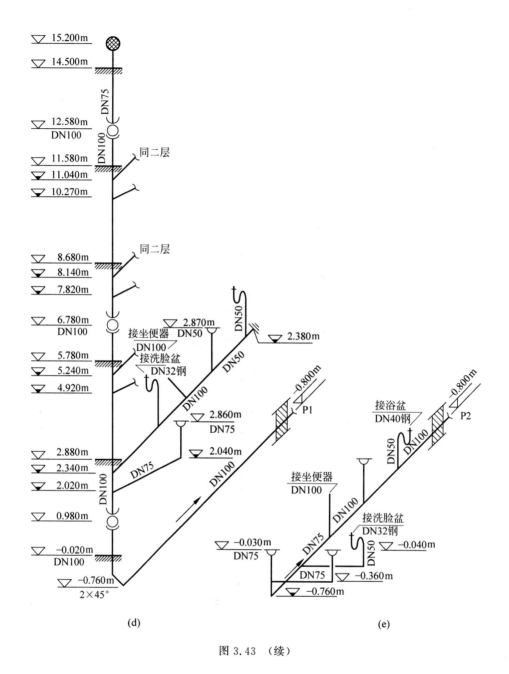

(d) (e)

图 3.43 （续）

解 水管的水平段长度根据平面图中标注尺寸,竖直段长度根据系统图中的标注尺寸。计算过程如下。

1. 工程量计算(1/2 单元)

(1) 给水管道

1) DN40 镀锌钢管丝扣连接(埋地部分)

$$L = [1.5 + 0.8 + 0.9 + 0.46 + 0.29 + 0.07 + 0.25 + 0.25 + 0.27 + 0.23 + 0.13/2 + 0.63 + 0.18 + (-0.02) - (-1.4)]m = 7.275m$$

2）DN40 镀锌钢管丝扣连接（地上部分）

$$L = [9.73 - (-0.02)]m = 9.75m$$

3）DN20 镀锌钢管丝扣连接

$$L = (12.63 - 9.73)m = 2.9m$$

4）1～5 层 DN20 镀锌钢管丝扣连接

$$L = [(0.13/2 + 0.23 + 0.27 + 0.19 + 0.19 + 0.25 + 1.2 - 1.03 + 1.03 - 0.15) \times 5]m = 11.225m$$

5）1～5 层 DN15 镀锌钢管丝扣连接

$$L = [(0.25 + 0.07 + 0.29 + 0.27 + 0.68 - 0.15) \times 5]m = 7.05m$$

说明：由干管到洗脸盆、到大便器低位水箱、到浴盆、到淋浴器的支管尺寸包含在定额内。

（2）排水管道

排出管中心线的平均标高为

$$[(-0.8m) + (-0.76m)] \div 2 + 0.1m \div 2 = -0.73m$$

P2 系统：

1）DN100 大便器到排出管的距离

$$(-0.02m) - (-0.73m) = 0.71m$$

2）DN75 洗脸盆地漏到排出管的距离

$$(-0.03m) - (-0.73m) = 0.70m$$

DN75 洗涤盆地漏到排出管的距离

$$[0.18 + 0.19 + 0.19 + 0.08 + 0.25 + (-0.03) - (-0.36)]m = 1.22m$$

DN75 大便器地漏到排出管的距离

$$(-0.03m) - (-0.73m) = 0.70m$$

3）DN50 洗脸盆、浴盆到排出管的距离

$$[(-0.02m) - (-0.73m)] \times 2 + 0.22(估)m = 1.64m$$

4）DN75 埋地铸铁管

$$L = (0.23 + 0.27 + 0.25)m = 0.75m$$

5）DN100 埋地铸铁管

$$L = (1.5 + 0.12 + 0.46 + 0.29 + 0.07 + 0.25)m = 2.69m$$

P1 系统：

1）DN100 埋地铸铁立管

$$[(-0.02) - (-0.73)]m = 0.71m$$

2）DN100 埋地铸铁管

$$L = (1.5 + 0.12 + 0.46 + 0.29 + 0.07 + 0.25 + 0.25 + 0.27 + 0.23)m = 3.44m$$

3）2～5 层硬聚氯乙烯螺旋消声管

排水横支管中心线的平均标高

$$(2.38m + 2.34m) \div 2 + 0.1m \div 2 = 2.41m$$

DN100 大便到排水横支管的距离

$$(2.88m - 2.41m + 0.25m) \times 4 = 2.88m$$

洗涤盆地漏中心线的平均标高

$$(2.04\mathrm{m}+2.02\mathrm{m})\div2+0.075\mathrm{m}\div2=2.07\mathrm{m}$$

DN75 洗涤盆地漏到排水横支管的距离

$$(2.86\mathrm{m}-2.07\mathrm{m}+0.15\mathrm{m}+0.19\mathrm{m}+0.19\mathrm{m}+0.08\mathrm{m})\times4=5.6\mathrm{m}$$

DN50 大便器地漏到排水横支管的距离

$$(2.87\mathrm{m}-2.41\mathrm{m})\times4=1.84\mathrm{m}$$

DN50 洗脸盆、浴盆到排水横支管的距离

$$(2.88\mathrm{m}-2.41\mathrm{m})\times2\times4=3.76\mathrm{m}$$

DN50 排水横支管

$$L=(0.07\mathrm{m}+0.29\mathrm{m}+0.46\mathrm{m}\div2)\times4=4.88\mathrm{m}$$

DN100 排水横支管

$$L=(0.25+0.25+0.27+0.23+0.13)\mathrm{m}\times4=4.52\mathrm{m}$$

DN100 排水立管

$$L=12.58\mathrm{m}-(-0.02\mathrm{m})=12.60\mathrm{m}$$

DN75 通气管

$$L=15.20\mathrm{m}-12.58\mathrm{m}=2.62\mathrm{m}$$

（3）卫生器具

1）洗脸盆（普通冷水嘴）：5 组。

2）洗涤盆（单嘴）：5 组。

3）连体水箱式坐便器：5 套。

4）搪瓷浴盆（冷热水带喷头式）：5 组。

5）DN75 铸铁地漏：3 个。

6）DN75 塑料地漏：$1\times4=4$ 个。

7）DN50 塑料地漏：$1\times4=4$ 个。

8）DN50 地面扫除口：$1\times4=4$ 个。

（4）阀门、水表安装

1）DN40 螺纹截止阀：1 个。

2）DN20 螺纹旋翼式水表：5 组。

（5）套管

1）给水系统

DN65 刚性防水套管：1 个。

DN65 一般钢套管：3 个。

DN40 一般钢套管：6 个。

2）排水系统

DN150 刚性防水套管：2 个。

DN150 一般钢套管：4 个。

DN100 一般钢套管：$5+1$（通气管）$=6$ 个。

2. 工程量汇总表(3个单元工程量合计,见表3.9)

表 3.9　给排水工程量汇总

序号	项 目 名 称	单位	数量	计 算 式	备注
一、给水系统					
1	DN40 镀锌钢管丝扣连接	m	43.65	7.275×2×3	埋地管
2	DN40 镀锌钢管丝扣连接	m	58.50	9.75×2×3	立管
3	DN20 镀锌钢管丝扣连接	m	84.75	(2.9+11.225)×2×3	立管、支管
4	DN15 镀锌钢管丝扣连接	m	42.30	7.05×2×3	支管
5	DN65 刚性防水套管	个	6	1×2×3	
6	DN65 一般钢套管	个	18	3×2×3	
7	DN40 一般钢套管	个	36	6×2×3	
8	DN40 螺纹截止阀	个	6	1×2×3	
9	DN20 螺纹旋翼式水表	组	30	5×2×3	
二、排水系统					
10	DN100 铸铁排水管	m	45.3	(0.71+2.69+0.71+3.44)× 2×3	埋地管
11	DN75 铸铁排水管	m	20.22	(0.70+1.22+0.70+0.75)× 2×3	埋地管
12	DN50 铸铁排水管	m	9.84	1.64×2×3	埋地管
13	DN100 硬聚氯乙烯螺旋消声管	m	120.00	(2.88+4.52+12.60)×2×3	
14	DN75 硬聚氯乙烯螺旋消声管	m	33.60	5.60×2×3	
15	DN50 硬聚氯乙烯螺旋消声管	m	62.88	(1.84+3.76+4.88)×2×3	
16	DN75 硬聚氯乙烯螺旋消声管	m	15.72	2.62×2×3	通气管
17	DN150 刚性防水套管	m	12	2×2×3	
18	DN150 一般钢套管	m	24	4×2×3	
19	DN100 一般钢套管	m	36	6×2×3	
三、卫生器具					
20	洗脸盆(普通冷水嘴)	组	30	5×2×3	
21	洗涤盆(单嘴)	组	30	5×2×3	
22	连体水箱式坐便器	组	30	5×2×3	
23	搪瓷浴盆(冷热水带喷头式)	组	30	5×2×3	
24	DN75 铸铁地漏	个	18	3×2×3	
25	DN75 塑料地漏	个	24	4×2×3	
26	DN50 塑料地漏	个	24	4×2×3	
27	DN50 地面扫除口	个	24	4×2×3	

任务 3.3.3　给排水工程分部分项工程量清单编制应用

3.3.3.1　给排水工程分部分项工程量清单列项

根据《通用安装工程工程量计算规范》(GB 50856—2013),结合任务 3.2.3 中某综合楼给排水工程施工图,对给排水工程分部分项工程量进行清单列项,见表 3.10。

表 3.10 某综合楼给排水工程分部分项工程量清单列项

序号	项目编码	项目名称	项目特征描述	计量单位
一、给水系统				
1	031001001001	镀锌钢管	1. 安装部位：室外 2. 介质：给水 3. 规格、压力等级：DN80、0.59MPa 4. 连接形式：丝扣接口 5. 压力试验及吹、洗设计要求：水压试验和消毒、冲洗	m
2	031001001002	镀锌钢管	1. 安装部位：室外 2. 介质：给水 3. 规格、压力等级：DN40、0.59MPa 4. 连接形式：丝扣接口 5. 压力试验及吹、洗设计要求：水压试验和消毒、冲洗	m
3	031001001003	镀锌钢管	1. 安装部位：室外 2. 介质：给水 3. 规格、压力等级：DN32、0.59MPa 4. 连接形式：丝扣接口 5. 压力试验及吹、洗设计要求：水压试验和消毒、冲洗	m
4	031001001004	镀锌钢管	1. 安装部位：室内 2. 介质：给水 3. 规格、压力等级：DN80、0.59MPa 4. 连接形式：丝扣接口 5. 压力试验及吹、洗设计要求：水压试验和消毒、冲洗	m
5	031001001005	镀锌钢管	1. 安装部位：室内 2. 介质：给水 3. 规格、压力等级：DN65、0.59MPa 4. 连接形式：丝扣接口 5. 压力试验及吹、洗设计要求：水压试验和消毒、冲洗	m
6	031001001006	镀锌钢管	1. 安装部位：室内 2. 介质：给水 3. 规格、压力等级：DN50、0.59MPa 4. 连接形式：丝扣接口 5. 压力试验及吹、洗设计要求：水压试验和消毒、冲洗	m
7	031001001007	镀锌钢管	1. 安装部位：室内 2. 介质：给水 3. 规格、压力等级：DN40、0.59MPa 4. 连接形式：丝扣接口 5. 压力试验及吹、洗设计要求：水压试验和消毒、冲洗	m

序号	项目编码	项目名称	项目特征描述	计量单位
8	031001001008	镀锌钢管	1. 安装部位：室内 2. 介质：给水 3. 规格、压力等级：DN32、0.59MPa 4. 连接形式：丝扣接口 5. 压力试验及吹、洗设计要求：水压试验和消毒、冲洗	m
9	031001001009	镀锌钢管	1. 安装部位：室内 2. 介质：给水 3. 规格、压力等级：DN25、0.59MPa 4. 连接形式：丝扣接口 5. 压力试验及吹、洗设计要求：水压试验和消毒、冲洗	m
10	031001001010	镀锌钢管	1. 安装部位：室内 2. 介质：给水 3. 规格、压力等级：DN20、0.59MPa 4. 连接形式：丝扣接口 5. 压力试验及吹、洗设计要求：水压试验和消毒、冲洗	m
11	031001001011	镀锌钢管	1. 安装部位：室内 2. 介质：给水 3. 规格、压力等级：DN15、0.59MPa 4. 连接形式：丝扣接口 5. 压力试验及吹、洗设计要求：水压试验和消毒、冲洗	m
12	031003001001	螺纹阀门	1. 类型：截止阀 2. 材质：铸铁 3. 规格、压力等级：DN40、0.59MPa 4. 连接形式：螺纹连接	个
13	031003001002	螺纹阀门	1. 类型：截止阀 2. 材质：铸铁 3. 规格、压力等级：DN32、0.59MPa 4. 连接形式：螺纹连接	个
14	031003001003	螺纹阀门	1. 类型：止回阀 2. 材质：铸铁 3. 规格、压力等级：DN40、0.59MPa 4. 连接形式：螺纹连接	个
15	031003001004	螺纹阀门	1. 类型：浮球阀 2. 材质：铸铁 3. 规格、压力等级：DN40、0.59MPa 4. 连接形式：螺纹连接	个

序号	项目编码	项目名称	项目特征描述	计量单位
16	031003002001	螺纹法兰阀门	1. 类型：阀门 2. 材质：铸铁 3. 规格、压力等级：DN40、0.59MPa 4. 连接形式：法兰连接	个
17	031003002002	螺纹法兰阀门	1. 类型：止回阀 2. 材质：铸铁 3. 规格、压力等级：DN40、0.59MPa 4. 连接形式：法兰连接	个
18	031003013001	水表	1. 安装部位：室外 2. 型号、规格：LXSR-40 3. 连接形式：法兰连接 4. 附件配置：水表一个，DN40 止回阀一个，DN40 阀门两个	个
19	031002003001	套管	1. 名称、类型：防水套管 2. 材质：钢材 3. 规格：DN110 4. 填料材质：防水涂料 5. 系统：给水系统	个
20	031002003002	套管	1. 名称、类型：一般钢套管 2. 材质：钢材 3. 规格：DN110 4. 填料材质：防水涂料 5. 系统：给水系统	个
21	031002003003	套管	1. 名称、类型：一般钢套管 2. 材质：钢材 3. 规格：DN100 4. 填料材质：防水涂料 5. 系统：给水系统	个
22	031002003004	套管	1. 名称、类型：一般钢套管 2. 材质：钢材 3. 规格：DN80 4. 填料材质：防水涂料 5. 系统：给水系统	个
23	031002003005	套管	1. 名称、类型：一般钢套管 2. 材质：钢材 3. 规格：DN65 4. 填料材质：防水涂料 5. 系统：给水系统	个
24	031002003006	套管	1. 名称、类型：防水套管 2. 材质：钢材 3. 规格：DN65 4. 填料材质：防水涂料 5. 系统：给水系统	个

续表

序号	项目编码	项目名称	项目特征描述	计量单位
二、排水系统				
25	031001010001	承插水泥管	1. 埋设深度：2.0 2. 规格：$D200$ 3. 接口方式及材料：钢丝网抹带接口 4. 压力试验及吹、洗设计要求：灌水试验、通水试验	m
26	031001005001	铸铁管	1. 安装部位：室外 2. 介质：污水 3. 材质、规格：柔性铸铁管、$D150$ 4. 连接形式：承插 5. 接口材料：1∶2水泥砂浆 6. 压力试验及吹、洗设计要求：灌水试验、通水试验	m
27	031001005002	铸铁管	1. 安装部位：室外 2. 介质：污水 3. 材质、规格：柔性铸铁管、$D110$ 4. 连接形式：承插 5. 接口材料：1∶2水泥砂浆 6. 压力试验及吹、洗设计要求：灌水试验、通水试验	m
28	031001006001	塑料管	1. 安装部位：室内 2. 介质：污水 3. 材质、规格：硬聚氯乙烯管、$D150$ 4. 连接形式：溶胶黏结 5. 压力试验及吹、洗设计要求：灌水试验、通水试验	m
29	031001006002	塑料管	1. 安装部位：室内 2. 介质：污水 3. 材质、规格：硬聚氯乙烯管、$D110$ 4. 连接形式：溶胶黏结 5. 压力试验及吹、洗设计要求：灌水试验、通水试验	m
30	031001006003	塑料管	1. 安装部位：室内 2. 介质：污水 3. 材质、规格：硬聚氯乙烯管、$D75$ 4. 连接形式：溶胶黏结 5. 压力试验及吹、洗设计要求：灌水试验、通水试验	m

续表

序号	项目编码	项目名称	项目特征描述	计量单位
31	031001006004	塑料管	1. 安装部位：室内 2. 介质：污水 3. 材质、规格：硬聚氯乙烯管、D40 4. 连接形式：溶胶黏结 5. 压力试验及吹、洗设计要求：灌水试验、通水试验	m
32	031001006005	塑料管	1. 安装部位：室内 2. 介质：污水 3. 材质、规格：硬聚氯乙烯管、D32 4. 连接形式：溶胶黏结 5. 压力试验及吹、洗设计要求：灌水试验、通水试验	m
33	031002003007	套管	1. 名称、类型：防水套管 2. 材质：钢材 3. 规格：DN200 4. 填料材质：防水涂料 5. 系统：排水系统	个
34	031002003008	套管	1. 名称、类型：防水套管 2. 材质：钢材 3. 规格：DN150 4. 填料材质：防水涂料 5. 系统：排水系统	个
35	031002003009	套管	1. 名称、类型：一般钢套管 2. 材质：钢材 3. 规格：DN200 4. 填料材质：防水涂料 5. 系统：排水系统	个
36	031002003010	套管	1. 名称、类型：一般钢套管 2. 材质：钢材 3. 规格：DN150 4. 填料材质：防水涂料 5. 系统：排水系统	个
			三、雨水系统	
37	031001010002	承插水泥管	1. 埋设深度：2.0 2. 规格：D300 3. 接口方式及材料：钢丝网抹带接口 4. 压力试验及吹、洗设计要求：灌水试验、通水试验	m
38	031001010003	承插水泥管	1. 埋设深度：2.0 2. 规格：D150 3. 接口方式及材料：钢丝网抹带接口 4. 压力试验及吹、洗设计要求：灌水试验、通水试验	m

续表

序号	项目编码	项目名称	项目特征描述	计量单位
39	031001006006	塑料管	1. 安装部位：室内 2. 介质：雨水 3. 材质、规格：硬聚氯乙烯管、D110 4. 连接形式：承插胶圈接口 5. 压力试验及吹、洗设计要求：灌水试压	m
40	031002003011	套管	1. 名称、类型：一般钢套管 2. 材质：钢材 3. 规格：DN150 4. 填料材质：防水涂料 5. 系统：雨水系统	个
			四、空调冷凝水系统	
41	031001005003	铸铁管	1. 安装部位：室外 2. 介质：空调冷凝水 3. 材质、规格：柔性铸铁管、D70 4. 连接形式：承插 5. 接口材料：1∶2 水泥砂浆 6. 压力试验及吹、洗设计要求：灌水试验、通水试验	m
42	031002003012	套管	1. 名称、类型：刚性防水套管 2. 材质：钢材 3. 规格：DN110 4. 填料材质：防水涂料 5. 系统：空调冷凝水系统	个
			五、卫生器具	
43	031004003001	洗脸盆	1. 材质：陶瓷 2. 规格、类型：单冷台式洗脸盆 3. 附件名称、数量：延时自闭水龙头一个	组
44	031004006001	大便器	1. 材质：陶瓷 2. 规格、类型：蹲式大便器、低水箱 3. 附件名称、数量：6L 水箱、三角阀及高压管各一个	组
45	031004007001	小便器	1. 材质：陶瓷 2. 规格、类型：挂式小便器 3. 附件名称、数量：高压管一个	组
46	031004014001	给排水附（配）件	1. 材质：塑料 2. 名称：地漏 3. 规格：DN32	个
47	031004014002	给排水附（配）件	1. 材质：塑料 2. 名称：清扫口 3. 规格：DN110	个

3.3.3.2　给排水工程分部分项工程量清单计算

根据《通用安装工程工程量计算规范》(GB 50856—2013)，结合任务 3.2.3 中某综合楼给排水工程施工图，现将分部分项工程量计算结果汇总到给排水工程清单中，如表 3.11 所示。

表 3.11 某综合楼给排水工程分部分项工程量计算

序号	项目名称	单位	数量	计 算 式	备注
一、给水系统					
1	镀锌钢管 DN80	m	22.70	$5.7+16.8+[(-1.4)-(-1.6)]$	室外埋地
2	镀锌钢管 DN40	m	8.40	$(3.0+1.2)\times2$	室外埋地
3	镀锌钢管 DN32	m	18.60	$8.4+8.4+1.8$	室外埋地
4	镀锌钢管 DN80	m	5.50	$3.6-(-1.4)$	室内立管
5	镀锌钢管 DN65	m	22.85	$5.7+2.1+3.9+3.9+2.1+$ $(8.5+0.25-3.6)$	室内干管、立管
6	镀锌钢管 DN50	m	25.25	$4.2+20.5+0.15-3.6+4.0$	室内干管、立管
7	镀锌钢管 DN40	m	88.51	$4.2+5.7+2.05+2.36+1.6+$ $3.6-0.25+(3.0+6.0+4.2+$ $1.05-0.4)\times5$	室内立管、支管
8	镀锌钢管 DN32	m	85.75	$2\times3+[2.8+2.8+4.2+1.95+$ $(1.8-0.4)\times3]\times5$	室内支管
9	镀锌钢管 DN25	m	81.15	$2\times6+(2.5-0.15)\times4+[1-$ $0.25+(1.8-0.4)\times8]\times5$	室内支管
10	镀锌钢管 DN20	m	17.75	$(2+1.8-0.25)\times5$	室内支管
11	镀锌钢管 DN15	m	11.00	$[0.7+(1.0-0.25)\times2]\times5$	室内支管
12	截止阀 DN40	个	5	1×5	
13	截止阀 DN32	个	1		绿化管
14	止回阀 DN40	个	5	1×5	
15	浮球阀 DN40	个	1		消防水池
16	螺纹法兰阀门 DN40	个	4		水表井
17	螺纹法兰止回阀 DN40	个	2		水表井
18	水表 DN40	组	2		水表井
19	刚性防水套管 DN110	个	1		
20	一般钢套管 DN110	个	1		
21	一般钢套管 DN100	个	4		
22	一般钢套管 DN80	个	6		
23	一般钢套管 DN65	个	6	$1+1\times5$	
24	刚性防水套管 DN65	个	1		消防水池
二、排水系统					
25	机制钢筋混凝土管 $D200$	m	13.50	$10.0+3.50$	室外埋地
26	铸铁管 $D150$	m	16.20	$8.0+8.2$	室外埋地
27	铸铁管 $D110$	m	16.40	$8.2+8.2$	室外埋地
28	硬聚氯乙烯管 $D150$	m	58.35	$17.4+17.4+21.0+0.9+0.85+$ 0.8	排出管
29	硬聚氯乙烯管 $D110$	m	109.80	$13+21+0.85+0.7+1.9\times5+$ $3.2\times2\times5+20.5+2.2-1.1+$ $(20.5+2.2-1.0)\times2+1.1\times3$	排出管、立管、支管
30	硬聚氯乙烯管 $D75$	m	43.30	$2.0\times5+1.0\times5+6.5\times4+6.5-$ 4.2	排水横支管

续表

序号	项目名称	单位	数量	计　算　式	备注
31	硬聚氯乙烯管 $D40$	m	19.00	$[0-(-0.95)]\times20$	排水竖管
32	硬聚氯乙烯管 $D32$	m	23.75	$[0-(-0.95)]\times25$	排水竖管
33	刚性防水套管 DN200	个	3		穿外墙
34	刚性防水套管 DN150	个	2		穿外墙
35	一般钢套管 DN200	个	6		穿内墙
36	一般钢套管 DN150	个	34	$4+6\times5$	穿墙楼板
三、雨水系统					
37	机制钢筋混凝土管 $D300$	m	96.70	$10.5+14.5+23.3+24.7+21.7+2$	室外埋地
38	机制钢筋混凝土管 $D150$	m	67.70	$10.0+5.8+4.3+3.5+10.5+$ $17.6+5.5+10.5$	室外埋地
39	硬聚氯乙烯管 $D110$	m	136.50	$1.5\times2+[20.5-(-1.9)]\times3+$ $20.5-(-2.0)+20.5-(-1.8)+$ $20.5-(-1.0)$	雨水立管
40	一般钢套管 DN150	个	6		穿楼面板
四、空调冷凝水系统					
41	铸铁管 $D70$	m	10.50	10.5	室外埋地
42	刚性防水套管 DN110	个	1		穿外墙
五、卫生器具					
43	洗手盆	组	15	3×5	
44	大便器	组	40	8×5	
45	小便器	组	20	4×5	
46	地漏 DN32	个	10	2×5	
47	清扫口	个	15	3×5	

3.3.3.3 给排水工程分部分项工程量清单编制

根据《通用安装工程工程量计算规范》(GB 50856—2013),结合任务 3.2.3 中某综合楼给排水工程施工图,将某综合楼给排水工程分部分项工程量计算结果汇总到给排水专业工程清单中,如表 3.12 所示。

表 3.12　某综合楼给排水工程分部分项工程量清单

序号	项目编码	项目名称	项目特征描述	计量单位	工程量
一、给水系统					
1	031001001001	镀锌钢管	1. 安装部位:室外 2. 介质:给水 3. 规格、压力等级:DN80、0.59MPa 4. 连接形式:丝扣接口 5. 压力试验及吹、洗设计要求:水压试验和消毒、冲洗	m	22.70

序号	项目编码	项目名称	项目特征描述	计量单位	工程量
2	031001001002	镀锌钢管	1. 安装部位：室外 2. 介质：给水 3. 规格、压力等级：DN40、0.59MPa 4. 连接形式：丝扣接口 5. 压力试验及吹、洗设计要求：水压试验和消毒、冲洗	m	8.40
3	031001001003	镀锌钢管	1. 安装部位：室外 2. 介质：给水 3. 规格、压力等级：DN32、0.59MPa 4. 连接形式：丝扣接口 5. 压力试验及吹、洗设计要求：水压试验和消毒、冲洗	m	18.60
4	031001001004	镀锌钢管	1. 安装部位：室内 2. 介质：给水 3. 规格、压力等级：DN80、0.59MPa 4. 连接形式：丝扣接口 5. 压力试验及吹、洗设计要求：水压试验和消毒、冲洗	m	5.50
5	031001001005	镀锌钢管	1. 安装部位：室内 2. 介质：给水 3. 规格、压力等级：DN65、0.59MPa 4. 连接形式：丝扣接口 5. 压力试验及吹、洗设计要求：水压试验和消毒、冲洗	m	22.85
6	031001001006	镀锌钢管	1. 安装部位：室内 2. 介质：给水 3. 规格、压力等级：DN50、0.59MPa 4. 连接形式：丝扣接口 5. 压力试验及吹、洗设计要求：水压试验和消毒、冲洗	m	25.25
7	031001001007	镀锌钢管	1. 安装部位：室内 2. 介质：给水 3. 规格、压力等级：DN40、0.59MPa 4. 连接形式：丝扣接口 5. 压力试验及吹、洗设计要求：水压试验和消毒、冲洗	m	88.51
8	031001001008	镀锌钢管	1. 安装部位：室内 2. 介质：给水 3. 规格、压力等级：DN32、0.59MPa 4. 连接形式：丝扣接口 5. 压力试验及吹、洗设计要求：水压试验和消毒、冲洗	m	85.75

续表

序号	项目编码	项目名称	项目特征描述	计量单位	工程量
9	031001001009	镀锌钢管	1. 安装部位：室内 2. 介质：给水 3. 规格、压力等级：DN25、0.59MPa 4. 连接形式：丝扣接口 5. 压力试验及吹、洗设计要求：水压试验和消毒、冲洗	m	81.15
10	031001001010	镀锌钢管	1. 安装部位：室内 2. 介质：给水 3. 规格、压力等级：DN20、0.59MPa 4. 连接形式：丝扣接口 5. 压力试验及吹、洗设计要求：水压试验和消毒、冲洗	m	17.75
11	031001001011	镀锌钢管	1. 安装部位：室内 2. 介质：给水 3. 规格、压力等级：DN15、0.59MPa 4. 连接形式：丝扣接口 5. 压力试验及吹、洗设计要求：水压试验和消毒、冲洗	m	11.00
12	031003001001	螺纹阀门	1. 类型：截止阀 2. 材质：铸铁 3. 规格、压力等级：DN40、0.59MPa 4. 连接形式：螺纹连接	个	5
13	031003001002	螺纹阀门	1. 类型：截止阀 2. 材质：铸铁 3. 规格、压力等级：DN32、0.59MPa 4. 连接形式：螺纹连接	个	1
14	031003001003	螺纹阀门	1. 类型：止回阀 2. 材质：铸铁 3. 规格、压力等级：DN40、0.59MPa 4. 连接形式：螺纹连接	个	5
15	031003001004	螺纹阀门	1. 类型：浮球阀 2. 材质：铸铁 3. 规格、压力等级：DN40、0.59MPa 4. 连接形式：螺纹连接	个	1
16	031003002001	螺纹法兰阀门	1. 类型：阀门 2. 材质：铸铁 3. 规格、压力等级：DN40、0.59MPa 4. 连接形式：法兰连接	个	4
17	031003002002	螺纹法兰阀门	1. 类型：止回阀 2. 材质：铸铁 3. 规格、压力等级：DN40、0.59MPa 4. 连接形式：法兰连接	个	2

续表

序号	项目编码	项目名称	项目特征描述	计量单位	工程量
18	031003013001	水表	1. 安装部位：室外 2. 型号、规格：LXSR－40 3. 连接形式：法兰连接 4. 附件配置：水表一个，DN40 止回阀一个，DN40 阀门两个	个	2
19	031002003001	套管	1. 名称、类型：防水套管 2. 材质：钢材 3. 规格：DN110 4. 填料材质：防水涂料 5. 系统：给水系统	个	1
20	031002003002	套管	1. 名称、类型：一般钢套管 2. 材质：钢材 3. 规格：DN110 4. 填料材质：防水涂料 5. 系统：给水系统	个	1
21	031002003003	套管	1. 名称、类型：一般钢套管 2. 材质：钢材 3. 规格：DN100 4. 填料材质：防水涂料 5. 系统：给水系统	个	4
22	031002003004	套管	1. 名称、类型：一般钢套管 2. 材质：钢材 3. 规格：DN80 4. 填料材质：防水涂料 5. 系统：给水系统	个	6
23	031002003005	套管	1. 名称、类型：一般钢套管 2. 材质：钢材 3. 规格：DN65 4. 填料材质：防水涂料 5. 系统：给水系统	个	6
24	031002003006	套管	1. 名称、类型：防水套管 2. 材质：钢材 3. 规格：DN65 4. 填料材质：防水涂料 5. 系统：给水系统	个	1
二、排水系统						
25	031001010001	承插水泥管	1. 埋设深度：2.0 2. 规格：D200 3. 接口方式及材料：钢丝网抹带接口 4. 压力试验及吹、洗设计要求：灌水试验、通水试验	m	13.50

续表

序号	项目编码	项目名称	项目特征描述	计量单位	工程量
26	031001005001	铸铁管	1. 安装部位：室外 2. 介质：污水 3. 材质、规格：柔性铸铁管、D150 4. 连接形式：承插 5. 接口材料：1∶2水泥砂浆 6. 压力试验及吹、洗设计要求：灌水试验、通水试验	m	16.20
27	031001005002	铸铁管	1. 安装部位：室外 2. 介质：污水 3. 材质、规格：柔性铸铁管、D110 4. 连接形式：承插 5. 接口材料：1∶2水泥砂浆 6. 压力试验及吹、洗设计要求：灌水试验、通水试验	m	16.40
28	031001006001	塑料管	1. 安装部位：室内 2. 介质：污水 3. 材质、规格：硬聚氯乙烯管、D150 4. 连接形式：溶胶黏结 5. 压力试验及吹、洗设计要求：灌水试验、通水试验	m	58.35
29	031001006002	塑料管	1. 安装部位：室内 2. 介质：污水 3. 材质、规格：硬聚氯乙烯管、D110 4. 连接形式：溶胶黏结 5. 压力试验及吹、洗设计要求：灌水试验、通水试验	m	109.80
30	031001006003	塑料管	1. 安装部位：室内 2. 介质：污水 3. 材质、规格：硬聚氯乙烯管、D75 4. 连接形式：溶胶黏结 5. 压力试验及吹、洗设计要求：灌水试验、通水试验	m	43.30
31	031001006004	塑料管	1. 安装部位：室内 2. 介质：污水 3. 材质、规格：硬聚氯乙烯管、D40 4. 连接形式：溶胶黏结 5. 压力试验及吹、洗设计要求：灌水试验、通水试验	m	19.00

续表

序号	项目编码	项目名称	项目特征描述	计量单位	工程量
32	031001006005	塑料管	1. 安装部位：室内 2. 介质：污水 3. 材质、规格：硬聚氯乙烯管、D32 4. 连接形式：溶胶黏结 5. 压力试验及吹、洗设计要求：灌水试验、通水试验	m	23.75
33	031002003007	套管	1. 名称、类型：防水套管 2. 材质：钢材 3. 规格：DN200 4. 填料材质：防水涂料 5. 系统：排水系统	个	3
34	031002003008	套管	1. 名称、类型：防水套管 2. 材质：钢材 3. 规格：DN150 4. 填料材质：防水涂料 5. 系统：排水系统	个	2
35	031002003009	套管	1. 名称、类型：一般钢套管 2. 材质：钢材 3. 规格：DN200 4. 填料材质：防水涂料 5. 系统：排水系统	个	6
36	031002003010	套管	1. 名称、类型：一般钢套管 2. 材质：钢材 3. 规格：DN150 4. 填料材质：防水涂料 5. 系统：排水系统	个	34
			三、雨水系统		
37	031001010002	承插水泥管	1. 埋设深度：2.0 2. 规格：D300 3. 接口方式及材料：钢丝网抹带接口 4. 压力试验及吹、洗设计要求：灌水试验、通水试验	m	96.70
38	031001010003	承插水泥管	1. 埋设深度：2.0 2. 规格：D150 3. 接口方式及材料：钢丝网抹带接口 4. 压力试验及吹、洗设计要求：灌水试验、通水试验	m	67.70
39	031001006006	塑料管	1. 安装部位：室内 2. 介质：雨水 3. 材质、规格：硬聚氯乙烯管、D110 4. 连接形式：承插胶圈接口 5. 压力试验及吹、洗设计要求：灌水试压	m	136.50

续表

序号	项目编码	项目名称	项目特征描述	计量单位	工程量
40	031002003011	套管	1. 名称、类型：一般钢套管 2. 材质：钢材 3. 规格：DN150 4. 填料材质：防水涂料 5. 系统：雨水系统	个	6
四、空调冷凝水系统					
41	031001005003	铸铁管	1. 安装部位：室外 2. 介质：空调冷凝水 3. 材质、规格：柔性铸铁管、D70 4. 连接形式：承插 5. 接口材料：1:2水泥砂浆 6. 压力试验及吹、洗设计要求：灌水试验、通水试验	m	10.50
42	031002003012	套管	1. 名称、类型：刚性防水套管 2. 材质：钢材 3. 规格：DN110 4. 填料材质：防水涂料 5. 系统：空调冷凝水系统	个	1
五、卫生器具					
43	031004003001	洗脸盆	1. 材质：陶瓷 2. 规格、类型：单冷台式洗脸盆 3. 附件名称、数量：延时自闭水龙头一个	组	15
44	031004006001	大便器	1. 材质：陶瓷 2. 规格、类型：蹲式大便器、低水箱 3. 附件名称、数量：6L水箱、三角阀及高压管各一个	组	40
45	031004007001	小便器	1. 材质：陶瓷 2. 规格、类型：挂式小便器 3. 附件名称、数量：高压管一个	组	20
46	031004014001	给排水附(配)件	1. 材质：塑料 2. 名称：地漏 3. 规格：DN32	个	10
47	031004014002	给排水附(配)件	1. 材质：塑料 2. 名称：清扫口 3. 规格：DN110	个	15

模 块 小 结

本模块主要讲述以下内容：

1. 室内给水系统按用途可分生活给水系统、生产给水系统和消防给水系统,各给水系统可以单独设置,也可以采用合理的共用系统。

2. 室内给水系统由引入管(进户管)、水表节点、给水管道系统(干管、立管、支管)、给水附件(阀门、配水龙头)等组成,当室外管网水压不足时,还需要设置加压储水设备(水泵、水箱、储水池、气压给水装置)。

3. 给水系统是由管道、管件、附件和给水设备连接而成的,管道材料及附件合适与否,对工程质量、工程造价及使用产生直接影响。

4. 合理布置室内给水管道和确定管道的敷设方式,保证供水的安全可靠,节省工料,便于施工和日常维护管理。管网布置的总原则:缩短管线、减少阀门、安装维修方便、不影响美观。

5. 建筑排水系统主要包括建筑物内污水与废水的收集、输送、排出以及进行局部处理。

6. 对敷设在建筑物内部的排水管道,要求有足够的机械强度、抗污水侵蚀性能好、不漏水等特性。

7. 建筑排水管道系统安装的施工顺序一般是先做地下管线,即先安装排出管,然后安装干管、立管横支管或悬吊管,最后安装卫生器具或雨水斗。

8. 建筑给排水施工图一般由图纸目录、设计说明、设备及主要材料明细表、给排水平面图、给排水系统图和详图组成。

9. 给水管道中水流的方向为:引入管→水表井→水平干管→立管→水平支管→用水设备。在管路中间按需要装置阀门等配水控制附件和设备。

10. 排水管道中水流的方向为:卫生设备→排水横支管→排水立管→排水干管→排出管→室外检查井→化粪池。

11. 给排水施工图的识读一般按给排水设计说明—给排水平面图—给排水系统图—给排水大样图顺序进行。

12. 各种管道均按设计图示管道中心线长度以"m"计算,不扣除阀门、管件(包括减压器、疏水器、水表、伸缩器等组成安装)所占的长度。

13. 各类管道安装按室内外、材质、连接形式、规格分别列项以"m"计算。定额中铜管、塑料管、复合管(除钢塑复合管外)按公称外径表示,其他管道均按公称直径表示。

14. 室内给排水管道与卫生器具连接的分界线如下。

1) 给水管道工程量计算至卫生器具(含附件)前与管道系统连接的第一个连接件(角阀、三通、弯头、管箍等)止;

2) 排水管道工程量自卫生器具出口处的地面或墙面的设计尺寸算起;与地漏连接的排水管道自地面设计尺寸算起,不扣除地漏所占长度。

15. 方形补偿器所占长度计入管道安装工程量。方形补偿器制作安装应执行"18安装定额"C.10.3章相应项目。

16. 采暖管道与分集水器进出口连接的管道工程量,应计算至分集水器中心线位置。

17. 直埋保温管保温层补口分管径以"个"计算。

18. 采暖管道与原有采暖热源钢管碰头,区分带介质、不带介质两种规格,按新接支管公称管径列项,以"处"计算。每处含有供、回水两条管道碰头连接。

19. 燃气管道与已有管道碰头项目除钢管带介质碰头,塑料管带介质碰头以支管管径外,其他项目均按主管管径,以"处"计算。

20. 氮气置换区分管径以"m"计算。

21. 警示带、示踪线安装以"m"计算。

22. 地面警示标志桩安装以"m"计算。

23. 管道、设备支架制作安装按设计图示单件质量以"kg"计算。

24. 成品管卡、阻火圈安装、成品防火套管安装,按工作介质管道直径,区分不同规格以"个"计算。

25. 管道保护管制作与安装,分为钢制和塑料两种材质,钢制保护管按保护管公称直径,塑料管按保护管公称外径,区分不同规格,按设计图示管道中心线长度以"m"计算。

26. 一般穿墙套管、柔性、刚性套管,按工作介质管道的公称直径,区分不同规格以"个"计算。

27. 管道水压试验、管道消毒冲洗,均按设计图示管道长度,不扣除阀门、管件所占的长度,分规格以"m"计算。

28. 各种阀门、补偿器、软接头、水锤消防器材安装,均按照不同连接方式、公称直径,按设计图示数量以"个"计算。

29. 减压器、疏水器、水表、倒流防止器组成安装,按照不同组成结构、连接方式、公称直径,按设计图示数量以"组"计算。减压阀安装按高压侧直径计算。

30. 法兰均区分不同公称直径以"副"计算。

31. 浮标液面计安装按设计图示数量以"组"计算。

32. 水塔及水池浮漂水位标尺制作安装按设计图示数量以"套"计算。

33. 喷灌喷头安装,分埋藏旋转、散射及换向摇臂式两种形式,按设计图示数量以"个"计算。

34. 喷泉喷头安装按设计图示数量以"个"计算。

35. 喷泉过滤网安装按设计图示尺寸以"m²"计算。

36. 喷泉过滤箱安装按设计图示数量以"个"计算。

37. 喷泉过滤器安装按设计图示数量以"台"计算。

38. 喷泉过滤池安装按设计图示尺寸以"m³"计算。

39. 各种伸缩器制作安装按设计图示数量以"个"计算。方形伸缩器的两臂工程量,按臂长的两倍合并在管道长度内计算。

40. 方形补偿器以其所占长度按管道安装工程量以"个"计算。

41. 各种卫生器具均按设计图示数量以"组""套"计算。

42. 大便槽、小便槽自动冲洗水箱安装分容积按设计图示数量以"套"计算。大、小便槽自动冲洗水箱制作不分规格以"kg"计算。

43. 小便槽冲洗管制作与安装按设计图示尺寸以"m"计算,不扣除阀门的长度。

44. 湿蒸房依据使用人数以"座"计算。

45. 隔油器区分安装方式和进水管径以"套"计算。

检 查 评 估

一、单项选择题

1. 给排水管道工程量的计量单位,以下正确的是(　　)。

A. m²　　　　　　　B. kg　　　　　　　C. km　　　　　　　D. m

2. 浴盆、净身盆、洗脸盆、洗手盆、化验盆,依据不同材质、组装形式、型号、开关,按设计图示数量计算,以"(　　)"为计量单位。

  A. 组   B. 个   C. 台   D. 副

  3. 警示带、示踪线安装以"(　　)"计算。

  A. m²   B. kg   C. m   D. km

  4. 小便槽冲洗管制作安装,依据不同材质、型号、规格,按设计图示长度计算,以"(　　)"为计量单位。

  A. m²   B. kg   C. km   D. m

  5. 各种阀门安装均以"(　　)"为计量单位。

  A. 组   B. 个   C. 台   D. 副

  6. 各种法兰安装均以"(　　)"为计量单位。

  A. 组   B. 个   C. 台   D. 副

  7. 水表安装的工程量,均以"(　　)"为计量单位。

  A. 组   B. 个   C. 台   D. 副

  8. 给水管道室内外界线以建筑物外墙皮(　　)为界,入口处设阀门者以阀门为界。

  A. 1m   B. 1.5m   C. 2m   D. 2.5m

  9. 直埋保温管保温层补口分管径以"(　　)"为计量单位进行计算。

  A. m   B. 个   C. m²   D. kg

  10. 各类管道安装按室内外、材质、连接形式、规格分别列项以"m"计算。定额中铜管、塑料管、复合管(除钢塑复合管外)按(　　)表示,其他管道均按公称直径表示。

  A. 外径   B. 内径   C. 公称外径   D. 公称直径

二、简答题

  1. 简要叙述管道定额的界线划分。

  2. 简要叙述管道定额应用中的注意事项。

三、计算题

  某室内给排水安装工程,如图3.44所示。给水管道为PP-R管热熔连接,排水管道为承插塑料排水管黏结,穿墙套管为塑料套管,直冲式手押阀蹲式大便器,磁洗手盆,墙厚按照240mm。请按照2018年版《广东省通用安装工程综合定额》计算分项工程量。

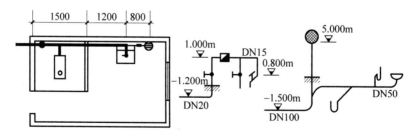

图3.44　室内给排水平面图、系统图

  参考答案:

  一、1. D　2. A　3. C　4. D　5. B　6. D　7. A　8. B　9. B　10. C

二、略。

三、解

PP-R 管：DN20：$L=[1.5+0.12+0.75+1.0-(-1.2)]m=4.57m$

　　　　　DN15：$L=[0.75+1.2+(1.0-0.8)]m=2.15m$

塑料套管 DN40：$n=1$ 个

承插塑料排水管：DN100：$L=[1.5+1.2+5.0-(-1.5)]m=9.20m$

　　　　　　　　DN50：$L=0.80m$

塑料套管 DN150：$n=1$ 个

截止阀 DN20：$n=1$ 个

地漏 DN50：$n=1$ 个

洗手盆：$n=1$ 个

大便器：$n=1$ 个

电气设备安装工程计量 •

项目 4.1　电气照明工程计量

教学导航

项目任务	任务 4.1.1　电气照明工程基础知识	参考学时	12
	任务 4.1.2　电气照明工程施工图识图		
	任务 4.1.3　电气照明工程分部分项工程量清单的编制		
教学载体	多媒体课室、教学课件及教材相关内容		
教学目标	知识目标	了解电气照明工程基础知识；掌握电气照明工程施工图的识读、工程量的计算、工程量清单的编制	
	能力目标	能识读电气照明工程施工图，能计算电气照明工程工程量，能编制电气照明工程分部分项工程量清单	
过程设计	任务布置及知识引导—学习相关新知识点—解决与实施工作任务—自我检查与评价		
教学方法	项目教学法		

任务 4.1.1　电气照明工程基础知识

电气照明是通过照明电光源将电能转换成光能，在夜间或天然采光不足的情况下，创造一个明亮的环境，以满足生产、生活和学习的需要。合理的电气照明对于保证安全生产、改善劳动条件、提高劳动生产率、减少生产事故、保证产品质量、保护视力及美化环境都是必不可少的。电气照明已成为建筑电气的一个重要组成部分。

4.1.1.1　建筑电气系统

1. 电力系统

在大自然中，人们通过技术，把自然界中的能量转化为电能为人类使用。电能是世界上最环保的能源之一,人们生活、生产离不开电能。电力是工农业生产、国防建设、建筑中的主要动力,在现代社会中得到广泛的应用。

电力系统是由发电厂、电力网和电力用户组成的统一整体。典型的电力系统如图4.1所示。

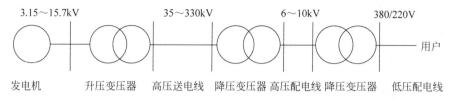

图 4.1　电力系统示意

（1）发电厂

发电厂是将一次能源（水力、火力、风力、原子能等）转换成电能的场所。

发电厂的种类有很多,根据利用能源的不同,有火力发电厂、水力发电厂、核能发电厂、地热发电厂、潮汐发电厂、风力发电厂和太阳能发电厂等。在现代电力系统中,我国主要以火力和水力发电为主。近些年来,我国在核能发电能力有所提高,相继建成了广东大亚湾、浙江秦山等核电站。

（2）电力网

电力网是电力系统中重要组成部分,是电力系统中输送、交换和分配电能的中间环节。电力网由变电所、配电所和各种电压等级的电力线路组成。电力网的作用是将发电厂生产的电能变换、输送和分配到电能用户。

变电所是变换电压和交换电能的场所,由电力变压器和配电装置组成。按照变压器的性质和作用的不同,变电所又可分为升压变电所和降压变电所两种。

配电所的主要作用是分配电能,仅装有配电装置而没有电力变压器。配电所分高压配电所、低压配电所等。

我国电力网的电压等级主要有 0.22kV、0.38kV、3kV、6kV、10kV、35kV、110kV、220kV、330kV、550kV 等。其中 35kV 及以上的电力线路为输电线路,10kV 及以下电力线路为配电线路。高压输电可以减少线路上电能损失和电压损失,减少导线的截面,从而节约有色金属。

（3）电力用户

电力用户是所有用电设备的总称,又称电力负荷。按其用途可分为动力用电设备（如电动机等）、工艺用电设备（如电解、电焊设备等）、电热用电设备（如电炉等）和照明用电设备等（如灯具等）。

2. 用电负荷

根据供电可靠性及中断供电在政治、经济上所造成的损失或影响的程度,用电负荷分为一级负荷、二级负荷及三级负荷。

（1）一级负荷

符合下列情况之一时,应为一级负荷。

1）中断供电将造成人员伤亡的。

2）中断供电将在政治、经济上造成重大影响或损失的。

3）中断供电将影响有重大政治、经济意义的用电单位的正常工作,或造成公共场所秩序严重混乱的。例如,重要通信枢纽、重要交通枢纽、重要的经济信息中心、特级或甲级体育建筑、国宾馆、国家级及承担重大国事活动的会堂以及经常用于重要国际活动的大量人员集中的公共场所等用电单位中的重要电力负荷。

（2）二级负荷

符合下列情况之一时,应为二级负荷。

1）中断供电将造成较大政治影响的。

2）中断供电将造成较大经济损失的。

3）中断供电将影响重要用电单位的正常工作,或造成公共场所秩序混乱的。

（3）三级负荷

不属于一级负荷和二级负荷的用电负荷应为三级负荷。

常见民用建筑（部分）中的一、二级用电负荷见表4.1。

表 4.1　常见民用建筑的一、二级负荷

序号	建 筑 名 称	负 荷 名 称	等级
1	国家级政府办公建筑	主要办公室、会议室、总值班室、档案室及主要通道照明	一级
2	省部级办公建筑	客梯电力、主要办公室、会议室、总值班室、档案室及主要通道照明	二级
3	大型商场、超市	经营管理用计算机系统电源	一级
		应急照明、门厅及营业厅部分照明	一级
		自动扶梯、自动人行道、客梯、空调动力	二级
4	科研院所、高等院校	重要实验室电源（如生物制品、培养剂用电等）	一级
		高层教学楼的客梯电力、主要通道照明	二级
5	一类高层建筑（19层及以上普通住宅或建筑高度超过50m的公共建筑）	消防控制室、消防水泵、消防电梯及其排水泵、防排烟措施、火灾自动报警及联动控制装置、自动灭火系统、火灾应急照明及疏散指示标志、电动防火卷帘、门窗及阀门等消防用电、走道照明、值班照明、警卫照明、障碍照明,主要业务和计算机系统电源、安防系统电源、电子信息设备机房电源、客梯电力、排污泵、变频调速（恒压供水）生活水泵电力	一级
6	二类高层建筑（10～18层普通住宅或建筑高度不超过50m的公共建筑）	消防控制室、消防水泵、消防电梯及其排水泵、防排烟措施、火灾自动报警及联动控制装置、自动灭火系统、火灾应急照明及疏散指示标志、电动防火卷帘、门窗及阀门等消防用电、主要通道及楼梯间照明、客梯电力、排污泵、变频调速（恒压供水）生活水泵电力	二级

3. 常用电工材料

（1）常用导线材料

常用导线可分为普通导线、电缆和母线。普通导线分为绝缘导线和裸导线,建筑中配线一般用绝缘导线。电缆是一种多芯导线,主要用来输送和分配大功率电能。母线(又称汇流排)是用来汇集和分配高容量电流的导体,有硬母线和软母线之分,35kV以下的高压配电装置一般用硬母线。

1)绝缘导线。绝缘导线的种类很多,按线芯材料分为铜芯和铝芯;按线芯股数分为单股和多股;按线芯结构分为单芯、双芯和多芯;按绝缘材料分为橡皮绝缘导线和塑料绝缘导线等。常用绝缘导线的型号和主要用途见表4.2。

表 4.2 常用绝缘导线的型号和主要用途

型号	名 称	主 要 用 途
BX	铜芯橡皮线	用于交流额定电压250~500V的电路中,适用固定敷设
BXR	橡皮软线	供交流电压500V以下或直流电压1000V以下电路中配电和连接仪表用,适用管内敷设
BXS	双芯橡皮线	用于交流额定电压250V的电路中,在干燥场所宜在绝缘子上敷设
BXH	橡皮花线	用于交流额定电压250V的电路中,在干燥场所供移动用电设备接线用
BLX	铝芯橡皮线	用于交流额定电压250~500V的电路中,适用于固定敷设
BLV(BV)	铝(铜)芯塑料线	用于交流电压500V以下或直流电压1000V以下电路中,室内固定敷设
BLVV(BVV)	铝(铜)芯塑料护套线	用于交流电压500V以下或直流电压1000V以下电路中,室内固定敷设
BVR	铜芯塑料软线	用于交流电压500V以下电路中,要求电线比较柔软的场所敷设
RVB	平行塑料绝缘软线	用于交流电压250V电路中,室内连接小型电器、移动或半移动敷设时使用
RVS	双绞塑料绝缘软线	

绝缘导线的型号表示方法如下:

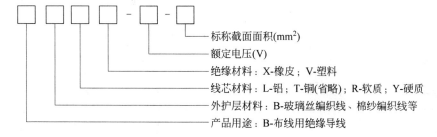

例如,BLV-500-25 表示铝芯塑料绝缘导线,额定电压为 500V,线芯截面面积为 $25mm^2$。

2)裸导线。裸导线主要有铝绞线(LJ)、钢芯铝绞线(LGJ)、铜绞线(TJ)和钢绞导线(GJ),一般用于架空导线。常用架空导线的型号和含义见表 4.3。

表4.3 常用架空导线的型号和含义

导线种类	代表符号	导线符号举例	型号含义
单股铝线	L	L-10	标称截面面积10mm² 的单股铝线
多股铝绞线	LJ	LJ-16	标称截面面积16mm² 的多股铝绞线
钢芯铝绞线	LGJ	LGJ-35/6	铝线部分标称截面面积35mm² 的,钢芯部分标称截面面积6mm² 的钢芯铝绞线
单股铜线	T	T-6	标称截面面积6mm² 的单股铜线
多股铜绞线	TJ	TJ-50	标称截面面积50mm² 的多股铜绞线
钢绞线	GJ	GJ-25	标称截面面积25mm² 的钢绞线

铝绞线用在输送电压10kV及以下的线路中,其档距一般为25~50m。

钢绞线用在输送电压35kV及以上的高压架空导线或避雷线中。

3)电缆。电缆的种类很多,有电力电缆、控制电缆、通信电缆等。

电力电缆由缆芯、绝缘层和保护层三个主要部分构成,其结构示意如图4.2所示。

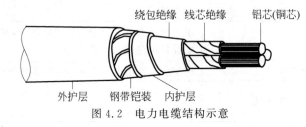

图4.2 电力电缆结构示意

① 缆芯。缆芯材料通常为铜或铝。线芯的数量可分为单芯、双芯、三芯和四芯线。

② 绝缘层。电缆绝缘层的作用是将缆芯导体之间及缆芯线与保护层之间相互绝缘,要求有良好的绝缘性能和耐热性能。绝缘层用的绝缘材料分别有油浸纸绝缘、聚氯乙烯绝缘、聚乙烯绝缘和橡胶绝缘等。

③ 保护层。保护层可分为内护层和外护层两部分。内护层保护绝缘层不受潮,并防止电缆浸渍剂外流,常用铝、铅、塑料、橡套等做成。外护层保护绝缘层不受机械损伤和化学腐蚀,常用的有沥青麻护层、钢带铠装等几种。

电力电缆的型号由字母和数字组成,字母表示电缆的用途、绝缘、缆芯材料及内护套、特征等;数字表示外护套和铠装的类型。电力电缆的型号由5部分组成,各部分字母和数字的含义见表4.4。

表4.4 电力电缆型号组成及含义

绝缘代号	导体代号	内护层代号	特征代号	外护层代号	
				第1数字	第2数字
Z-油浸纸绝缘	T-铜(可省略)	Q-铅包	D-不滴流	1-单钢带	1-纤维绕包
X-橡皮绝缘	L-铝	L-铝包	P-贫油式	2-双钢带	2-聚氯乙烯
V-聚氯乙烯		H-橡套	(干绝缘)	3-细圆钢丝	3-聚乙烯
YJ-交联聚乙烯		V-聚氯乙烯	F-分相铅包	4-粗圆钢丝	
		Y-聚乙烯			

注:在外护层代号中,第一个数字表示铠装层,第二个数字表示外护层。

电缆型号、额定电压和规格表示方法是在型号后再加上说明额定电压、芯数和标称截面的阿拉伯数字,如表4.5为常见的电力电缆型号、表4.6为常见的控制电缆型号。

表 4.5　常见的电力电缆型号

常见型号		名　　称	用　　途
铜芯	铝芯		
YJV	YJVL	交联聚乙烯绝缘聚氯乙烯护套电力电缆	可敷设在室内、隧道及管道中
YJV22	YJVL22	交联聚乙烯绝缘钢带铠装聚氯乙烯护套电力电缆	适宜埋地敷设,不适宜管道内敷设
VV	VLV	聚氯乙烯绝缘聚氯乙烯护套电力电缆	可敷设在室内、隧道及管道中
VV22	VLV22	聚氯乙烯绝缘钢带铠装聚氯乙烯护套电力电缆	适宜埋地敷设,不适宜管道内敷设
YJY	YJLY	交联聚乙烯绝缘聚烯烃护套电力电缆	可敷设在无卤低烟有要求的室内、隧道及管道中
YJY23	YJLY23	交联聚乙烯绝缘钢带铠装聚烯烃护套电力电缆	适宜对无卤低烟有要求时埋地敷设,不适宜管道内敷设

表 4.6　常见的控制电缆型号

型号	名　　称	芯数	标称截面面积
KVV	铜芯聚氯乙烯绝缘聚氯乙烯护套控制电缆		
KVVP	铜芯聚氯乙烯绝缘聚氯乙烯护套编织屏蔽控制电缆		
KVVPP2	铜芯聚氯乙烯绝缘聚氯乙烯护套铜带屏蔽控制电缆		
KVV2	铜芯聚氯乙烯绝缘聚氯乙烯护套钢带铠装控制电缆		
KPR	铜芯聚氯乙烯绝缘聚氯乙烯护套控制软电缆	$2\sim61$ 根	$0.5\sim10\text{mm}^2$
KVVPR	铜芯聚氯乙烯绝缘聚氯乙烯护套编织屏蔽控制软电缆		
KVVP-22	铜芯聚氯乙烯绝缘聚氯乙烯护套钢丝编织屏蔽钢带铠装控制电缆		
KVVP2-22	铜芯聚氯乙烯绝缘聚氯乙烯护套钢带屏蔽钢带铠装控制电缆		

例如 VV42-10 3×50 表示铜芯、聚氯乙烯绝缘、粗钢线铠装、聚氯乙烯护套、额定电压 10kV、3 芯、标称截面面积 50mm^2 的电力电缆。VV22 为铜芯聚氯乙烯绝缘聚氯乙烯绕包双钢带铠装聚氯乙烯护套电力电缆。另外阻燃电缆在代号前加 ZR;耐火电缆在代号前加 NH。

电缆敷设好后,为使其成为一个连续的线路,各线段必须连接为一个整体,这些连接点则称为接头。

电缆线路两末端的接头称为终端头,中间的接头称为中间头。使电缆保持密封,线路畅通,并保证电缆连接头处的绝缘等级,使其安全可靠地运行。

电力电缆头分为终端头和中间接头;按线芯材料可分为铝芯电力电缆头和铜芯电缆头;按安装场所分为户内式和户外式;按电缆头制作材料分为干包式、环氧树脂浇筑式和热缩式三类。

① 干包式电力电缆头。干包式电力电缆头不用任何绝缘浇筑剂,而是用软"手套"和聚氯乙烯带干包成型。其特点是体积小、质量轻、工艺简单、成本低廉,适用于户内低压橡皮电力电缆。

② 环氧树脂浇筑式电缆头。环氧树脂浇筑式电缆头是由环氧树脂外壳和套管,配以出线金具,经组装后浇筑环氧树脂复合物而成。环氧树脂是一种优良的绝缘材料,具有机械强度高,成型容易,阻油能力强和黏结性好等特点,因而获得广泛应用,主要应用于油浸纸绝缘电缆。

③ 热缩式电缆头。热缩式电缆头是近几年推出的一种新型电力电缆终端头,以橡塑共混的高分子材料加工成型,然后在高能射线的作用下,使原来的线性分子结构交联成网状结构。生产时将具有网状结构的高分子材料加热到结晶熔点以上,使分子链"冻结"成定型产品。施工时,对热缩型产品加热,"冻结"的分子链突然松弛,从而自然收缩,如有被裹的物体,它就紧紧包覆在物体的外面。适用于 0.5～10kV 交联聚乙烯电缆及各种类型的电力电缆。定额内区分户内式、户外式和终端头、中间头,并区分高压(10kV 以下)和低压(1kV以下)。

④ 母线。母线通常用铝和铜质材料加工而成,其截面形状有矩形、管形、槽形等。由于铝质母线价格适宜,目前母线装置多采用铝质,但其载流量与热稳定性能远小于铜质母线。为便于识别相序,母线安装后按表 4.7 的规定做色别标记。

表 4.7   母线相序色别

母线类别	A	B	C	正极	负极	中性线	接地线
涂漆颜色	黄	绿	红	赭	蓝	紫	紫底黑条

例如,TMY-125×10 为硬铜母线,宽度为 125mm,厚度为 10mm。

(2)常用安装材料

常用安装材料分为金属材料和非金属材料两类。金属材料中常用的有各种类型的钢材及铝材,如水煤气管(或称厚壁钢管)、薄壁钢管(或称电线管)、角钢、扁钢、钢板、铝板等;非金属材料中常用的有塑料管、瓷管等。

1)常用线管。在室内电气工程施工中,为使电线免受腐蚀和外来机械损伤,常把绝缘导线穿入电线管内敷设。常用的电线管有金属管和塑料管。

① 常用的金属管有水煤气管、薄壁钢管、金属软管等。

水煤气管又称焊接管,管壁较厚(3mm 左右),一般用于输送水煤气及制作建筑构件(如扶手、栏杆、脚手架等),适合在内线工程中有机械外力或有轻微腐蚀气体的场所作明线敷设和暗线敷设。水煤气管按表面处理分为镀锌管和普通管(不镀锌);按管壁厚度不同可分为普通钢管和加厚钢管。

薄壁钢管壁厚约 1.5mm,又称电线管。管的内外壁均涂有一层绝缘漆,适用于干燥场所的线路敷设。目前常使用的管壁厚度不大于 1.6mm 的扣接式(KBG 管)或紧定式(JDG管)镀锌电线管,也属于薄壁钢管。

金属软管又称蛇皮管,由厚度为 0.5mm 以上的双面镀锌薄钢带加工压边卷制而成,轧缝处有的加石棉垫,有的不加。金属软管既有相当的机械强度,又有很好的弯曲性,常用于需要弯曲部位较多的场所及设备的出线口处。

② 常用的塑料管有硬塑料管、半硬型塑料管、软型塑料管等。塑料管按材质主要分为聚氯乙烯管、聚乙烯管、聚丙烯管等。其特点是常温下抗冲击性能好,耐碱、耐酸、耐油性能好,但易变形老化,机械强度不如钢管。

硬型管适合在腐蚀性较强的场所作明线敷设和暗线敷设。

半硬型塑料管韧性大、不易破碎、耐腐蚀、质轻、刚柔结合,易于施工,适用于一般民用建筑的照明工程暗配敷设。常用的有阻燃型 PVC 工程塑料管。

软型管质量轻,刚柔适中,适于作电气软管。

2) 常用钢材料。钢材料在电气工程中一般作为安装设备用的支架和基础,也可作为导体使用(如避雷针、避雷网、接地体、接地线等)。

① 作为导体使用的钢材料主要有扁钢、角钢和圆钢。

扁钢常用来制作抱箍、撑铁、拉铁、配电设备的零配件等,它分为镀锌扁钢和普通扁钢。一般使用镀锌扁钢作为导体主要为接地引下线、接地母线等。规格以宽度(a)×厚度(d)表示,如−25×4 表示宽为 25mm、厚为 4mm 的扁钢。

角钢常用来制作输电塔构件、横担、撑铁、各种角钢支架、电气安装底座和滑触线。作为导体主要为接地体等。角钢按其边宽,分为等边角钢和不等边角钢。其规格以长边(a)×短边(b)×边厚(d)表示。如 L63×40×5 表示该角钢长边为 63mm、短边为 40mm、边厚为 5mm。

圆钢也有镀锌圆钢和普通圆钢之分,主要用来制作各种金具、螺栓、钢索等。作为导体主要为接地引下线、接地母线、避雷带等。其规格以直径表示,如 $\phi 8$ 表示圆钢直径为 8mm。

② 安装用的钢材料主要有角钢、槽钢、工字钢和钢板等。

槽钢一般用来制作固定底座、支撑、导轨等,其规格的表示方法与工字钢基本相同。如"槽钢 120×53×5"表示其腹板高度(h)为 120mm、翼宽(b)53mm、腹板厚(d)5mm。

工字钢常用于各种电气设备的固定底座、变压器台架等。其规格是以腹板高度(h)×腹板厚度(d)表示,其型号是以腹板高(cm)数表示。如 10 号工字钢,表示其腹板高 10cm(100mm)。

钢板常用于制作各种电器及设备的零部件、平台、垫板、防护壳等。钢板按厚度一般分为薄钢板(厚度≤4mm)、中厚钢板(厚度为 4.5~6.0mm)、特厚钢板(厚度＞6.0mm)3 种。薄钢板有时称铁皮。

4.1.1.2　建筑供配电系统

1. 建筑供配电形式

(1) 各类民用建筑的供电形式

1) 小型民用建筑的供电。小型民用建筑的供电一般只需要一个简单的 6~10kV 的降压变电所,供电形式如图 4.3 所示。用电设备容量在 250kW 及以下或需用变压器容量在 160kV·A 及以下时,不必单独设置变压器,可以用 220/380V 低压供电。

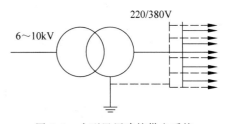

图 4.3　小型民用建筑供电系统

2) 中型民用建筑的供电。中型民用建筑的供电电源进线一般为 6~10kV,经高压配电所,将高压配线连至各建筑物变电所,降为 220/380V,供电形式如图 4.4 所示。

3) 大型民用建筑的供电。大型民用建筑的供电由于用电负荷大,电源进线一般为 35kV,需经两次降压,第一次由 35kV 降为 10kV,再将 10kV 高压配线连至各建筑物变电所,降为 220/380V,供电形式如图 4.5 所示。

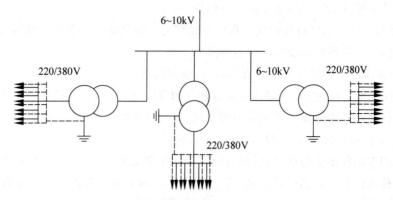

图 4.4　中型民用建筑供电系统

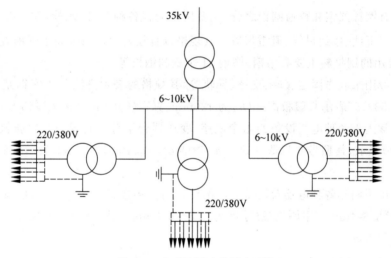

图 4.5　大型民用建筑供电系统

（2）民用建筑常用的配电形式

低压配电系统的配线方式主要有放射式和树干式。由这两种方式组合派生出来的供电方式还有混合式、链接式等。

1）放射式。放射式配线如图 4.6 所示，其特点是：供电可靠性高；便于计量和经济核算；但其有色金属消耗量较多，使用的开关设备也较多，投资费用高。当用电设备为大容量时，或负荷性质重要，或在有特殊要求的车间、建筑物内，宜采用放射式配电。

2）树干式。树干式配线如图 4.7 所示，其特点是：配电形式灵活；有色金属消耗量较少，总投资少；但当干线发生故障时，影响范围较大，故其可靠性较差。在正常环境的车间或建筑物内，当大部分用电设备为中小容量，且无特殊要求，以及施工现场临时用电等宜采用树干式配电。

3）链接式。链接式配线是树干式的一种形式，如图 4.8 所示，与树干式不同的是其线路分支点设在配电箱内，由配电箱内的总开关上端引至下一配电箱。链接式的优点是线路上无分支点，适合穿管敷设，节省有色金属。缺点是供电可靠性差。它适用于暗敷设线路，供电可靠性要求不高的小容量设备,一般链接的设备不宜超过 3～4 台,总容量不宜超过 10kW。

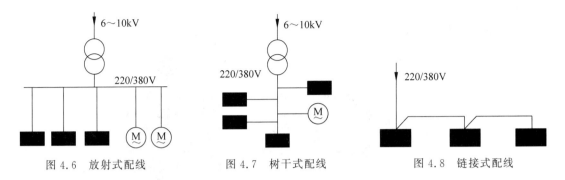

图 4.6　放射式配线　　　　图 4.7　树干式配线　　　　图 4.8　链接式配线

4)混合式。实际工程中的配线形式多为以上形式的混合,一般民用建筑的配线形式如图 4.9 所示,高层建筑的配线形式如图 4.10 所示。

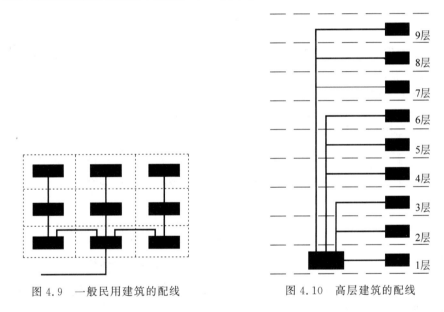

图 4.9　一般民用建筑的配线　　　　图 4.10　高层建筑的配线

2. 变(配)电所

变(配)电所是建筑供配电系统中的重要组成部分,其主要作用是变换与分配电能。中小型民用建筑变配电所主要为 10kV 级。

(1)变(配)电所位置的选择

变(配)电所的位置应尽量避开有腐蚀性污染物场所,以免设备被腐蚀损坏;接近负荷中心,可以节省有色金属;设置在进出线方便场所,有利于大型设备(变压器、配电柜等)的运输和安装;不宜设置在积水、低洼场所和厕所、浴室紧邻场所等。

(2)变(配)电所主要设备

变(配)电所中常用的设备分高压设备和低压设备,高压一次设备有高压负荷开关、高压断路器、高压熔断器、高压隔离开关、高压开关柜和避雷器等。低压一次设备有刀开关、低压断路器、低压熔断器和低压配电柜等。这里只介绍低压设备。

1）刀开关。刀开关用于分断电流不大的电路,在低压配电柜内有时也起隔离电压的作用。

刀开关由手柄、动触头、静触头、底座等组成,如图 4.11 所示。

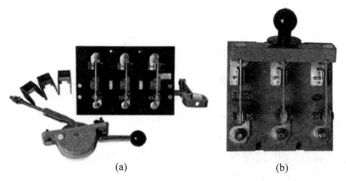

(a)　　　　　　　　　(b)

图 4.11　刀开关

(a) HD12 系列；(b) HD11 系列

刀开关的操作顺序是：合闸送电时应先合刀开关,再合断路器；分闸断电时应先分断断路器,再分断刀开关。

低压刀开关的型号表示方法如下：

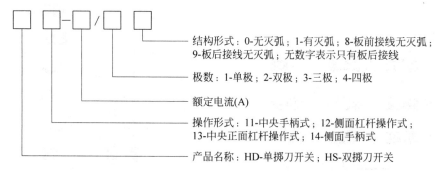

结构形式：0-无灭弧；1-有灭弧；8-板前接线无灭弧；
9-板后接线无灭弧；无数字表示只有板后接线

极数：1-单极；2-双极；3-三极；4-四极

额定电流(A)

操作形式：11-中央手柄式；12-侧面杠杆操作式；
13-中央正面杠杆操作式；14-侧面手柄式

产品名称：HD-单掷刀开关；HS-双掷刀开关

2）低压断路器。低压断路器是一种能通断负荷电流,并能对电气设备进行过载、短路、欠压等保护的低压开关电器。

低压断路器主要由主触头系统、灭弧系统、储能弹簧、脱扣系统、保护系统及辅助触头等组成。其形式主要有塑壳式断路器和框架式断路器,如图 4.12 所示。

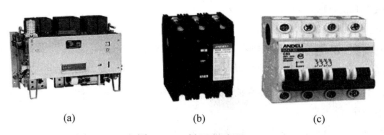

(a)　　　　　　　(b)　　　　　　　(c)

图 4.12　低压断路器

(a) DW15 系列框架式断路器；(b) DZ20 系列塑料外壳式断路器；(c) DZ47 系列微型塑壳式断路器

框架式断路器为敞开式结构如图 4.12(a)所示,广泛用于工业企业变电所及其他变电场所,其产品有 DW15、DW16、ME 等系列,额定电流可高达 4000A。

塑料外壳式断路器为封闭结构如图 4.12(b)所示,广泛用于变(配)电、建筑照明线路中,其产品有 DZ10、DZ12、DZ15、DZ20、CM1、M 等系列。

微型塑壳式断路器如图 4.12(c)所示,常用于建筑照明线路中,其产品系列有 C65N、DZ47、S500、NC 等。

低压断路器的型号表示方法如下(其中脱扣器方式和附件代号见表 4.8):

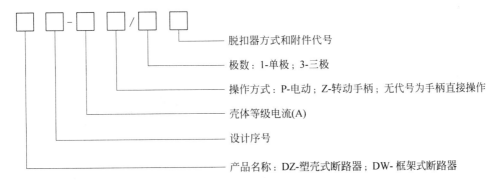

脱扣器方式和附件代号

极数:1-单极;3-三极

操作方式:P-电动;Z-转动手柄;无代号为手柄直接操作

壳体等级电流(A)

设计序号

产品名称:DZ-塑壳式断路器;DW-框架式断路器

表 4.8　脱扣器方式和附件代号

附件名称及代号	无附件	报警触头	分励脱扣器	辅助触头	欠压脱扣器	分励辅助	分励欠压	双辅助触头	辅助欠压	分励报警	辅助报警	欠压报警	分励辅助报警	分励欠压报警	双辅助报警	辅助欠压报警
瞬时脱扣器	200	208	210	220	230	240	250	260	270	218	228	238	248	258	268	278
复式脱扣器	300	308	310	320	330	340	350	360	370	318	328	338	348	358	368	378

3) 低压熔断器。熔断器俗称保险,其结构简单,安装方便,常在低压电路中作短路和过载保护。常用的低压熔断器有瓷插式、螺旋式、无填料管式、有填料管式、快速式熔断器等。

熔断器主要由熔体和安装熔体的底座组成,如图 4.13 所示。

(a) (b)

图 4.13　低压熔断器

(a) RL1 系列螺旋式熔断器;(b) RT18 系列熔断器

低压熔断器的型号表示方法如下：

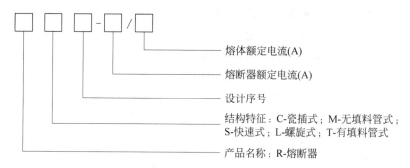

- 熔体额定电流(A)
- 熔断器额定电流(A)
- 设计序号
- 结构特征：C-瓷插式；M-无填料管式；S-快速式；L-螺旋式；T-有填料管式
- 产品名称：R-熔断器

4）低压配电柜。低压配电柜是由低压一次设备为主，配合二次设备（如接触器、继电器、按钮开关、信号指示灯、测量仪表等），以一定方式组合成一个或一组柜体的电气成套设备。低压配电柜适用于三相交流系统中，额定电压500V及以下，额定电流1500A及以下电压配电室、电力及照明配电使用。低压配电柜有固定式、抽屉式两种，如图4.14所示。

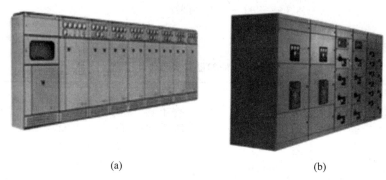

(a)   (b)

图 4.14　低压配电柜

(a) GGD 低压固定式配电柜；(b) GCK 低压抽屉式配电柜

固定式低压配电柜结构简单，检修方便，但占地较多。常用的有 PGL、GGD 等系列，如图 4.14(a)所示。

抽屉式低压配电柜结构紧凑，检修快，占地较少。常用的有 BFC、GCK 等系列，如图 4.14(b)所示。

3. 室外配电线路及施工

室外配电线路是指建筑物以外的供配电线路，包括架空线路和电缆线路。

（1）架空线路

1）架空线路的组成。架空线路是采用电杆、横担将导线悬空架设，向用户传送电能的配电线路。其特点是：设备简单，投资少；设备明设，维护方便；但易受自然环境和人为因素影响，供电可靠性低，且易造成人身安全事故；影响美观。

架空线路由导线、绝缘子、横担、电杆、拉线及线路金具组成，如图4.15所示。

2）架空线路的施工。架空线路的施工按以下程序进行：测量定位→竖立电杆→安装横担→架设导线→安装拉线。

① 测量定位。根据施工图，通过测量，确定电杆的位置，并在杆位上打定位桩。

② 竖立电杆。按照定位桩位置，首先挖坑，做防沉底基，然后立杆，最后回填土。立杆

时,通常借助起重机,电工配合,协调工作。

③ 安装横担。根据施工图要求的横担形式、数量、位置,在电杆上用抱箍等金具进行安装。横担安装完后,即可安装绝缘子。

④ 架设导线。首先将导线放置在电杆下地面上,然后将导线拉上电杆,用紧线器将导线在两根电杆间的弧垂度调整到规定范围后,再固定导线于绝缘子上。

⑤ 安装拉线。根据图纸要求,确定拉线形式、数量、方位,在现场制作拉线,安装拉线盘、上把、下把。

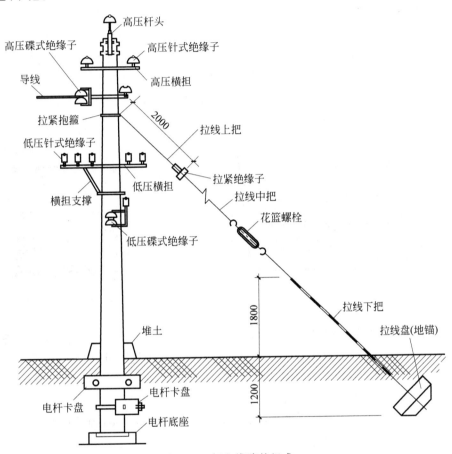

图 4.15 架空线路的组成

（2）电缆线路

1）电缆线路的敷设方式。电缆线路多为暗敷设,其特点是:供电可靠性高,使用安全,寿命长;但投资大,敷设及维护不太方便。目前住宅小区、公共建筑等多采用电缆线路。

电缆线路的敷设方式主要有直埋敷设式、电缆沟敷设式、排管敷设式、隧道敷设式等。

直埋敷设式就是把电缆直接埋入地下的敷设方式。这种方式施工简单,造价低廉,散热性好,使用广泛,但容易受机械损伤和腐蚀,故适合少量电缆的敷设,同一电缆沟内电缆一般不超过6根,埋设深度不小于0.7m。

电缆沟敷设式是将电缆在砖砌或混凝土浇筑的电缆沟内敷设的方式。这种方式施工较为复杂,造价高,使电缆免受机械损伤和腐蚀,一般敷设电缆根数不宜超过18根。

排管敷设式就是将水泥管、塑料管、钢管等排成一层或几层埋于地下,后将电缆穿于管内敷设的方式。这种方式使电缆减少机械损伤和腐蚀,可以多层敷设,但电缆散热性能不好,电缆允许载流量减少,施工较为复杂,造价较高。为便于穿线和检修,一般每隔 150～200m 或在转弯处设置人孔。一般敷设电缆根数不宜超过 12 根。

在电缆数目很多时(多于 18 根),可以采取隧道敷设式。隧道一般高 2m、宽 1.8～2m,由砖砌或混凝土浇筑而成,工程量大,造价高,但架设和维护方便。

2)电缆线路的施工。电缆线路的施工按如下程序进行:测量定位→开挖电缆沟→电缆敷设→电缆连接设备。

① 测量定位。根据施工图要求和实际现场环境测量确定电缆沟及排管敷设位置。

② 开挖电缆沟。直埋式电缆沟结构较为简单,一般挖成截面为倒梯形的形状,沟底铲平,铺上 100mm 的软土或细沙,再将电缆敷设放置在上面,具体做法如图 4.16 所示。普通电缆沟由砖砌或混凝土浇筑而成,侧壁装有电缆支架,做法如图 4.17 所示。

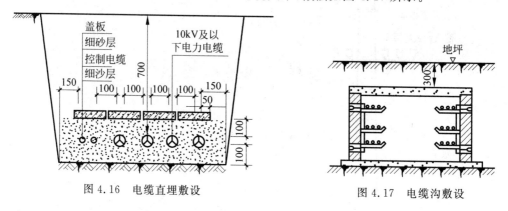

图 4.16　电缆直埋敷设　　　　　　　　　　图 4.17　电缆沟敷设

③ 电缆敷设。电缆一般借助放线架、滚轮等敷设,在沟内不宜拉得很直,应略成波浪形,以适应环境温度造成的热胀冷缩。多根电缆不应相互盘绕敷设,应保持至少一个电缆直径的间距,以满足散热的要求。电缆较长,中间有接头时,必须采用专用的电缆接头盒。若电缆有分支,常采用电缆分支箱分线。

④ 电缆连接设备。电缆与设备连接,其终端要做电缆终端头(简称电缆头),电缆头的制作主要有热缩法、冷缩法和干包法等。

4.1.1.3　建筑电气照明系统

1. 照明方式与种类

(1)照明方式

建筑电气照明的方式主要有一般照明、分区一般照明、局部照明和混合照明。

1)一般照明。不考虑特殊部位的照明,只要求照亮整个场所的照明方式,如办公室、教室、仓库等。

2)分区一般照明。根据需要,加强特定区域的一般照明方式,如专用柜台、商品陈列处等。

3)局部照明。为满足某些部位的特殊需要而设置的照明方式,如工作台、教室的黑板等。

4）混合照明。以上照明方式的混合形式。

（2）照明种类

电气照明种类可分为正常照明、应急照明、警卫照明、值班照明、景观照明和障碍照明。

1）正常照明。在正常情况下，保证能顺利完成工作而设置的照明，如教室、办公室、车间等。

2）应急照明。因正常照明的电源发生故障而临时应急启用的照明，如影剧院、高层建筑疏散楼梯、大型商场等。应急照明包括备用照明、安全照明和疏散照明。

① 备用照明：当正常照明因故障熄灭后，对需要确保正常工作或活动继续进行的场所照明。

② 安全照明：对需要确保处于危险之中的人员而设置的照明。

③ 疏散照明：对需要确保人员安全疏散的出口和通道的照明。

3）警卫照明。用于警戒而安装的照明。有警戒任务的场所，根据警戒范围的要求设置警卫照明。

4）值班照明。非工作时间，为值班所设置的照明，如大型商场内，宜设置值班照明。

5）景观照明。用于满足建筑规划、市容美化和建筑物装饰要求的照明。

6）障碍照明。在建筑物上装设的作为障碍标志的照明。有危及航行安全的建筑物、构筑物上，根据航行要求设置障碍照明。

2. 照明光源及照明灯具

（1）电光源

1）电光源的种类及用途

电光源可按其发光物质分为固体发光光源和气体放电发光光源两类。电光源的种类及用途见表4.9。

表4.9　电光源的种类及用途

电光源	固体发光光源	热辐射光源	白炽灯	适用于开关频繁场所、需要调光场所、要求防止电磁波干扰的场所，其余场所不推荐使用
			卤钨灯	适用于电视转播照明，并用于绘画、摄影和建筑物投光照明等
		电致发光光源	场致发光灯（EL）	大量用作 LCD 显示器的背光源
			半导体发光二极管（LED）	常作为指示灯、带色彩的装饰照明等
	气体放电发光光源	辉光放电灯	氖灯	常作为指示灯、装饰照明等
			霓虹灯	用作建筑物装饰照明
		弧光放电灯	低气压灯　荧光灯	广泛用于各类建筑照明中
			低气压灯　低压钠灯	适用于公路、隧道、港口、货场和矿区照明
			高气压灯　高压钠灯	广泛用于道路、机场、码头、车站、广场及工矿企业照明
			高气压灯　高压汞灯	常用于空间高大的建筑物中
			高气压灯　金属卤化物灯	用于电视、体育场、礼堂等对光色要求很高的大面积照明场所

2）电光源的特性参数

① 额定电压（V）。灯泡（管）的设计电压，施加在光源灯头两触点间的电压称为灯电压。

② 额定功率(W)。灯泡(管)的设计功率值。

③ 额定电流(A)。灯泡(管)在额定电压下工作时的设计电流。

④ 启动电流(A)。气体放电,灯启动电流。

⑤ 启动时间(s 或 min)。气体放电,灯从接触电源开关至灯开始正常工作所需要的时间。

⑥ 额定电流量(lm)。由制造厂给定的某种灯泡在规定条件下工作的初始通量值。

⑦ 光通维持率。灯在给定点燃时间后的光通量与其初始光通量之比,通常用百分比表示。

⑧ 发光效率(lm/W)。灯的光通量与灯消耗电功率之比。

⑨ 电光源寿命(h)。灯泡点燃到失效,或者根据某种规定标准,点燃到不能再使用的状态时的累积点燃时间。

⑩ 电光源平均寿命(h)。在规定的条件下,同寿命试验灯所测得寿命的算术平均值。电光源的寿命随使用情况和环境条件而变化,故所指的寿命为平均寿命。

另外,与使用有关的还有色温、显色指数、光束角、点燃位置、灯头形状、外形尺寸、配件损耗等。

3) 白炽灯

白炽灯是最重要的热辐射光源。目前,虽然气体放电发光光源不断出现,但白炽灯由于具有随时可用、价格便宜、启动迅速、便于调光、显色性能良好、功率小等特点,仍有广泛的应用空间。

① 白炽灯的构造。白炽灯由灯头、灯丝和玻璃壳等部分组成,如图 4.18 所示。

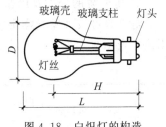

图 4.18　白炽灯的构造

灯头用于固定灯泡和引入电流,分为螺口和卡口灯头两种。螺口的接触面较大,适合大功率灯泡,卡口与相应灯座配合使用,具有抗振性能。

灯丝用高熔点、低高温蒸发率的钨丝,做成螺旋状或双螺旋状。当由灯头经引线引入电流后,灯丝发热温度升高到白炽程度(2400~3000K)从而发光。

玻璃壳用普通玻璃做成,为降低其表面亮度,可采用磨砂玻璃,或涂上白色涂料,或镀上一层反光铝膜等。

② 白炽灯的分类。根据是否充气,白炽灯分为真空灯泡和充气灯泡两类。

真空灯泡玻璃壳中抽成真空,可避免钨丝高温氧化。虽没有气体对流造成的附加热损耗,但钨丝蒸发率大,目前只用于 40W 以下。

充气灯泡适用于 60W 以上较大功率灯泡,所充惰性气体可抑制钨丝的蒸发,并可阻挡已蒸发的钨粒,使之折回灯丝上或灯泡的顶部。因此可提高灯丝的工作温度,提高发光效率,保持玻璃壳的透光性。所充气体应对钨丝不起化学作用,热传导性小,具有足够的电气绝缘强度。目前,所充气体多为氩和氮混合气。氪和氙热传导性更小,可使发光效率进一步提高,但由于成本高,故只在特殊用途的灯泡中才采用,且重启后会因对流造成附加热损耗。

4) 荧光灯

① 荧光灯的构造。荧光灯由灯管和附件两部分组成。灯管由灯头、热阴极和玻璃管组

成,热阴极上涂有一层具有热电子能力的氧化物(三元碳酸盐),灯管内壁涂有一层荧光质,管内抽成真空后充有少量汞和惰性气体;附件由镇流器和启辉器组成,镇流器是线圈绕在铁心上构成;启辉器可看成一个自动开关,由一个U形双金属片动触点和金属片静触点与一个小电容器并联,装在一个充有惰性气体的小玻璃泡内。荧光灯在建筑照明中的应用最为普遍,其构造如图4.19所示。

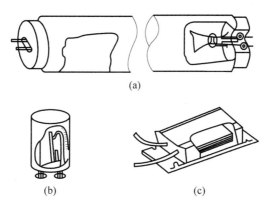

图 4.19　荧光灯的构造(灯管、启辉器和镇流器的基本构造)

(a) 灯管;(b) 启辉器;(c) 镇流器

② 荧光灯的工作原理。合上开关,电压加到启辉器动静触点之间,由于放电间隙小,使灯泡内氖气辉光放电,U形双金属片动触点受热弯曲,与静触点接触,使灯管灯丝通过电流而被加热,灯丝温度升高到800～1000℃,产生大量热电子。由于启辉器的动静触片接通,辉光放电消失,U形动触点冷却复原,突然切断电路,在镇流器中产生较大的自动电动势与电源电压叠加,形成一个高电压加在灯管的两端。因管内存在大量电子,在高电压作用下,使气体击穿,随后在较低电压下维持放电状态而形成电流通路。这时,镇流器由于本身的阻抗,产生较大的电压降,使灯管两端维持较低的工作电压。电源电压分别加在镇流器和灯管上,灯管工作电压较低,不足以使启辉器产生辉光放电,荧光灯进入正常工作。当灯管两极放电时,管内汞原子受到电子碰撞,激发产生紫外线,照射到灯管内壁的荧光粉上,发出近乎白色的可见光。

③ 荧光灯的特点。荧光灯发光效率高,高达85lm/W,这是它应用广泛的重要原因。

光色好。不同的荧光粉可产生不同颜色的光。白色和日光色荧光灯发的光接近太阳光,故适用于对辨色要求高的场所。

寿命长。寿命与连续点燃的时间长短成正比,与开关的次数成反比,在使用中应注意减少开关灯的次数。

使用时要注意灯管和附件应配套使用,以免损坏。因配有镇流器,固有电功率因数偏低,在采用大量荧光灯照明的场所,应考虑采用改善功率因数的措施。有频闪效应,故而不宜在有旋转部件的房间内使用。

荧光灯对使用条件有较高要求:电压偏移不宜超过额定电压的±5V;环境湿度应低于80%,最适宜的环境温度为18～25℃。

(2) 照明灯具

照明灯具是透光、分配和改变光源光线分布的器具,包括除光源外所有用于固定光源、保护光源所需的全部零部件及与电源连接所必需的线路附件。

1）照明灯具的主要作用

① 固定光源。

② 对光源提供机械保护。

③ 控制光源发出光线的扩散程度，达到配光要求。

④ 防止眩光。

⑤ 保证特殊场所的照明安全，如防尘、防水等。

⑥ 装饰和美化环境。

2）照明灯具的分类

按配光分类。配光是指光源的光通量在向上与向下的发射部分之间的分配，一般可分为直射灯具、半直射灯具、漫射灯具、半反射灯具、反射式灯具五类。

① 直射灯具。这类灯具能使90％以上的光线直接向下投射，使光线大部分集中到工作面上，称为直射配光。这类灯具的优点是光线集中，效率较高，较为经济。缺点是视觉范围内亮度差异大，局部物体有明显的阴影。各种金属灯具属这一类型。

② 半直射灯具。这类灯具能使60％～90％的光线向下投射，10％～40％的光线向上照射，称为半直射配光。各种敞口玻璃、塑料灯具属这一类型。

③ 漫射灯具。这类灯具向上或向下照射的光线分别为40％～60％，称为漫射配光。各种封闭型玻璃、塑料灯具属漫射灯具。这类灯具，照明均匀性好，没有明显的阴影，但光线被天棚、墙壁和灯具吸收较多，不如直射灯具经济，多用于生活间、公共建筑等场所。

④ 半反射灯具。这类灯具有10％～40％的光线向下照射，60％～90％的光线向上照射。

⑤ 反射式灯具。这类灯具能使90％以上的光线向上投射，经天棚、墙壁或特种反射器，反射到被照物体表面，称为反射配光。使用这类灯具，房间可得到柔和的照明，没有阴影，但效率低，不经济，一般只用于建筑艺术照明，以及特殊需要的地方。

按结构形式分类，照明灯具可分为开启式灯具、保护式灯具、防尘式灯具、密闭式灯具、防爆式灯具五类。

① 开启式灯具。这一形式的灯具，其灯泡直接与外部环境相通。

② 保护式灯具。这种灯具，灯泡装于灯具内部，但灯具内部与外界能自由换气。

③ 防尘式灯具。这种灯具需密闭，内部与外界也能换气，灯具外壳与玻璃罩以螺栓连接。

④ 密闭式灯具。密闭式灯具的内部与外界不能换气。

⑤ 防爆式灯具。这种灯具防护严密，灯具内外承受一定压力，一般不会因灯具引起爆炸。

按灯具的安装方式分类。照明灯具可分为悬吊式、吸顶式、嵌入式、壁式、半嵌入式、落地式、台式、庭院式、道路式和广场式灯具等，以下简要介绍。

① 悬吊式。灯具采用悬吊式安装，其悬吊方式有吊线式、吊链式和管吊式等。

② 吸顶式。灯具采用吸顶式安装，即将灯具直接安装在顶棚表面。

③ 嵌入式。灯具采用嵌入式安装，即将灯具嵌入安装在顶棚的吊顶内，有时也采用半嵌入式安装。

④ 壁式。灯具采用墙壁式安装,即将灯具安装在墙壁上。

3）选用灯具的原则

① 功能性

在各种办公室及公共建筑中,所有的墙和顶棚均要求有一定的亮度,要求房间各面有较高的反射比,并需有一部分光直接到顶棚和墙上,此时可采用漫射型配光灯具,从而获得舒适的视觉条件及良好的艺术效果。灯具上半球光通辐射一般不应小于15%,并应避免采用配光很窄的直射灯具。

工业厂房应采用光效率较高的敞开式或下半球有棱镜透射罩的直接型灯具,在高大的厂房内(6m以上)宜采用配光较窄的灯具,但对有垂直照度要求的场所则不宜采用,而应考虑有一部分光能照射到墙面上和设备能受到来自各个方向的光线照射。

厂房不高或要求减少阴影时,可采用中等或较宽配光的灯具,使工作面能受到来自各个方向的光线照射。

用带有格栅的嵌入式灯具所布置的发光带,一般多用于长而大的办公室或大厅,由于格栅灯具的配光通常不是很宽,光带的布置不宜过稀。

为限制眩光,应采用表面亮度符合亮度限制要求,遮光角符合规定的灯具,采用蝙蝠翼配光的灯具,使视线方向的反射光通减少到最低限度,可显著减弱光幕反射。

当要求有垂直照度时,可选用不对称配光(如仅向某一方向投射)的灯具(教室内黑板照明等),也可采用指向型灯具(聚光灯、射灯等)。

在有爆炸危险的场所,应根据爆炸危险的介质分类等级选择相应的防爆灯具。

在特别热的房间内,应限制使用带密闭玻璃罩的灯具,如果必须使用,应采用耐高温的气体放电灯,如用白炽灯,应降低灯的额定功率的使用。

在特别潮湿的房间内,应将导线引入端密封。为提高照明技术的稳定性,采用内有反射镀层的灯泡比使用有外壳的灯具有利。

多灰尘的房间内,应根据灰尘的数量和灯具的特点选用灯具,如限制尘埃进入的防尘灯具,或不允许灰尘通过的尘密性灯具。

在有腐蚀性气体的场所,宜采用耐腐蚀材料(如塑料、玻璃等)制成的密封灯具。

在使用有压力的水冲洗灯具的场所,必须采用防溅水型灯具。

医疗机构(如手术室、绷带室等)房间应选用积灰少,易于清扫的灯具、格栅灯具、带保护玻璃的灯具等。

② 经济性

在满足照明质量、环境条件和防触电保护要求的情况下,尽量选用效率高,利用系数高,寿命长,光通衰减少,安装维护方便的灯具。

3. 室内照明线路及施工

照明线路主要由进户线、总配电箱、干线、分配电箱、支线和用户配电箱(或照明设备)等组成。线路组成如图4.20所示。

(1)电源进线

1）供电电源与形式。建筑内不同性质、功能的照明线路负荷等级不同。一类高层建筑的应急照明、楼梯间及走廊照明、值班照明、障碍照明等为一级负荷;二类高层建筑的应急照明、楼梯间及走廊照明等为二级负荷。负荷等级不同,对供电电源的要求也不同。

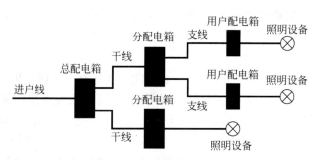

图 4.20　照明线路组成示意

作为一级负荷的照明线路,应采用两路电源供电,电源线路取自不同的变电站,为保持供电的可靠性,常多设一路电源,作为应急,常用的应急电源有蓄电池、发电机、不间断电源UPS 或 EPS 等。二级负荷采用两回线路供电,电源线路取自同一变电所不同的母线,也可设置蓄电池等应急电源。三级负荷对电源无特殊要求。

照明系统的供电一般应采用 220/380V 三相电源,照明设备按功率均匀地分配到三相电路中。如负荷电流≤60A 时,可采用 220V 单相二线制的交流电源供电。

在易触电、工作面较窄、特别潮湿的场所(如地下建筑)和局部移动式的照明,应采用36V、24V、12V 的安全电压供电。

2)电源进线线路敷设。电源进线的形式主要为架空进线和电缆进线。

①架空进线由接户线和进户线组成。接户线是指建筑附近城市电网电杆上的导线引至建筑外墙进户横担的绝缘子上的一段线路;进户线是由进户横担绝缘子经穿墙保护管引至总配电箱或配电柜内的一段线路。接户线和进户线如图 4.21 所示。

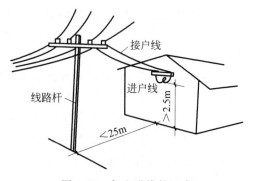

图 4.21　架空进线的组成

②电缆进线是由室外埋地进入室内总配电箱或配电柜内的一段线路,导线穿过建筑物基础时要穿钢管保护,并做防水、防火处理,具体做法如图 4.22 所示。

(2)配电箱

电气照明线路的配电级数一般不超过三级,即总配电箱、分配电箱和用户配电箱。配电级数过多,线路会过于复杂,不便于维护。

1)配电箱的作用。配电箱是将断路器、刀开关、熔断器、电能表等设备、仪表集中设置在一个箱体内的成套电气设备。配电箱在电气工程中主要起电能的分配、线路的控制等作用,是建筑物内电气线路中连接电源和用电设备的重要电气装置。

2)配电箱的种类。低压配电箱根据用途不同可分为电力配电箱和照明配电箱两种。根据安装方式分为悬挂式、嵌入式和半嵌入式三种。根据材质分为铁制、木制和塑料制品,其中铁制配电箱使用较为广泛。

3)配电箱的安装。配电箱的安装主要为明装和暗装两种形式。明装是指用支架、吊架和穿钉等将配电箱安装在墙和柱等构件表面的安装方式。暗装是指将配电箱嵌入墙体的安

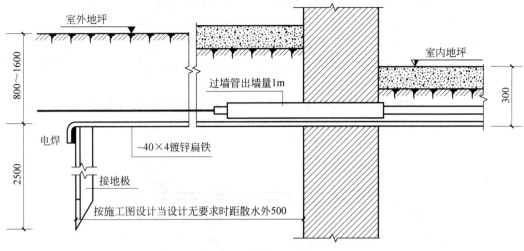

图 4.22 电缆进线做法示意

装方式。

配电箱安装的要求如下。

① 配电箱的金属框架及基础型钢必须接地（PE）可靠；装有电器的可开启门，门和框架的接地端子间应用裸编织铜线连接，且有标识。

② 低压照明配电箱应有可靠的电击保护。

③ 配电箱的线间和线对地间绝缘电阻值，馈电线路必须大于 0.5MΩ，二次回路必须大于 1MΩ。

④ 配电箱内配线整齐，无绞结现象，导线连接紧密，不伤芯线，小断股。垫圈下螺栓两侧压的导线截面面积相同，同一端子上导线连接不多于 2 根，防松热圈等零件齐全。

⑤ 配电箱内开关动作灵活可靠，带有漏电保护的回路，漏电保护装置动作电流不大于 30mA，动作时间不大于 0.1s。

⑥ 配电箱内，分别设置零线（N）和保护地线（PE）汇流排（接线端子板），零线和保护地线经汇流排配出。

⑦ 配电箱安装垂直度允许偏差为不大于 1.5‰。

⑧ 控制开关及保护装置的规格、型号符合设计要求；配电箱上的器件标明被控设备编号及名称，或操作位置，接线端子有编号，且清晰、工整、不易脱色。

⑨ 二次回路连线应成束绑扎，不同电压等级、交流、直流线路及控制线路应分别绑扎，且有标识。

⑩ 配电箱安装高度如无设计要求时，一般暗装配电箱底边距地面为 1.5m，明装配电箱底边距地不小于 1.8m。

（3）干线与支线

照明线路的干线是指从总配电箱到各分配电箱的线路；支线是指由分配电箱到各照明电器（或用户配电箱）的线路。用户配电箱引出的线路也称为支线。

1）干线线路的敷设。干线线路常用的敷设方法有封闭式母线配线、电缆桥架配线等。

① 封闭式母线配线是将封闭母线作为干线在建筑物中敷设的方式。封闭式母线可分为密集型绝缘母线和空气型绝缘母线,适用于额定工作电压 660V 以下、额定工作电流 250～2500A、频率 50Hz 的三相供配电线路。它具有结构紧凑、绝缘强度高、传输电流大、易于安装维修、寿命时间长等特点,被广泛地应用在工矿企业、高层建筑和公共建筑等供配电系统。

封闭式母线应用的场所是低电压、大电流的供配电干线系统,一般安装在电气竖井内,使用其内部的母线系统向每层楼内供配电。封闭式母线的结构及布置如图 4.23 所示。

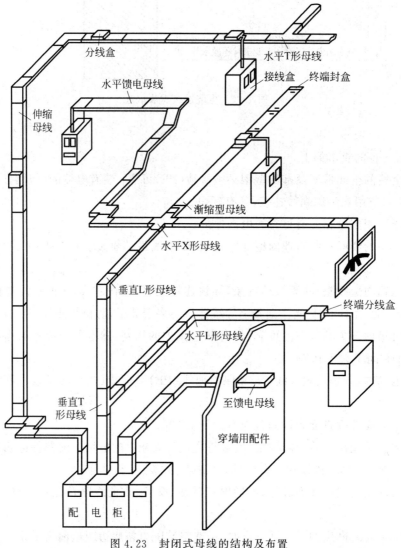

图 4.23 封闭式母线的结构及布置

② 电缆桥架配线是架空电缆敷设的一种支持构架,通过电缆桥架把电缆从配电室或控制室送到用电设备。电缆桥架可以用来敷设电力电缆、控制电缆等,适用于电缆数量较多或较集中的室内外及电气竖井内等场所架空敷设,也可在电缆沟和电缆隧道内敷设。

电缆桥架按材料分为钢制电缆桥架、铝合金制电缆桥架和玻璃钢制电缆桥架。按形式有托盘式、梯架式等类型。电缆桥架由托盘、梯架的直线段、弯通、附件以及支(吊)架等构成。托盘式电缆桥架的结构和空间布置如图 4.24 所示。

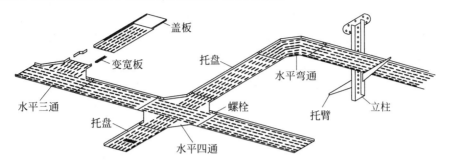

图 4.24　托盘式电缆桥架的结构和空间布置

2)支线线路的敷设。民用建筑中照明支线线路常用的敷设方法有线管配线、线槽配线等。

① 明管配线的敷设方式有管卡敷设、吊架敷设和支架敷设,其安装如图 4.25 所示。

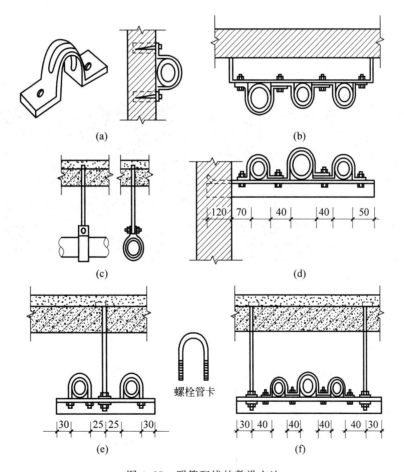

图 4.25　明管配线的敷设方法

(a)管卡敷设;(b)多管垂直敷设;(c)单管吊架敷设;(d)支架敷设;(e)双管吊装;(f)三管吊装

②暗管配线的敷设方式一般与敷设部位的结构有关,如图 4.26 所示为线管在不同结构楼板内的固定方法。导线的连接需要在接线盒和配电箱中完成,接线盒在木模板上的固定方法如图 4.27 所示。一般照明线路的线管埋设深度其表面至墙体(楼板等)表面不小于 15mm。为穿线方便,管路较长时,超过下列情况时应加接线盒;管路无弯时,30m;管路有一个弯时,20m;管路有两个弯时,15m;管路有三个弯时,8m。如无法加装接线盒时,则应将管径加大一号。线管与其他管线交叉时应满足:在热水管下面时为 0.2m,上面时为 0.3m;在蒸汽管下面时为 0.5m,上面时为 1m。线管与其他管路的平行间距不应小于 0.1m。

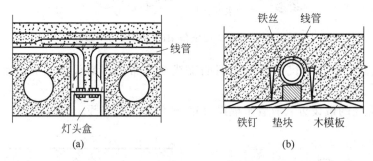

图 4.26　线管在不同结构楼板内的固定方法
(a) 线管在空心预制楼板内敷设;(b) 线管在现浇钢筋混凝土楼板内敷设

图 4.27　接线盒在木模板上的固定方法
(a) 接线盒在木模板上的固定;(b) 插座回路预埋管

线槽配线指将导线在线槽内敷设的方式。配线用线槽主要有塑料线槽和金属线槽。线槽配线适用于正常环境中室内明布线,钢制线槽不宜在有腐蚀性气体或液体环境中使用。线槽由槽底、槽盖及附件组成,外形美观,可对建筑物起到一定的装饰作用。线槽一般沿楼板底部敷设,图 4.28 所示为线槽在室内布置示意。塑料线槽可以用螺钉和塑料胀管直接固定在墙上。规格较小的金属线槽可以用膨胀螺栓直接固定在墙上,规格较大的金属线槽一般用支架固定在墙上,或用吊架固定在楼板底。

(4) 照明线路设备

照明线路的设备主要有灯具、开关、插座、风扇等,这里只介绍开关和插座的相关知识。

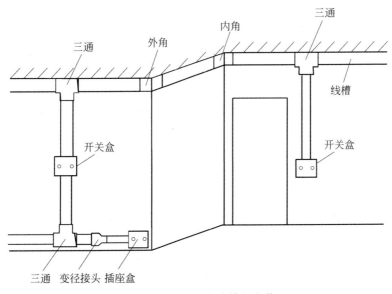

图 4.28 室内塑料线槽的安装

1) 灯开关和插座的型号

开关和插座的型号由面板尺寸、类型、特征、容量等参数组成,说明如下:

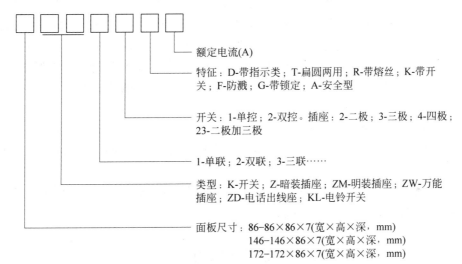

额定电流(A)

特征:D-带指示类;T-扁圆两用;R-带熔丝;K-带开关;F-防溅;G-带锁定;A-安全型

开关:1-单控;2-双控。插座:2-二极;3-三极;4-四极;23-二极加三极

1-单联;2-双联;3-三联……

类型:K-开关;Z-暗装插座;ZM-明装插座;ZW-万能插座;ZD-电话出线座;KL-电铃开关

面板尺寸:86–86×86×7(宽×高×深,mm)
146–146×86×7(宽×高×深,mm)
172–172×86×7(宽×高×深,mm)

开关和插座的型号及外形如图 4.29 所示。

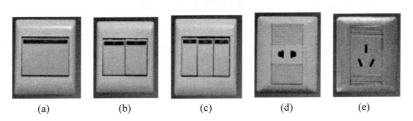

(a)　　(b)　　(c)　　(d)　　(e)

图 4.29 常见开关与插座

(a) 86K11-10;(b) 86K21-10;(c) 86K31-10;(d) 86Z12-10;(e) 86Z13-10

2）开关和插座的安装要求。

① 灯具电源的相线必须经开关控制。

② 开关连接的导线宜在圆孔接线端子内折回头压接（孔径允许折回头压接时）。

③ 多联开关不允许拱头连接，应采用缠绕或 LC 型压接帽压接总头后，再进行分支连接。

④ 安装在同一建（构）筑物的开关应采用同一系列的产品，开关的通断方向一致，操作灵活，导线压接牢固，接触可靠。

⑤ 翘板式开关距地面高度设计无要求时，应为 1.3m，距门口为 150～200mm；开关不得置于单扇门后。

⑥ 开关位置应与灯位相对应；并列安装的开关高度应一致。

⑦ 在易燃、易爆和特别潮湿的场所，开关应分别采用防爆型、密闭型，或安装在其他场所进行控制。

插座安装要求如下。

① 单相两孔插座有横装和竖装两种。横装时，面对插座的右极接相线（L），左极接（N）中性线；竖装时，面对插座的上极接相线（L），下极接（N）中性线。

② 单相三孔、三相四孔及三相五孔插座的保护线（PE）均应接在上孔，插座的接地端子不应与零线端子连接。

③ 不同电源种类或不同电压等级的插座安装在同一场所时，外观与结构应有明显区别，不能互相代用，使用的插头与插座应配套。同一场所的三相插座，接线的相序一致。

④ 插座箱内安装多个插座时，导线不允许拱头连接，宜采用接线帽或缠绕形式接线。

⑤ 车间及实验室等工业用插座，除特殊场所设计另有要求外，距地面不应低于 0.3m。

⑥ 在托儿所、幼儿园及小学校等儿童活动场所应采用安全插座。采用普通插座时，其安装高度不应低于 1.8m。

⑦ 同一室内安装的插座高度应一致；成排安装的插座高度应一致。

⑧ 地面安装插座应有保护盖板；专用盒的进出导管及导线的孔洞用防水密闭胶严密封堵。

⑨ 在特别潮湿和有易燃、易爆气体及粉尘的场所不应装设插座，如有特殊要求应安装防爆型的插座，且应有明显的防爆标志。

任务 4.1.2　电气照明工程施工图识图

4.1.2.1　电气照明工程施工图的组成与内容

1. 电气照明工程施工图的组成

建筑电气施工图由首页、系统图、平面图、电气原理接线图、设备布置图、安装接线图和大样图等组成。

2. 电气照明工程施工图的内容

（1）首页

首页主要包括图纸目录、设计说明、图例及主要材料表等。图纸目录包括图纸的名字和编号。设计说明主要阐述该电气工程的概况、设计依据、基本指导思想、图纸中未能表明的施工方法、施工注意事项和施工工艺等。图例及主要材料表一般包括该图纸内的图例、图例名称、设备型号规格、设备数量、安装方法和生产厂家等。

（2）系统图

系统图是表现整个工程或工程一部分的供电方式的图纸，它集中反映电气工程的规模。例如，变配电工程的供配电系统图、照明工程的照明系统图、电缆电视系统图等。

（3）平面图

平面图是表现电气设备与线路平面布置的图纸，它是进行电气安装的重要依据。电气平面图包括电气总平面图、电力平面图、照明平面图、变电所平面图和防雷与接地平面图等。

电力及照明平面图表示建筑物内各种设备与线路之间平面布置的关系、线路敷设位置、敷设方式、线管与导线的规格、设备的数量以及设备型号等。

在电力及照明平面图上，并不按比例画出设备的形状，通常采用图例表示，导线与设备的垂直距离和空间位置一般也不另用立面图表示，而是标注安装标高，以及附加必要的施工说明。

（4）电气原理接线图

电气原理接线图是表现某设备或系统的电气工作原理的图纸。它用来指导设备与系统的安装、接线、调试、使用与维护。电气原理接线图包括整体式原理接线图和展开式原理接线图两种。

（5）设备布置图

设备布置图是表现各种电气设备之间的位置、安装方式和相互关系的图纸。设备布置图主要由平面图、立面图、断面图、剖面图及构件详图等组成。

（6）安装接线图

安装接线图是表现设备或系统内部各种电气组件之间连线的图纸，用来指导接线与查线，它与原理图对应。

（7）大样图

大样图是表现电气工程中某一部分或某一部件的具体安装要求与做法的图纸。其中，大部分大样图选用的是国家标准图。

4.1.2.2 电气照明工程施工图识图

建筑电气施工图由大量的图例组成，在掌握一定的建筑电气工程设备和施工知识的基础上，读懂图例是识读的要点。此外，还要注意读图的方法及步骤。

1. 图例

图例是工程中的材料、设备及施工方法等用一些固定的、国家统一规定的图形符号和文字符号来表示的形式。

（1）图形符号

图形符号具有一定的象形意义，比较容易和设备相联系进行识读。图形符号很多，一般不容易记忆，但民用建筑电气工程中常用的并不是很多，掌握一些常用的图形符号，读图的速度会明显提高。表4.10为部分常用的图形符号。

表 4.10　部分常用的图形符号

图形符号	名　称	图形符号	名　称
	多种电源配电箱(屏)		带接地插孔的三相插座(防爆)
	动力或动力-照明配电箱		开关一般符号
	信号板信号箱(屏)		单极开关(明装)
	照明配电箱(屏)		单极开关(暗装)
	单相插座(明装)		单极开关(密闭、防水)
	单相插座(暗装)		单极开关(防爆)
	单相插座(密闭、防水)		单极拉线开关
	单相插座(防爆)		单极双控拉线开关
	带接地插孔的三相插座(明装)		双极开关(明装)
	带接地插孔的三相插座(暗装)		双极开关(暗装)
	带接地插孔的三相插座(密闭、防水)		双极开关(密闭、防水)
	双极开关(防爆)		室内分线盒
	灯或信号灯一般符号		室外分线盒
	防水防尘灯		电铃
	壁灯		电流表
	球形灯		电压表
	花灯		电度表
	局部照明灯		熔断器一般符号
	顶棚灯		接地一般符号
	荧光灯一般符号		多极开关一般符号(单线表示)
	三管荧光灯		多极开关(多线表示)
	避雷器		动合(常开)触点 注：也可作开关一般符号
	避雷针		
	分线盒一般符号		

（2）文字符号

文字符号在图纸中表示设备参数、线路参数与敷设方法等,掌握好用电设备、配电设备、线路和灯具等常用的文字标注形式,是读图的关键。

1）线路的文字标注表示线路的性质、规格、数量、功率、敷设方法和敷设部位等。表 4.11 为电气施工图文字标注符号意义。

基本格式为：$ab-c(d \times e+f \times g)i-jh$

式中：a——参照代号；

　　　b——型号；

　　　c——导线根数或电缆根数；

　　　d——相导体根数；

　　　e——相导体截面面积（mm^2）；

　　　f——N、PE 导体根数；

　　　g——N、PE 导体截面面积（mm^2）；

　　　i——敷设方式和管径（mm）（表 4.11）；

　　　j——敷设部位（表 4.11）；

　　　h——安装高度（m）。

表 4.11　电气施工图文字标注符号

表达线路明敷设部位的代号	表达线路暗敷设部位的代号	表达线路敷设方式的代号	表达照明灯具安装方式的代号
AB-沿或跨梁（屋架）敷设	BC-暗敷设在梁内	CT-电缆桥架敷设	SW-线吊式
AC-沿或跨柱敷设	CLC-暗敷设在柱内	CL-电缆梯架敷设	CS-链吊式
WS-沿墙面敷设	WC-暗敷设在墙内	CE-电缆排管敷设	DS-管吊式
RS-沿屋面敷设	CC-暗敷设在顶板内	MR-金属线槽敷设	W-壁装式
CE-沿吊顶或顶板面敷设	FC-暗设在地板或地面下	PR-塑料线槽敷设	C-吸顶式
SCE-吊顶内敷设		SC-穿焊接钢管敷设	R-嵌入式
		MT-穿普通碳素钢电线套管敷设	CR-顶棚内安装
		PC-穿硬塑料管敷设	WR-墙壁内安装
		FPC-穿阻燃半硬塑料管敷设	S-支架上安装
		KPC-穿塑料波纹管敷设	CL-柱上安装
		CP-穿蛇皮管敷设	HM-座装
		M-钢索敷设	
		DB-直埋敷设	
		TC-电缆沟敷设	

例如,WL1-BV(3×2.5)-SC15-WC 表示为照明支线第 1 回路,3 根 2.5mm^2 铜芯聚氯乙烯绝缘导线,穿管径为 15mm 的焊接钢管敷设,在墙内暗敷设。

2）用电设备的文字标注表示用电设备的编号和容量等参数。

基本格式为：$\dfrac{a}{b}$

式中：a——参照代号；

b——设备的容量（kW 或 kV·A）。

3）配电设备的文字标注表示配电箱等配电设备的编号、型号和容量等参数。

基本格式为：a－b－c 或 $a\dfrac{b}{c}$

式中：a——参照代号；

b——位置信息；

c——型号。

4）灯具的文字标注表示灯具的类型、型号、安装高度和安装方式等。

基本格式为：$a-b\dfrac{c \times d \times L}{e}f$

式中：a——数量；

b——型号（表 4.12）；

c——每盏灯具的光源数量；

d——光源安装容量（W）；

L——光源种类（表 4.13）；

e——安装高度（m），"—"表示吸顶安装；

f——安装方式（表 4.11）。

例如，5-YZ402×40/2.5CS 表示 5 盏 YZ40 直管型荧光灯，每盏灯具中装设 2 只功率为 40W 的灯管，灯具的安装高度为 2.5m，灯具采用链吊式安装方式。如果灯具为吸顶安装，那么安装高度可用"—"号表示。在同一房间内的多盏相同型号、相同安装方式和相同安装高度的灯具，可以标注一处。

例如，20-YU601×60/3SW 表示 20 盏 YU60 型 U 形荧光灯，每盏灯具中装设 1 只功率为 60W 的 U 形灯管，灯具采用线吊安装，安装高度为 3m。

表 4.12　常用灯具代号

序号	灯具名称	代号	序号	灯具名称	代号
1	荧光灯	Y	5	普通吊灯	P
2	壁灯	B	6	吸顶灯	D
3	花灯	H	7	工厂灯	G
4	投光灯	T	8	防水防尘灯	F

表 4.13　常用电光源代号

序号	灯具名称	代号	序号	灯具名称	代号
1	荧光灯	FL	5	钠灯	Na
2	白炽灯	LN	6	氙灯	Xe
3	碘钨灯	I	7	氖灯	Ne
4	汞灯	Hg	8	弧光灯	Are

2. 单线图

建筑电气施工图中大部分是以单线路绘制电气线路的,也就是同一回路的导线仅用一

根图线来表示。单线图是电气施工图识读的
一个难点,识读时要判断导线根数、性质和接
线等问题。图中导线的根数用短斜线加数字
表示,一般3根及以上导线根数才标注。只
有熟悉设备接线方式,才能读懂单线图。如
图4.30列举了几种照明线路的单线图及其
对应的接线图。

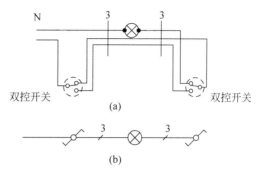

图4.30　单线图与相应接线图

(a) 接线图;(b) 单线图

3. 识图方法及步骤

阅读电气照明施工图应在掌握一定的电
气工程知识基础之上进行。对图中的图例,
应明确它们的含义,应能与实物联系起来。
读图的一般步骤如下。

1)查看图纸目录。先看图纸目录,了解整个工程由哪些图纸组成,主要项目有哪些等。

2)阅读施工设计说明。了解工程的设计思路、工程项目、施工方法和注意事项等。可
以先粗略看,再细看,理解其中每句话的含义。

3)阅读图例符号。该套图纸中的图例一般在图例及主材表中已写出,在表中对图例的
名称、型号、规格和数量等都有详细标注,所以要注意结合图例及主材表看图。

4)相互对照,综合看图。一套完整的建筑施工图是由各专业施工图组成的,而各专业
施工图之间又有密切的联系。另外,电气照明施工图中的系统图和平面图联系紧密。因此,
看图时还要将各专业施工图相互对照,系统图和平面图相互对照,综合看图。

5)结合实际看图。看图最有效的方法是结合实际工程看图,一边看图,一边看施工现
场情况。一个工程下来,既能掌握一定的电气工程知识,又能熟悉电气施工图的读图方法,
见效较快。

4.1.2.3　某综合楼电气照明工程施工图的识图

本工程总建筑面积为 $7331.10 m^2$,建筑物高度为室外地坪到檐口 20.5m,建筑层数为
地下一层、地上五层,层高为地下一层 3.50m、首层 4.50m、标准层 4m,为多层公共建筑。
结构形式为框架混凝土结构,基础形式为预制混凝土管桩基础。本工程电源
由地下室变配电房引来,施工图纸目录、设计说明以及图例详见综合楼电气
照明施工图(见右侧二维码"综合楼安装施工图-电气.zip"),此处不做讲解。

综合楼安
装施工图-
电气.zip

1. 照明电缆走向示意图

照明电缆走向示意图表示变配电房与各层配电箱之间的联系方式,变配
电房低压配电柜引出三根电缆,穿 CT500×100 沿地下室顶棚敷设,其中第一
回路 L01 由 ZR-VV-3×120+2×70 接 1ZZM,1ZZM 由 ZR-VV-3×6+2×4
接 0ZM;第二回路 L02 由 ZR-VV-3×185+2×95 接 2ZZM,2ZZM 由 ZR-VV-3×70+2×
35 接 3ZZM;第三回路 L03 由 ZR-VV-3×185+2×95 接 4ZZM,4ZZM 由 ZR-VV-3×70+
2×35 接 5ZZM。

2. 照明配电系统图

以首层总配电箱系统图为例。

由总配电箱 1ZZM 通过断路器 BCM6-225L/3-160A 保护,连接 1ZM,1ZM 接出 16 条回路和 1 条备用回路,其中:

n1 回路 ZR-BVV3×2.5PC15CC/WC 由断路器 BCD32-16A 保护,负责办公室 1、2、3 照明用电。

n2 回路 ZR-BVV3×2.5PC15CC/WC 由断路器 BCD32-16A 保护,负责办公室 4 照明用电。

n3 回路 ZR-BVV3×2.5PC15CC/WC 由断路器 BCD32-16A 保护,负责办公室 6、7 照明用电。

n4 回路 ZR-BVV3×2.5PC15CC/WC 由断路器 BCD32-16A 保护,负责办公室 8、9 照明用电。

n5 回路 ZR-BVV3×2.5PC15FC/WC 由断路器 BCL32-16A 保护,负责办公室 1 插座供电。

n6 回路 ZR-BVV3×2.5PC15FC/WC 由断路器 BCL32-16A 保护,负责办公室 2 插座供电。

n7 回路 ZR-BVV3×2.5PC15FC/WC 由断路器 BCL32-16A 保护,负责办公室 3 插座供电。

n8 回路 ZR-BVV3×2.5PC15FC/WC 由断路器 BCL32-16A 保护,负责办公室 4 插座供电。

n9 回路 ZR-BVV3×2.5PC15FC/WC 由断路器 BCL32-16A 保护,负责消防中心插座供电。

n10 回路 ZR-BVV3×2.5PC15FC/WC 由断路器 BCL32-16A 保护,负责办公室 6 插座供电。

n11 回路 ZR-BVV3×2.5PC15FC/WC 由断路器 BCL32-16A 保护,负责办公室 7 插座供电。

n12 回路 ZR-BVV3×2.5PC15FC/WC 由断路器 BCL32-16A 保护,负责办公室 8 插座供电。

n13 回路 ZR-BVV3×2.5PC15FC/WC 由断路器 BCL32-16A 保护,负责办公室 9 插座供电。

n14 回路 ZR-BVV5×16PC15FC/WC 由断路器 BCD63-40A/3 保护,负责公用照明配电箱 G1 供电。

n15 回路 ZR-BVV3×2.5PC15FC/WC 由断路器 BCL32-16A 保护,负责活动室插座供电。

n16 回路 ZR-BVV3×2.5PC15CC/WC 由断路器 BCD32-16A 保护,负责活动室照明用电。

公用照明配电箱 G1 接出 10 条回路和两条备用回路,其中:

m1 回路 ZR-BVV3×2.5PC15CC/WC 由断路器 BCD32-10A 保护,负责中庭走廊灯 1 照明用电。

m2 回路 ZR-BVV3×2.5PC15CC/WC 由断路器 BCD32-10A 保护,负责中庭走廊灯 2 照明用电。

m3 回路 ZR-BVV3×2.5PC15CC/WC 由断路器 BCD32-10A 保护,负责中庭走廊灯 3 照明用电。

m4 回路 ZR-BVV3×2.5PC15CC/WC 由断路器 BCD32-10A 保护,负责公共走廊灯 4 照明用电。

m5 回路 ZR-BVV3×2.5PC15CC/WC 由断路器 BCD32-10A 保护,负责公共走廊灯 5 照明用电。

m6 回路 ZR-BVV3×2.5PC15CC/WC 由断路器 BCD32-10A 保护,负责公共走廊灯 6 照明用电。

m7 回路 ZR-BVV3×2.5PC15CC/WC 由断路器 BCD32-10A 保护,负责卫生间照明用电。

m8 回路 ZR-BVV3×2.5PC15FC/WC 由断路器 BCD32-10A 保护,负责空调机房、配电室、消防中心照明用电。

m9 回路 ZR-BVV3×2.5PC15FC/WC 由断路器 BCD32-10A 保护,负责应急灯、出口指示灯照明用电。

m10 回路 ZR-BVV3×6PC15FC/WC 由断路器 BCD32-25A 保护,负责值班室 K1 配电箱供电。

K1 配电箱接出 4 条回路和 1 条备用回路,其中:

m1 回路 ZR-BVV3×2.5PC15CC/WC 由断路器 BCD32-10A 保护,负责门厅 1 筒灯照明用电。

m2 回路 ZR-BVV3×2.5PC15CC/WC 由断路器 BCD32-10A 保护,负责门厅 1 吸顶灯 1 照明用电。

m3 回路 ZR-BVV3×2.5PC15CC/WC 由断路器 BCD32-10A 保护,负责门厅 1 吸顶灯 2 照明用电。

m4 回路 ZR-BVV3×2.5PC15CC/WC 由断路器 BCL32-16A 保护,负责值班室灯、插座供电。

3. 电气照明平面图

以地下室照明平面图为例,1ZZM 由 ZR-VV-1kV 3×6+2×4 PC40 Q Z CC 连接 0ZM,由一层 1ZZM 沿Ⓒ轴到①轴,沿①轴交Ⓒ轴的柱引下到地下室,沿①轴到Ⓓ轴,沿Ⓓ轴到③轴,往下至 0ZM,0ZM 接出 6 条回路和 1 条备用回路,其中 n1 回路负责车库灯 1 照明用电;n2 回路负责车库灯 2 照明用电;n3 回路负责车库灯 3 照明用电;n4 回路负责空调机房照明用电;n5 回路负责应急灯、出口指示灯用电;n6 回路负责高压房、变压器房、低压房照明用电。

任务 4.1.3　电气照明工程分部分项工程量清单的编制

4.1.3.1　电气设备安装工程分部分项工程量清单设置

电气设备安装工程分部分项工程量清单根据《通用安装工程工程量计算规范》(GB 50856—2013)附录 D 进行设置。

4.1.3.2　电气照明工程分部分项工程量计算

1. 电气照明工程量计算要求

(1)计算项目

计算电气照明工程量时应根据电气工程施工图,按单位估算表(或综合单价)中的子目划分分别列项计算,计算出的工程量单位应与单位估算表(或综合单价)中规定的计量单位一致,以便于正确套用。

（2）计算方法

工程量必须按规定的计算规则计算。根据该项工程电气设计施工的照明平面图、照明系统图和设备材料表等进行计算。照明线路配管配线的工程量按施工图上标明的敷设方式和导线的型号规格,根据轴线尺寸结合比例尺量取的尺寸进行计算。照明设备、用电器具的安装工程量是根据施工图上标明的图例、文字符号分别统计出来的。为了准确计算配管配线的工程量,不仅要熟悉照明的施工图,还应熟悉或查阅建筑施工图上的有关主要尺寸。因为一般电气施工图只有平面图,没有立面图,故需要根据建筑施工图的立面图和电气照明施工图的平面图配合计算。配管配线的工程量计算应先算管,后算线;一般先算干线,后算支线,按不同的敷设方式、不同型号和规格的导线分别进行计算。建筑照明进户线的工程量,原则上是从进户横担到配电箱的长度。对进户横担以外的线段不计入照明工程中。

（3）计算程序

计算程序是根据照明系统图和平面图,按进户线、总配电箱,向各照明分配电箱配线,经各照明分配电箱向灯具、用电器具逐项计算。这样思路清晰,有条理,既可以加快看图、提高计算速度,又可避免重算和漏算。工程量计算采用列表方式进行计算。照明工程量的计算,一般宜按一定顺序自电源侧逐一向用电侧进行,要求列出简明的计算式,可以防止漏项、重复和潦草,也便于复核。

（4）注意事项

除了施工图上所表示的分项工程外,还应计算施工图中没有表示出来,但施工中又必须进行的工程项目,以免漏项。如遇建筑物沉降缝,暗配管工程应作接线箱过渡等。

2. 电气照明工程量计算规则

（1）10kV以下架空配电线路工程工程量计算

1）线路器材等运输工程量的计算如下。

工地运输是指施工红线外电缆敷设和架空线路工程定额内未计价材料从集中材料堆放点或工地仓库运至杆位上的工地运输,分人力运输和汽车运输,以"t·km"为单位。单位工程材料的汽车运输质量不足3t时按3t计算。

运输量计算公式如下:

工程运输量＝施工图用量×（1＋损耗率）

预算运输质量＝工程运输量＋包装物质量（不需要包装的可不计算包装物质量）

各种材料的损耗率见表4.14。

表4.14　各种材料的损耗率

材 料 名 称	损耗率/%	材 料 名 称	损耗率/%
混凝土制品	0.5	裸软导线	1.3
木杆材料	1.0	绝缘导线	1.8
绝缘子	2.0	拉线材料	1.5
金具	1.0		

主要材料运输质量的计算按表 4.15 执行。

表 4.15　主要材料运输质量表

材料名称		单位	运输质量/kg	备注
混凝土制品	人工浇制	m³	2600	包括钢筋
	离心浇制	m³	2860	包括钢筋
线材	导线	kg	$W \times 1.15$	有线盘
	避雷线、拉线	kg	$W \times 1.07$	无线盘
木杆材料		m³	500	包括木横担
金具、绝缘子		kg	$W \times 1.07$	
螺栓、垫圈、脚钉		kg	$W \times 1.01$	
土方		m³	1500	实挖量
块石、碎石、卵石		m³	1600	
黄砂(干中砂)		m³	1550	自然砂 1200kg/m³
水		kg	$W \times 1.2$	

注：①W 为理论质量；②未列入的其他材料均按净重计算。

例 4.1　有一架空线路工程共有 4 根电杆,人工费合计为 900 元,山区施工,求人工增加费是多少?

解　900 元×1.60×1.3－900 元＝972 元

1) 本例题是以广东省平原地区条件为准,如在山区或沼泽地区施工,可把架空线路工程人工费总和乘以系数 1.60 作为补偿。另外本计算是按照 5 根以上施工工程情况测算的,如实际情况是 5 根或者不足 5 根,由于施工效率降低,需要补偿外线的全部人工费的 30%。具体方法是把以上人工费的总和再乘以系数 1.3。

2) 值得注意的是,当这两种系数都要考虑时,其人工费是累计计算的,而不是分别都用 900 元作为基数。

2) 电杆坑土石方量计算如下。

① 电杆坑土质按一个坑的主要土质而定,如一个坑大部分为普通土,少量为坚土,则该坑应全部按普通土计算。

② 土方量计算公式

$$V = \frac{h}{6} \times [ab + (a + a_1) \times (b + b_1) + a_1 \times b_1]$$

式中：V——土(石)方体积(m^3)；

　　h——坑深(m),如图 4.31 所示；

　　$a(b)$——坑底宽(m),$a(b)$=底拉盘底宽＋2×每边操作裕度；

　　$a_1(b_1)$——坑口宽(m),$a_1(b_1)$=$a(b)$＋2×h×边坡系数。

③ 无底盘、卡盘的电杆坑,其挖方体积

$$V = 0.8 \times 0.8 \times h$$

式中：h——坑深(m)。

④ 电杆坑的马道土、石方量按每坑 0.2m³ 计算。

⑤ 施工操作裕度按基础底宽(不包括垫层)每边增加量：

普通土、坚土坑、水坑、松砂石坑为 0.20m。

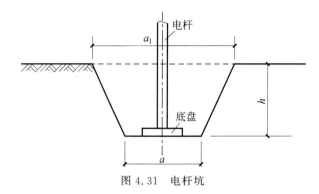

图 4.31　电杆坑

泥水坑、流砂坑、干砂坑为 0.30m。

岩石坑有模板为 0.2m,无模板为 0.10m。

⑥ 杆塔基础坑深超过 1.2m 时,各类土的放坡系数按表 4.16 计算。

表 4.16　放坡系数

项目名称	普通土、水坑	坚土	松砂石	泥水、流砂、岩石
2.0m 以内	1∶0.17	1∶0.10	1∶0.22	不放边坡
3.0m 以内	1∶0.30	1∶0.22	1∶0.33	不放边坡
3.0m 以上	1∶0.45	1∶0.30	1∶0.60	不放边坡

⑦ 带卡盘的电杆坑,如原计算的尺寸不能满足卡盘安装时,因卡盘超长而增加的土(石)方量另计。

3) 底盘、卡盘、拉线盘安装,按设计图示数量以“块”计算。

4) 施工定位,按设计图示数量以“基”计算。

5) 杆塔(台架)防鼠罩制作、安装,按设计图示尺寸以“m²”计算。

6) 杆塔组立,区别杆塔形式、高度或质量按设计图示数量以“根(基)”计算。

架空配电线路一次施工工程量按 5 根以上考虑,如 5 根以内,其全部人工和机械应乘以系数 1.3。

7) 横担安装,区分不同形式和截面,按设计图示数量以“根”计算。

8) 拉线制作安装,区别不同形式,按设计图示数量以“根”计算。拉线长度按设计全根长度计算,设计无规定时按表 4.17 计算。

表 4.17　拉线长度　　　　　　　　　　　　　　　　　　　m/根

项　目		普 通 拉 线	V(Y)形拉线	弓形拉线
电杆高	8m	11.47	22.94	9.33
	9m	12.61	25.22	10.10
	10m	13.74	27.48	10.92
	11m	15.10	30.20	11.82
	12m	16.14	32.28	12.62
	13m	18.69	37.38	13.42
	14m	19.68	39.36	15.12
水平拉线		26.47		

9) 导线架设,区别导线类型和不同截面以"km/单线"计算。导线预留长度按表 4.18 的规定计算。

工程量计算公式为

$$导线长度 = 线路总长度 \times (1 + 1\%) + \sum 预留长度$$

$$线路总长度 = 线路单根导线长度 \times 导线根数$$

式中:1%——线路导线的弛度。

表 4.18　导线预留长度

项　目　名　称		预留长度/m
10kV 以下高压	转角	2.5
	分支、终端	2.0
1kV 以下低压	分支、终端	0.5
	交叉跳线转角	1.5
与设备连接		0.5
进户线		2.5

10) 导线跨越架设,包括越线架的搭、拆和运输以及因跨越(障碍)施工难度增加而增加的工作量,以"处"计算。每个跨越间距按 50m 以内考虑,大于 50m 而小于 100m 时按 2 处计算,以此类推。在计算架线工程量时,不扣除跨越档的长度。

11) 杆上变配电设备安装按设计图示数量以"台"或"组"计算。定额内包括杆上钢支架及设备的安装工作,但钢支架、连引线、线夹、金具等应按设计规定数量另行计算材料价格。

例 4.2　今有一外线工程,平面如图 4.32 所示。电杆高 12m,档距均为 50m,工地运输为人力运输,设预算运输量为 200t,平均运距为 5km;底盘规格为 0.8m×0.8m。求:①列预算项目;②计算各项工程量。

解　预算项目和各项工程量如表 4.19 所示。

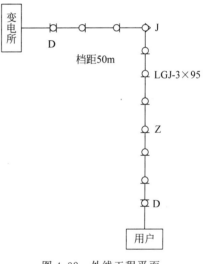

图 4.32　外线工程平面

表 4.19　10kV 以下架空配电线路工程量计算书

工程名称:外线工程　　　　　　　　　　　　　　　　　　　　　　　第 1 页共 1 页

项　目　名　称	单位	数量	计　算　式
工程运输量	t·km	1000	200×5＝1000
电杆坑土石方量	m³	58.96	2/6[1×1+(1+2.2)×(1+2.2)+2.2×2.2]×11＝58.96(电杆坑如图 4.33 所示)
底盘的安装	块	11	1×11＝11
卡盘的安装	块	11	1×11＝11

续表

项目名称	单位	数量	计 算 式
拉盘的安装	块	3	1×3＝3(终端杆D：2块，转角杆J：1块)
普通拉线安装(截面面积35mm²)	根	3	1×3＝3(终端杆D：2根，转角杆J：1根)
混凝土电杆的组立(12m高)	根	11	1×11＝11
横担安装：10kV以下单横担	组	8	1×8＝8
横担安装：10kV以下双横担	组	3	1×3＝3
导线架设	m	1534.5	[500×(1＋1％)＋(2.5＋2＋2)]×3＝1534.5

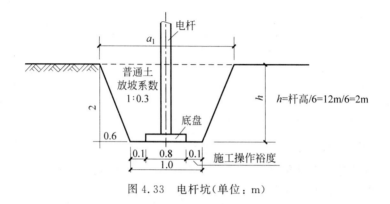

图4.33 电杆坑(单位：m)

(2)电缆工程工程量计算

1)电缆敷设长度应根据敷设路径的水平和垂直敷设长度,按表4.20规定增加附加长度。

每条电缆敷设长度＝(水平长度＋垂直长度＋附加长度)×(1＋2.5％)

式中:2.5％——电缆曲折弯余量系数。

表4.20 电缆敷设的附加长度

序号	项 目	预留长度(附加)	说 明
1	电缆敷设弛度、波形弯度、交叉	2.5％	按电缆全长计算
2	电缆进入建筑物	2.0m	规范规定最小值
3	电缆进入沟内或吊架时引上(下)	1.5m	规范规定最小值
4	变电所进线、出线	1.5m	规范规定最小值
5	电力电缆终端头	1.5m	检修余量最小值
6	电缆中间接头盒	两端各留2.0m	检修余量最小值
7	电缆进控制、保护屏及模拟盘等	高＋宽	按盘面尺寸
8	高压开关柜及低压配电盘、箱	2.0m	盘下进出线
9	电缆至电动机	0.5m	从电机接线盒算起
10	厂用变压器	3.0m	从地坪算起
11	电缆绕过梁柱等增加长度	按实计算	按被绕物的断面情况计算增加长度
12	电梯电缆与电缆架固定点	每处0.5m	规范最小值

2）电力电缆敷设应区别材质、芯数和截面,按设计图示单根敷设长度以"m"计算。

3）矿物绝缘电力电缆敷设应区别芯数、截面,按设计图示单根敷设长度以"m"计算。

4）预制分支电缆敷设应区别主、分支电缆、截面,按设计图示单根敷设长度以"m"计算。

5）控制电缆敷设应区别芯数,按设计图示单根敷设长度以"m"计算。

6）直埋电缆的挖、填土(石)方,除特殊要求外,可按表 4.21 的规定计算土(石)方量。

表 4.21 直埋电缆的挖、填土(石)方量

项 目	电 缆 根 数	
	1～2	每增加 1 根
每米沟长挖方量/m³	0.45	0.153

注:① 两根以内的电缆沟,按上口宽度 600mm、下口宽度 400mm、深 900mm 计算常规土方量(深度按规范的最低标准);

② 每增加一根电缆,其宽度增加 170mm;

③ 以上土方量埋深从自然地坪算起,如设计埋深超过 900mm,多挖的土方量应另行计算。

7）电缆沟铺砂、盖保护板(砖)应区别不同铺设形式、电缆数量,按设计图示尺寸以"m"计算。

8）电缆沟盖板揭、盖工程量,按设计图示每揭或每盖一次以"m"计算,如又揭又盖,则按两次计算。

9）电缆保护管安装应区别不同敷设方式、敷设位置、管材材质、规格,按设计图示尺寸以"m"计算。

10）电缆保护管长度,除按设计规定长度计算外,遇有下列情况,应按以下规定增加保护管长度:

① 横穿道路,按路基宽度两端各增加 2m。

② 垂直敷设时,管口距地面增加 2m。

③ 穿过建筑物外墙时,按基础外缘以外增加 1m。

④ 穿过排水沟时,按沟壁外缘以外增加 1m。

11）电缆保护管埋地敷设,其土方量凡有设计图注明的,按设计图计算;无设计图的,一般按沟深 0.9m、沟宽按最外边的保护管两侧边缘外各增加 0.3m 工作面计算。

计算公式为

$$V=(D+2\times0.3)hL$$

式中:D——保护管外径(m);

h——沟深(m);

L——沟长(m);

0.3——工作面尺寸(m)。

12）电缆槽安装应区别槽体宽度,按设计图示尺寸以"m"计算。

13）电缆终端头及中间头制作安装,均按设计图示数量以"个"计算。电力电缆和控制电缆均按一根电缆有两个终端头考虑。中间电缆头设计有图示的,按设计图确定;设计没有规定的,按实际情况计算(或按平均 250m 一个中间头考虑)。

14）防火堵洞区别不同部位,按设计图示数量以"处"计算。

15) 防火隔板安装,不分材质和形式,按设计图示尺寸以"m²"计算。

16) 防火涂料,不分材质,按设计图示尺寸以"kg"计算。

17) 电缆分支箱安装,区别安装形式、规格,按设计图示数量以"台"计算。

18) 电缆 T 接箱安装,区别箱体规格,按设计图示数量以"台"计算。

19) 电缆穿刺线夹安装,区别穿越线夹主线的规格,按设计图示数量以"个"计算。

20) 电缆防护盒、电力设施号牌安装,设计图示数量以"个"计算。

21) 热塑绝缘保护套安装,设计图示尺寸以"m"计算。

22) 电缆鉴别按施工组织设计方案以"根"计算。

23) 电缆不同敷设方法预算费用组成。

① 电力电缆埋地敷设施工图预算费用组成

电力电缆埋地敷设施工图预算费用计算包括以下五项:电缆沟挖填人工开挖路面费用、电缆沟铺砂盖砖费用、电力电缆埋地敷设费用、电缆中间接头制作安装费用、电缆终端头制作安装费用。

a. 电缆沟挖填、人工开挖路面

定额分不同土质以"m³"为单位,电缆沟挖填工程量计算公式:

$$V = 1/2(电缆沟上底 + 下底) \times 电缆沟深 \times 电缆线路长度$$

例 4.3 某电缆沟上口宽 600mm,下口宽 400mm,深度为 900mm,电缆线路长度为 100m,求电缆沟挖填土石量为多少?

解 计算电缆沟挖填土石方量

$$V = \left[\frac{1}{2} \times (0.4 + 0.6) \times 0.9 \times 100\right] m^3 = (0.45 \times 100) m^3 = 45 m^3$$

b. 电缆沟铺砂盖砖

定额单位为:"100m"。电缆沟铺砂盖砖工程量计算方法:

$$计算电缆沟铺砂盖砖工程量 = 施工图线路长度$$
$$计算定额单位数 = 工程量 / 定额单位$$
$$计算工程费用 = 定额单位数 \times 基价单价$$

当电缆埋设根数为 n 根时:

n 根电缆沟的铺砂盖砖基价单价为:1～2 根基价 + $(n-2) \times$ 每增加一根基价单价。

例 4.4 若电缆埋设根数为 3 根,3 根电缆沟铺砂盖砖基价单价为:1～2 根基价 + 每增加一根基价单价 = 1806.93 元 + 625.73 元 = 2432.66 元。

若电缆埋地敷设电缆根数为 5 根,线路总长度为 100m,求此工程的铺砂盖砖工程施工费为多少?

解 计算电缆沟铺砂盖砖工程量 = 施工图线路长度 = 100m

计算定额单位数 = 工程量/定额单位 = 100/100 = 1

计算工程费用 = 定额单位数 × 基价单价

计算 5 根电缆沟铺砂盖砖基价单价为

1～2 根基价 + (5-2) × 每增加一根基价单价 = 1806.93 元 + 3 × 625.73 元 = 3684.12 元

电缆沟铺砂盖砖工程费用 = 定额单位数 × 基价单价 = 1 × 3684.12 元 = 3684.12 元

c.电力电缆埋地敷设费用

电缆敷设按单根长度计算,定额单位为:100m。电缆主材为未计价材料,在直接费中单独计算电缆主材费,每敷设100m电缆,实际消耗电缆数量为101m,即敷设一个定额单位的电缆实际消耗电缆为101m。

工程中实际消耗的电缆数量计算公式为

$$实际消耗电缆长度=定额单位数×101$$

例4.5　已知图4.34所示电缆敷设采用的电缆埋地敷设线路长度为100m,电缆根数为5根,电缆预算价格每米单价为300元,求电缆敷设直接费?

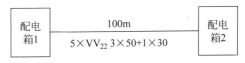

图4.34　电缆敷设采用电缆埋地敷设线路

解　电缆埋地敷设工程直接费包括电缆敷设费和电缆主材费,计算过程如下:

按图中计算电缆敷设工程量,并考虑电缆在各处预留长度,查预留长度系数表得系数分别为:进建筑物2.0m;变电所进线、出线1.5m;电缆进入沟内1.5m;高压开关柜及低压配电箱2.0m;电力电缆终端头1.5m。

电缆埋地敷设工程量为

$$L=[(100+2.0×2+1.5×2+1.5×2+2.0×2+1.5×2)×(1+2.5\%)×5]m$$
$$=599.65m$$

(1)计算定额单位数

定额单位为100m,定额单位数为:599.65m/100m=5.9965。

(2)计算电缆埋地敷设费

$$电缆埋地敷设工程费=定额单位数×基价单价$$
$$=(5.9965×1265.87)元=7590.79元$$

(3)计算电缆主材费

$$电缆主材费计算公式=定额单位数×101×电缆预算单价$$
$$=(5.9965×101×300)元=181693.95元$$

(4)此工程电缆敷设直接费

$$工程直接费=工程安装施工费+主材费=(7590.79+181693.95)元=189284.74元$$

d.电缆中间接头制作、安装

电力电缆中间头以"个"为计量单位,工程量确定根据设计图中所示中间电缆头个数为准进行计算;设计没有规定的,按实际情况计算,或按平均250m一个中间头考虑。根据施工方法套定额计算制作安装费及主材费。

e.电缆终端头制作安装

电缆终端头制作安装定额单位是"个",确定工程量时,一根电缆按两个终端头计算,根据具体的施工发放套定额计算制作安装费和主材费。

例4.6　如5根电缆终端头制作安装工程量为10个;制作安装方法为户内热缩式,求制作安装费。

解　套定额可计算出,制作安装费为:2557.1元。

② 电力电缆穿保护管敷设施工图预算费用组成

电力电缆穿保护管敷设施工图预算费用计算包括以下五项：电缆沟挖填人工开挖路面费用、电力电缆保护管敷设及顶管费用、电力电缆穿管敷设费用、电缆中间接头制作安装费用、电缆终端头制作安装费用。

电缆沟挖填、电力电缆穿管敷设、电缆中间接头终端头制作安装等工程量计算与前面所讲的内容相同，套定额时根据不同施工方法分别进行套用。直接费的组成同样包括施工费和主材费。

电力电缆保护管的敷设以"10m"为定额单位，保护管分不同材质和管径分别套定额，管材有混凝土管、石棉水泥管、铸铁管、钢管、塑料管等。顶管安装分别以"根"为单位，分为长10m、20m 两种规格套用定额。

$$电缆保护管的敷设工程量＝线路长度＋垂直长度$$

③ 电缆沿沟支架敷设施工图预算

电缆沿沟支架敷设施工图预算费用计算包括以下六项：电缆沟挖填人工开挖路面费用、电缆沟盖揭保护板费用、支架的制作安装费用、电力电缆敷设费用、电缆中间接头制作安装费用、电缆终端头制作安装费用。各费用计算方法与前面所述内容相似，只是在预算中要注意，保护板的主材费和电缆沟的砌筑在"18 安装定额"中没涉及，费用按土建预算考虑。

支架的制作安装工程量计算与线路的长度、电缆固定点间距及支架层数有关：

$$支架制作安装工程量＝线路长度/电缆固定点间距×支架层数×每根支架的质量$$

套用铁构件制作、安装定额，根据工程量和定额计算支架制作、安装费，并另计支架主材费。

④ 电缆沿支架敷设施工图预算方法

电缆沿支架敷设施工图预算费用计算包括以下四项：支架的制作安装费用、电力电缆敷设费用、电缆中间接头制作安装费用、电缆终端头制作安装费用。各费用计算方法与前面所述内容相似。

⑤ 电缆沿钢索敷设施工图预算

电缆沿钢索敷设施工图预算费用计算包括以下四项：钢索架设费用、电力电缆敷设费用、电缆中间接头制作安装费用、电缆终端头制作安装费用。钢索架设工程量计算根据电缆平行敷设和垂直敷设两种方法来计算。

电缆平行钢索敷设：

$$钢索架设工程量＝线路长度$$

电缆垂直钢索敷设：

$$钢索架设工程量＝线路长度/固定点间距×每根钢索长度$$

钢索架设套用钢索架设定额，并另计主材费。

⑥ 电缆桥架敷设施工图预算

电缆桥架敷设施工图预算费用计算包括以下四项：电缆桥架安装费用、电力电缆敷设费用、电缆中间接头制作安装费用、电缆终端头制作安装费用。各费用计算方法与前面所述内容相似。

例 4.7 某电缆敷设工程，采用电缆沟铺砂盖砖直埋，并列敷设 5 根 VV29(4×50)电力电缆，如图 4.35 所示，变电所配电柜至室内部分电缆穿 SC50 钢管做保护，共 5m 长。室外共敷设电缆100 m长,中间穿过热力管沟,在配电间有10m穿SC50钢管保护。试列出预算项目和工程量。

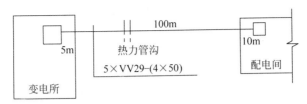

图4.35 电缆敷设

解 电缆工程预算项目和工程量如表4.22所示。

表4.22 电缆工程工程量计算书

工程名称：电缆敷设工程　　　　　　　　　　　　　　　　　　　　　　第1页共1页

项 目 名 称	单位	数量	计 算 式
电缆沟挖填土方量	m³	118.35	[0.45+(5-2)×0.153]×100+(0.06×5+0.3×2)×0.9×15=118.35(SC50壁厚5mm)
电缆沟铺砂盖砖	m	100	
电缆沟铺砂盖砖(每增加一根)	m	300	(5-2)×100=300
电缆保护管SC50敷设	m	85	(5+10+1.0×2)×5=85(管突出地面100mm)
钢管主材	m	85.425	8.5×10.05=85.425
电缆敷设	m	599.625	(100+2.0×2+1.5×2+1.5×2+2.0×2+1.5×2)×(1+2.5%)×5=599.625
电缆主材	m	691.47	(0.85+5.99625)×101=691.47
电缆终端头制作安装	个	10	2×5=10

(3)控制设备及低压电器工程量计算

1)控制设备、插座箱及低压电器安装,均按设计图示数量以"台"计算。

2)控制开关、自动空气断路器、低压熔断器、限位开关、分流器、电铃、电笛、仪表、电器安装,均按设计图示数量以"个"计算。

3)盘管风机三速开关、请勿打扰灯、钥匙取电器安装,按设计图示数量以"个"计算。

4)控制器、接触器、磁力启动器、Ｙ-△启动器、电磁铁(电磁制动器)、快速自动开关、油浸频敏变阻器、屏边安装,按设计图示数量以"台"计算。

5)按钮安装,区别按钮种类、安装形式,按设计图示数量以"个"计算。

6)水位电气信号装置安装,区别不同形式按设计图示数量以"套"计算。

7)安全变压器安装,区别安全变压器容量,按设计图示数量以"台"计算。

8)端子箱安装,区别安装条件(户内、户外),按设计图示数量以"台"计算。

9)风扇安装,区别风扇种类,分别按设计图示数量以"台""套"计算。

10)照明开关安装,区别开关安装形式、种类、极数以及单控与双控,按设计图示数量以"个"计算。

11)声控(红外线感应)延时开关、柜门触动开关、密闭开关安装,按设计图示数量以"个"计算。

12）插座安装,区别插座安装形式、种类、电源数、额定电流,按设计图示数量以"个"计算。

13）门铃安装,区别门铃安装形式,按设计图示数量以"个"计算。

14）红外线浴霸安装,不分光源数,按设计图示数量以"套"计算。

15）风扇调速开关安装,按设计图示数量以"个"计算。

16）床头柜多线插座连插头、床头柜集控板安装,区别集控板规格（位）,按设计图示数量以"套"计算。

17）多联组合开关插座、多线插头连座安装,区别安装形式,按设计图示数量以"套"计算。

18）有载自动调压器、自动干手装置安装,按设计图示数量以"台"计算。

19）穿通板制作、安装,区别穿通板种类,按设计图示数量以"块"计算。

20）接线端子安装,区别接线端子连接形式、截面,按设计图示数量以"个"计算。

21）端子板外部接线,按设备盘、箱、柜、台的外部接线图以"个"计算。

22）网门、保护网制作安装,按网门或保护网设计图示的框外围尺寸以"m^3"计算。

23）配电板安装,按配电板图示外形尺寸以"块"计算。

24）流水开关接线、电磁开关接线、自动冲洗感应器接线、风机盘管接线、风扇接线,按设计图示数量分别以"个""台"计算。

25）盘、箱、柜的外部进出线预留长度按表 4.23 的规定计算。

表 4.23　盘、箱、柜的外部进出线预留长度　　　　　　　　　m/根

序号	项　　　　目	预留长度	说　　明
1	各种箱、柜、盘、板、盒	高+宽	盘面尺寸
2	单独安装的铁壳开关、自动开关、刀开关、启动器、箱式电阻器、变阻器	0.5	从安装对象中心算起
3	继电器、控制开关、信号灯、按钮、熔断器等小电器	0.3	从安装对象中心算起
4	分支接头	0.2	分支线预留

26）基础槽钢和角钢制作安装工程量。

高压开关柜、低压开关柜（屏）和控制屏、继电信号屏等,以及落地式动力、照明配电箱安装,均需设置在基础槽钢或角钢上。工程量计算区分基础槽钢和角钢,分别以"10m"为计量单位计算工程量。配电柜（箱）设计长度如图 4.36 所示,按下式计算：

图 4.36　配电柜（箱）平面

$$L = 2\left(\sum A + B\right)$$

式中：L——基础槽钢或角钢设计长度（m）；

$\sum A$——单列柜（屏）总长度（m）；

B——柜（屏）深（或厚）度（m）。

例 4.8　设有高压开关柜 GFC-10A 计 20 台,预留 5 台,安装在同一型钢基础上,柜宽 800mm,深 1250mm,求基础型钢长度。

解　$L = [2 \times (25 \times 0.8 + 1.25)] \text{m} = 42.5 \text{m}$

（4）配管、配线工程量计算

配管、配线工程量的计算应弄清每层之间的供电关系,注意引上管和引下管。防止漏算

干线支线线路。计算可"先管后线",可按照回路编号依次进行,也可按管径大小排列顺序计算。管内穿线根数在配管计算时,用符号表示,以利于简化和校核。

1）配管工程量计算

① 一般规定

各种配管应区别不同敷设方式、敷设位置、管材材质、规格,按设计图示尺寸以"m"计算。不扣除管路中间的接线箱(盒)、灯头盒、开关(插座)盒所占长度。

各种配管工程均不包括管本身的材料价值,应按施工图设计用量乘以定额规定消耗系数和工程所在地材料预算价格另行计算。

② 计算方法

配管计算的方法可采用顺序计算方法、分片划块计算方法、分层计算方法。顺序计算方法为从起点到终点,从配电箱起按各个回路进行计算,即从配电箱(盘、板)→用电设备＋规定预留长度。分片划块计算方法为计算工程量时,按建筑平面形状特点及系统图的组成特点分片划块分别计算,然后分类汇总。分层计算方法为在一个分项工程中,如遇多层或高层建筑时,可采用由底层至顶层分层计算的方法进行计算。

$$配管长度＝配管水平方向长度＋配管垂直方向长度$$

a. 水平方向敷设的线管工程量计算

水平方向敷设的线管以平面图的线管走向和敷设部位为依据,并借用建筑物平面图所标墙、柱轴线尺寸和实际到达尺寸进行线管长度的计算,如图4.37所示。

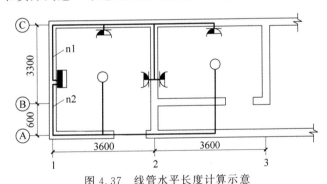

图 4.37　线管水平长度计算示意

n1 回路：BV-3×4SC15-WC；n2 回路：BV-3×4SC15-WC

当线管沿墙暗敷时(WC),按相关墙轴线尺寸计算该配管长度。如 n1 回路,沿⑧~ⓒ、①~③等轴线长度计算工程量,其工程量为

$\{(3.3＋0.6)÷2[⑧~ⓒ$ 轴间配管长度$]＋3.6[①~②$ 轴间配管长度$]＋$
$3.6÷2[②~③$ 轴间配管长度$]＋(3.3＋0.6)÷2[$引向插座配管长度$]\}$m＝9.3m

n2 回路配管的水平长度为

$[(3.3＋0.6)÷2＋3.6＋(3.3＋0.6)÷2＋3.6÷2＋(0.6＋3.3÷2)]$m＝11.55m

b. 垂直方向敷设的线管(沿墙、柱引上或引下)工程量计算

垂直方向敷设的管(沿墙、柱引上或引下)无论明装还是暗装,其工程量计算与楼层高度及箱、柜、盘、开关等设备的安装高度有关,如图4.38所示。一般来说,拉线开关距顶棚200~300mm,开关插座距地面为1300mm,配电箱底部距地面为1500mm。在此应注意从设计图纸或安装规范中查找有关数据。

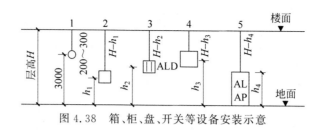

图 4.38　箱、柜、盘、开关等设备安装示意

由图 4.38 可知,拉线开关 1 配管长度为 $200\sim300\text{mm}$,开关 2 配管长度为 $(H-h_1)$,插座 3 的配管长度为 $(H-h_2)$,配电箱 4 的配管长度为 $(H-h_3)$,配电柜 5 的配管长度为 $(H-h_4)$。

c. 当线路埋地敷设时(FC)配管工程量

水平方向的配管长度按墙、柱轴线尺寸及设备定位尺寸进行计算;穿出地面向设备或向墙上电气设备配管时,按配管埋设的深度和引向墙、柱的高度进行计算。

若电源架空引入,穿管进入配电箱(AP),再进入设备,又连开关箱(AK),再连照明箱(AL),如图 4.39 所示,水平方向配管长度为 $L_1+L_2+L_3+L_4$,均算至各中心处。如图 4.40所示,垂直方向配管长度为 (h_1+h)[电源引下线管长度]$+(h+$设备基础高$+150\sim200\text{mm})$[引向设备线管长度]$+(h+h_2)$[引向刀开关线管长度]$+(h+h_3)$[引向配电箱线管长度]。

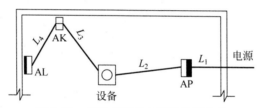

图 4.39　埋地水平方向配管长度示意

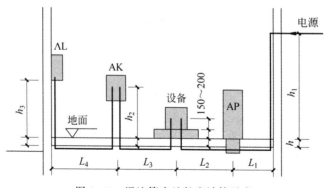

图 4.40　埋地管出地长度计算示意

③ 计算配管工程时的注意事项

a. 配管工程均未包括接线箱、盒及支架的制作、安装,发生时可按"铁钩件制作安装"定额相关子目。

b. 钢管、防爆钢管敷设中接地跨接按焊接盒采用专用接地卡子综合考虑。

c. 钢索配管项目中未包括钢索架设及拉紧装置制作盒安装,接线盒安装,发生时其工程量另行计算。

2）配管接线箱、盒安装工程量计算

接线箱集中各种导线接头的箱子，将接头集中在接线箱内便于管理、维护。接线盒集中安置各种导线接头的盒子，体积比接线箱小。

① 接线箱安装工程量

区别安装形式（明装、暗装）以及接线箱半周长，接线箱安装按设计图示数量以"个"计算。

② 接线盒安装工程量

区别安装形式（明装、暗装、钢索上）以及接线盒类型，接线盒安装按设计图示数量以"个"计算。

③ 计算工程量时注意事项

a. 接线盒一般发生在管线分支处或管线转弯处，如图4.41所示。

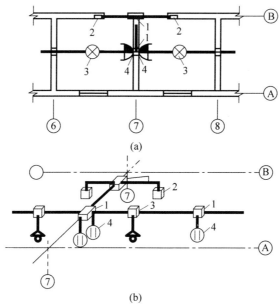

图4.41 接线盒位置示意

(a) 平面位置；(b) 透视

1—接线盒；2—开关盒；3—灯头盒；4—插座盒

b. 线管敷设长度超过下列情况之一时，中间应加接线盒。

管子长度每超过30m无弯时；

管子长度每超过20m中间有一个弯时；

管子长度每超过15m中间有两个弯时；

管子长度每超过8m有三个弯时。

c. 两个接线盒对于暗配管其直角弯不得超过三个，明配管不得超过四个。

3）管内穿线工程量计算

① 一般规定

管内穿线，应区别导线截面，按设计图示尺寸单线长度以"m"计算。

管内穿引线，应区别引线材质，按设计图示尺寸另加2.5%的附加长度（包括转弯、上下波动、管口预留所占长度)以"m"计算。

照明和动力线路的分支接头线的长度已综合考虑在定额中,不得另行计算。

② 管内穿线长度计算方法

管内穿线长度=(配管长度+导线预留长度)×同截面导线根数

③ 计算事项

a. 灯具、明暗开关、插座、按钮等的预留线,已分别综合在相应定额内,不另行计算。

b. 进入开关箱、柜、板的预留线,按表4.24规定的长度,分别计入相应的工程量。

表 4.24 配线进入开关箱、柜、板的预留长度(每一根线)

序号	项 目	预留长度/m	说 明
1	各种开关箱、柜、板	高+宽	盘面尺寸
2	单独安装(无箱、盘)的铁壳开关、闸刀开关、启动器、母线槽进出线盒	0.3	从安装对象中心算起
3	由地面管子出口引至动力接线箱	1.0	从管口算起
4	由电源与管内导线连接(管内穿线与硬、软母线接头)	1.5	从管口算起
5	出户线	1.5	从管口算起

4)线槽安装

应区别不同材质、规格,按设计图示尺寸以"m"计算。不扣除线槽中间的接线箱(盒)、灯头盒、开关(插座)盒所占长度。

5)桥架安装

按设计图示尺寸以"m"计算。

6)线槽配线

区别导线截面,按设计图示尺寸单线长度以"m"计算。

7)塑料护套线明敷

区别导线截面、导线芯数(二芯、三芯)、敷设位置(木结构、砖混凝土结构),按设计图示尺寸以"m"计算。

8)街码配线

区别导线截面,按设计图示尺寸单线长度以"m"计算。

9)盘柜配线

区别不同规格,按设计图示尺寸以"m"计算。

10)钢索架设

区别圆钢、钢索直径($\phi 6$、$\phi 9$),按设计图示墙(柱)内缘距离尺寸以"m"计算,不扣除拉紧装置所占长度。

11)钢索拉紧装置制作安装

区别花篮螺栓直径,按设计图示数量以"套"计算。

例 4.9 已知某车间动力配电平面如图4.42所示,其中①动力配电箱落地式安装,配电箱基础高出地面0.1m;②钢管埋入地坪下,埋深为0.3m;③控制盘明装,底边距地1.2m;④引至设备的钢管管口距地面0.5m。试求①此配管工程的配管工程量;②计算此工程中 $6mm^2$ 穿线工程量为多少。其中动力配电箱和控制盘的(宽+高)分别为1.5m,设备处的导线预留为1.0m。

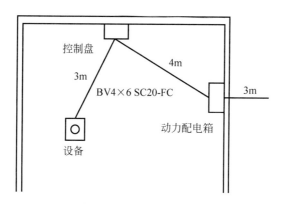

图 4.42　车间动力配电平面

解　计算工程量

（1）配管工程量（SC20）

1）SC20 的水平管长度为

$$(3+4)\text{m}=7\text{m}$$

2）SC20 的垂直管长度为

$$\{(0.1+0.3)[\text{出配电箱}]+(1.2+0.3)\times 2[\text{进出控制箱}]+$$
$$(0.5+0.3)[\text{到设备}]\}\text{m}=4.2\text{m}$$

3）SC20 钢管工程量为

$$(7+4.2)\text{m}=11.2\text{m}$$

（2）管内穿线工程量（BV6）

（配管的长度+预留长度）×导线的根数=$[(11.2+2\times 1.5+1)\times 4]\text{m}=60.8\text{m}$

（5）照明器具工程量计算

1）照明工程量计算要点

照明工程量根据该项工程电气设计施工图的照明平面图、照明系统图以及设备材料表等进行计算。

照明线路的工程量按施工图上标明的敷设方式和导线的型号、规格及比例尺寸量出其长度进行计算。照明设备、用电设备的安装工程量是根据施工图上标明的图例、文字符号分别统计出来的。

为了准确计算照明线路工程量，不仅要熟悉照明的施工图，还应熟悉或查阅建筑施工图上的有关主要尺寸。因为一般电气施工图只有平面图，没有立面图，故需要根据建筑施工图的立面图和电气照明施工图的平面图配合计算。

照明线路的工程量计算一般先计算干线，后算支线，按不同的敷设方式、不同型号和规格的导线分别进行计算。

2）照明灯具工程量计算程序

根据照明平面图和系统图，按进户线、总配电箱向各照明分配电箱配线，经各照明配电箱配向灯具、用电器具逐项进行计算，这样既可以加快看图时间，提高计算速度，又可以避免漏算和重复计算。

3) 照明灯具工程量计算方法

工程量采用列表方式进行计算。照明工程量一般宜按一定顺序自电源侧逐一向用电侧进行计算,要求列出简单明了的计算式,可以防止漏项、重复,以便于复核。

4) 各种灯具安装的工程量计算规则

① 普通灯具安装,区别灯具的种类、型号、规格,按设计图示数量以"套"计算。普通灯具安装定额适用范围见表 4.25。

表 4.25　普通灯具安装定额适用范围

定 额 名 称	灯 具 种 类
圆球吸顶灯	材质为玻璃的螺口、卡口圆球独立吸顶灯
半圆球吸顶灯	材质为玻璃的独立的半圆球吸顶灯、扁圆罩吸顶灯、平圆吸顶灯
方形吸顶灯	材质为玻璃的独立的矩形罩吸顶灯、方形罩吸顶灯、大口方罩顶灯
软线吊灯	利用软线为垂吊材料、独立的,材质为玻璃、塑料罩等的各式软线吊灯
吊链灯	利用吊链作辅助悬吊材料、独立的,材质为玻璃、塑料罩的各式吊链灯
防水吊灯	一般防水吊灯
一般弯脖灯	圆球弯脖灯、风雨壁灯
一般墙壁灯	各种材质的一般壁灯、镜前灯
软线吊头灯	一般吊灯头
声光控座灯头	一般声控、光控座灯头
座灯头	一般塑胶、瓷质座灯头

② 工厂罩灯、防水防尘灯及混光灯安装,区别不同安装形式,按设计图示数量以"套"计算。工厂灯及防水防尘灯安装定额适用范围见表 4.26。

③ 密闭灯具安装,区别灯具种类、灯杆形式,按设计图示数量以"套"计算。

表 4.26　工厂灯及防水防尘灯安装定额适用范围

定 额 名 称	灯 具 种 类
直杆工厂吊灯	配照(GC_1-A)、广照(GC_3-A)、深照(GC_5-A)、斜照(GC_7-A)、圆球(GC_{17}-A)、双罩(GC_{19}-A)
吊链式工厂灯	配照(GC_1-B)、深照(GC_3-B)、斜照(GC_5-C)、圆球(GC_7-B)、双罩(GC_{19}-A)、广照(GC_{19}-A)
吸顶式工厂灯	配照(GC_1-C)、广照(GC_3-C)、深照(GC_5-C)、斜照(GC_7-C)、圆球双罩(GC_{19}-C)
弯杆式工厂灯	配照(GC_1-D/E)、广照(GC_3-D/E)、深照(GC_5-D/E)、斜照(GC_7-D/E)、双罩(GC_{19}-C)、局部深罩(GC_{26}-F/H)
悬挂式工厂灯	配照(GC_{21}-2)、深照(GC_{26}-2)
防水防尘灯	广照(GC_9-A、B、C)、广照保护网(GC_{11}-A、B、C)、散照(GC_{15}-A、B、C、D、E、F、G)

④ 工厂其他灯具安装,区别不同灯具类型,按设计图示数量以"套""个"计算。工厂其他灯具安装定额适用范围见表 4.27。

表 4.27 工厂其他灯具安装定额适用范围

定 额 名 称	灯 具 种 类
防潮灯	扁形防潮灯(GC-31)、防潮灯(GC-33)
腰形舱顶灯	腰形舱顶灯 CCD-1
碘钨灯	DW 型、220V、300～1000W
管形氙气灯	自然冷却式 220V/380V 20kW 内
投光灯	TG 型室外投光灯
高压水银灯镇流器	外附式镇流器具 125～450W
安全灯	(AOB-1、2、3)、(AOC-1、2)型安全灯
防爆灯	CBC-200 型防爆灯
高压水银防爆灯	CBC-125/250 型高压水银防爆灯
防爆荧光灯	CBC-1/2 单、双管防爆型荧光灯

⑤ 高度标志(障碍)灯安装,区别不同灯具类型、安装高度,按设计图示数量以"套""个"计算。

⑥ 吊式艺术装饰灯具安装,根据装饰灯具示意图集所示,区别不同装饰物以及灯体直径和灯体垂吊长度,按设计图示数量以"套"计算。灯体直径为装饰的最大外缘直径,灯体垂吊长度为灯座底部到灯梢之间的总长度。

⑦ 吸顶式艺术装饰灯具安装,根据装饰灯具示意图集所示,区别不同装饰物、吸盘的几何形状、灯体直径、灯体周长和灯体垂吊长度,按设计图示数量以"套"计算。灯体直径为吸盘最大外缘直径;灯体半周长为矩形吸盘的半周长;吸顶式艺术装饰灯具的灯体垂吊长度为吸盘到灯梢之间的总长度。

⑧ 荧光艺术装饰灯具安装,根据装饰灯具示意图集所示,区别不同安装形式和计量单位计算。

a. 组合荧光灯光带安装,根据装饰灯具示意图集所示,区别安装形式、灯管数量,按设计图示尺寸以"m"计算。

b. 内藏组合式灯安装,根据装饰灯具示意图集所示,区别灯具组合形式,按设计图示尺寸以"m"计算。

c. 发光棚安装,根据装饰灯具示意图集所示,按设计图示尺寸以"m²"计算。

d. 立体广告灯箱、荧光灯光沿安装,根据装饰灯具示意图集所示,按设计图示尺寸以"m"计算。

⑨ 几何形状组合艺术灯具安装,根据装饰灯具示意图集所示,区别不同安装形式及灯具的不同形式,按设计图示数量以"套"计算。

⑩ 标志、诱导装饰灯具安装,根据装饰灯具示意图集所示,区别不同安装形式,按设计图示数量以"套"计算。

⑪ 水下艺术装饰灯具安装,根据装饰灯具示意图集所示,区别不同安装形式,按设计图示数量以"套"计算。

⑫ 点光源艺术装饰灯具安装,根据装饰灯具示意图集所示,区别不同安装形式、不同灯具直径,按设计图示数量以"套"计算。

⑬ 草坪灯具安装,根据装饰灯具示意图所示,区别不同安装形式,按设计图示数量以"套"计算。

⑭ 歌舞厅灯具安装,根据装饰灯具示意图所示,区别不同灯具形式,分别按设计图示数

量以"套""台"计算；歌舞厅灯具安装，根据装饰灯具示意图所示，区别不同灯具形式，按设计图示尺寸以"m"计算。

装饰灯具安装定额适用范围见表 4.28。

表 4.28　装饰灯具安装定额适用范围

定 额 名 称	灯具种类(形式)
吊式艺术装饰灯具	不同材质、不同灯体垂吊长度、不同灯体直径的蜡烛灯、挂片灯、串珠(穗)、串棒灯、吊杆式组合灯、玻璃罩(带装饰)灯
吸顶式艺术装饰灯具	不同材质、不同灯体垂吊长度、不同灯体几何形状的串珠(穗)、串棒灯、挂片、挂碗、挂吊蝶灯、玻璃(带装饰)灯
荧光艺术装饰灯具	不同安装形式、不同灯管数量的组合荧光灯光带，不同几何组合形式的内藏组合式灯，不同几何尺寸、不同灯具形式的发光棚，不同形式的立体广告灯箱、荧光灯光沿
几何形状组合艺术灯具	不同固定形式、不同灯具形式的繁星灯、钻石星灯、礼花灯、玻璃罩钢架组合灯、凸片灯、反射挂灯、筒形钢架灯、U 形组合灯、弧形管组合灯
标志、诱导装饰灯具	不同安装形式的标志灯、诱导灯
水下艺术装饰灯具	简易型彩灯、密封型彩灯、喷水池灯、幻光型灯
点光源艺术装饰灯具	不同安装形式、不同灯体直径的筒灯、牛眼灯、射灯、轨道射灯
草坪灯具	各种立柱式、墙壁式草坪灯
歌舞厅灯具	各种安装形式的变色转盘灯、雷达射灯、幻影转彩灯、维纳斯旋转灯、卫星旋转效果灯、飞碟旋转效果灯、多头转灯、滚筒灯、频闪灯、太阳灯、雨灯、歌星灯、边界灯、射灯、泡泡发生器、迷你满天星彩灯、迷你单立(盘彩灯)、多头宇宙灯、镜面球灯、蛇光管

⑮ 嵌入式地灯安装，区别灯具的安装形式，按设计图示数量以"套"计算。

⑯ LED 装饰灯安装，区别灯具种类，按设计图示数量以"套"；LED 装饰灯安装，区别灯具种类，按设计图示尺寸以"m"计算。

⑰ LED 方形扣板式天花灯安装，区分灯具半周长，按设计图示数量以"套"计算。

⑱ 普通成套型荧光灯具安装，区别灯具的安装形式、灯具种类、灯管数量，按设计图示数量以"套"计算。荧光灯具安装定额适用范围见表 4.29。

表 4.29　荧光灯具安装定额适用范围

定 额 名 称	灯 具 种 类
成套型荧光灯	单管、双管、三管、四管、吊链式、吊管式、吸顶式、嵌入式、成套独立荧光灯

⑲ 医院灯具安装，区别不同灯具类型，按设计图示数量以"套"计算。医院灯具安装定额适用范围见表 4.30。

表 4.30　医院灯具安装定额适用范围

定 额 名 称	灯 具 种 类
病房指示灯	病房指示灯
病房暗脚灯	病房暗脚灯
无影灯	3～12 孔管式无影灯

⑳ 路灯安装,区别不同臂长,不同灯数,按设计图示数量以"套"计算。

㉑ 桥栏灯安装,区别灯具种类、安装形式,按设计图示数量以"套"计算。

㉒ 路灯照明配件安装,区别配件种类,按设计图示数量以"套"计算。

㉓ 杆座安装,区别杆座形式、材质,按设计图示数量以"个"计算。

㉔ 路灯金属杆安装,区别杆长,按设计图示数量以"根"计算。

㉕ 艺术喷泉电气设备安装,均按设计图示数量以"台"计算。

㉖ 玻璃钢电缆槽安装,按设计图示尺寸以"m"计算。

㉗ 喷泉水上辅助照明安装,按设计图示数量以"套"计算。

路灯安装定额适用范围见表4.31。

表 4.31 路灯安装定额适用范围

定 额 名 称		灯 具 种 类
单臂挑灯		单抱箍臂长 1200mm 以下、臂长 3000mm 以下; 双抱箍臂长 3000mm 以下、臂长 5000mm 以下、臂长 5000mm 以上; 双拉梗臂长 3000mm 以下、臂长 5000mm 以下、臂长 5000mm 以上; 双臂架臂长 3000mm 以下、臂长 5000mm 以下; 成套型臂长 3000mm 以下、臂长 5000mm 以下、臂长 5000mm 以上; 组装型臂长 3000mm 以下、臂长 5000mm 以下、臂长 5000mm 以上
双臂挑灯	成套型	双称式臂长 2500mm 以下、臂长 5000mm 以下、臂长 5000mm 以上; 非对称式臂长 2500mm 以下、臂长 5000mm 以下、臂长 5000mm 以上
	组装型	对称式臂长 2500mm 以下、臂长 5000mm 以下、臂长 5000mm 以上; 非对称式臂长 2500mm 以下、臂长 5000mm 以下、臂长 5000mm 以上
高杆灯架	成套型	灯高 11m 以下、灯高 20m 以下、灯高 20m 以上
	组装型	灯高 11m 以下、灯高 20m 以下、灯高 20m 以上
大马路弯灯		臂长 1200mm 以下、臂长 1200mm 以上
庭院路灯		三火以下、七火以下
桥栏杆灯		嵌入式、明装式

4.1.3.3 电气照明工程分部分项工程量清单编制应用

1. 电气照明工程分部分项工程量清单列项

根据《通用安装工程工程量计算规范》(GB 50856—2013)附录D电气设备安装工程,结合某综合楼电气照明工程施工图,对该专业分部分项工程进行清单列项,见表4.32。

表 4.32 某综合楼电气照明工程分部分项工程量清单列项

序号	项目编码	项目名称	项目特征描述	计量单位
1	030404017001	配电箱	1. 名称:成套照明配电箱 1ZZM 2. 规格:600mm×400mm 3. 端子板外部接线材质、规格: ZR-VV-3×120+2×70 4. 安装方式:暗装,底边距地 1.82m	台

序号	项目编码	项目名称	项目特征描述	计量单位
2	030404017002	配电箱	1. 名称：成套照明配电箱 2ZZM、4ZZM 2. 规格：600mm×400mm 3. 端子板外部接线材质、规格：ZR-VV-3×185+2×95 4. 安装方式：暗装，底边距地 1.82m	台
3	030404017003	配电箱	1. 名称：成套照明配电箱 3ZZM、5ZZM 2. 规格：600mm×400mm 3. 端子板外部接线材质、规格：ZR-VV-3×70+2×35 4. 安装方式：暗装，底边距地 1.82m	台
4	030404017004	配电箱	1. 名称：成套照明配电箱 0ZM 2. 规格：600mm×400mm 3. 端子板外部接线材质、规格：6 个 ZR-BVV3×2.5 4. 安装方式：暗装，底边距地 1.82m	台
5	030404017005	配电箱	1. 名称：成套照明配电箱 1ZM 2. 规格：600mm×400mm 3. 端子板外部接线材质、规格：15 个 ZR-BVV3×2.5，1 个 ZR-BVV5×16 4. 安装方式：暗装，底边距地 1.82m	台
6	030404017006	配电箱	1. 名称：成套照明配电箱 2ZM～5ZM 2. 规格：600mm×400mm 3. 端子板外部接线材质、规格：18 个 ZR-BVV3×2.5，1 个 ZR-BVV5×10 4. 安装方式：暗装，底边距地 1.82m	台
7	030404017007	配电箱	1. 名称：成套照明配电箱 G1 2. 规格：600mm×400mm 3. 端子板外部接线材质、规格：11 个 ZR-BVV3×2.5，1 个 ZR-BVV3×6 4. 安装方式：暗装，底边距地 1.82m	台
8	030404017008	配电箱	1. 名称：成套照明配电箱 2G～5G 2. 规格：600mm×400mm 3. 端子板外部接线材质、规格：10 个 ZR-BVV3×2.5，1 个 ZR-BVV3×4 4. 安装方式：暗装，底边距地 1.82m	台
9	030404017009	配电箱	1. 名称：成套照明配电箱 K1 2. 规格：600mm×400mm 3. 端子板外部接线材质、规格：4 个 ZR-BVV3×2.5 4. 安装方式：暗装，底边距地 1.82m	台

续表

序号	项目编码	项目名称	项目特征描述	计量单位
10	030404034001	照明开关	1. 名称：声控开关 2. 材质：塑料 3. 规格：100W 4. 安装方式：暗装,装高 1.4m	个
11	030404034002	照明开关	1. 名称：单联单控开关 2. 材质：塑料 3. 规格：250V、10A 4. 安装方式：暗装,装高 1.4m	个
12	030404034003	照明开关	1. 名称：双联单控开关 2. 材质：塑料 3. 规格：250V、10A 4. 安装方式：暗装,装高 1.4m	个
13	030404034004	照明开关	1. 名称：三联单控开关 2. 材质：塑料 3. 规格：250V、10A 4. 安装方式：暗装,装高 1.4m	个
14	030404034005	照明开关	1. 名称：四联单控开关 2. 材质：塑料 3. 规格：250V、10A 4. 安装方式：暗装,装高 1.4m	个
15	030404034006	照明开关	1. 名称：五联单控开关 2. 材质：塑料 3. 规格：250V、10A 4. 安装方式：暗装,装高 1.4m	个
16	030404035001	插座	1. 名称：二极及三极插座 2. 材质：塑料 3. 规格：250V、10A 4. 安装方式：暗装,装高 0.3m	个
17	030408001001	电力电缆	1. 名称：电力电缆 2. 型号：ZR-VV 3. 规格：3×6+2×4 4. 材质：铜芯电缆 5. 敷设方式、部位：桥架敷设 6. 电压等级(kV)：1kV 以下	m
18	030408001002	电力电缆	1. 名称：电力电缆 2. 型号：ZR-VV 3. 规格：3×70+2×35 4. 材质：铜芯电缆 5. 敷设方式、部位：桥架敷设 6. 电压等级(kV)：1kV 以下	m

续表

序号	项目编码	项目名称	项目特征描述	计量单位
19	030408001003	电力电缆	1. 名称：电力电缆 2. 型号：ZR-VV 3. 规格：$3×120+2×70$ 4. 材质：铜芯电缆 5. 敷设方式、部位：桥架敷设 6. 电压等级(kV)：1kV 以下	m
20	030408001004	电力电缆	1. 名称：电力电缆 2. 型号：ZR-VV 3. 规格：$3×185+2×95$ 4. 材质：铜芯电缆 5. 敷设方式、部位：桥架敷设 6. 电压等级(kV)：1kV 以下	m
21	030408006001	电力电缆头	1. 名称：电力电缆 2. 型号：ZR-VV 3. 规格：$3×6+2×4$ 4. 材质、类型：铜芯电缆、干包式 5. 安装部位：配电箱 6. 电压等级(kV)：1kV 以下	个
22	030408006002	电力电缆头	1. 名称：电力电缆 2. 型号：ZR-VV 3. 规格：$3×70+2×35$ 4. 材质、类型：铜芯电缆、干包式 5. 安装部位：配电箱 6. 电压等级(kV)：1kV 以下	个
23	030408006003	电力电缆头	1. 名称：电力电缆 2. 型号：ZR-VV 3. 规格：$3×120+2×70$ 4. 材质、类型：铜芯电缆、干包式 5. 安装部位：配电箱 6. 电压等级(kV)：1kV 以下	个
24	030408006004	电力电缆头	1. 名称：电力电缆 2. 型号：ZR-VV 3. 规格：$3×185+2×95$ 4. 材质、类型：铜芯电缆、干包式 5. 安装部位：配电箱 6. 电压等级(kV)：1kV 以下	个
25	030411001001	配管	1. 名称：刚性阻燃管 2. 材质：PVC 3. 规格：PC15 4. 配置形式：暗配	m

续表

序号	项目编码	项目名称	项目特征描述	计量单位
26	030411001002	配管	1. 名称：刚性阻燃管 2. 材质：PVC 3. 规格：PC25 4. 配置形式：暗配	m
27	030411001003	配管	1. 名称：刚性阻燃管 2. 材质：PVC 3. 规格：PC32 4. 配置形式：暗配	m
28	030411001004	配管	1. 名称：刚性阻燃管 2. 材质：PVC 3. 规格：PC40 4. 配置形式：暗配	m
29	030411003001	桥架	1. 名称：电缆桥架 2. 规格：$150\text{mm} \times 100\text{mm}, \delta = 2\text{mm}$ 3. 材质：钢制镀锌槽式桥架 4. 类型：槽式	m
30	030411003002	桥架	1. 名称：电缆桥架 2. 规格：$500\text{mm} \times 100\text{mm}, \delta = 2\text{mm}$ 3. 材质：钢制镀锌槽式桥架 4. 类型：槽式	m
31	030411004001	配线	1. 名称：管内穿线 2. 配线形式：照明线路 3. 型号：ZR-BVV 4. 规格：3×2.5 5. 材质：铜芯线 6. 配线部位：FC/WC/CC	m
32	030411004002	配线	1. 名称：管内穿线 2. 配线形式：照明线路 3. 型号：ZR-BVV 4. 规格：3×6 5. 材质：铜芯线 6. 配线部位：FC/WC/CC	m
33	030411004003	配线	1. 名称：管内穿线 2. 配线形式：照明线路 3. 型号：ZR-BVV 4. 规格：5×10 5. 材质：铜芯线 6. 配线部位：FC/WC/CC	m

序号	项目编码	项目名称	项目特征描述	计量单位
34	030411004004	配线	1. 名称：管内穿线 2. 配线形式：照明线路 3. 型号：ZR-BVV 4. 规格：5×16 5. 材质：铜芯线 6. 配线部位：FC/WC/CC	m
35	030412001001	普通灯具	1. 名称：吸顶灯 2. 规格：1×32W 3. 类型：吸顶安装	套
36	030412001002	普通灯具	1. 名称：吸顶灯 2. 规格：1×60W 3. 类型：吸顶安装	套
37	030412001003	普通灯具	1. 名称：镜前灯 2. 规格：1×32W 3. 类型：壁上安装，装高2.5m	套
38	030412001004	普通灯具	1. 名称：壁装双头应急灯 2. 规格：2×3W 3. 类型：壁上安装，装高2.2m	套
39	030412004001	装饰灯	1. 名称：筒灯 2. 规格：2×18W 3. 安装形式：吸顶安装	套
40	030412004002	装饰灯	1. 名称：出口指示灯 2. 规格：2×8W 3. 安装形式：壁上安装，装高2.5m	套
41	030412004003	装饰灯	1. 名称：诱导灯 2. 规格：2×8W 3. 安装形式：壁上安装，装高2.5m	套
42	030412004004	装饰灯	1. 名称：嵌入式格栅吸顶灯 2. 规格：3×40W 3. 安装形式：吸顶安装	套
43	030412005001	荧光灯	1. 名称：单管日光灯 2. 规格：1×40W 3. 安装形式：吸顶安装	套
44	030412005002	荧光灯	1. 名称：嵌入式格栅吸顶灯 2. 规格：2×40W 3. 安装形式：吸顶安装	套
45	030414002001	送配电装置系统	1. 名称：低压系统调试 2. 电压等级(kV)：1kV以下 3. 类型：综合	系统

2. 某综合楼电气照明工程分部分项工程量计算

根据上述工程量计算规则,现将某综合楼电气照明工程分部分项工程量计算结果汇总如下,见表 4.33。

表 4.33 某综合楼电气照明工程分部分项工程量计算

序号	项 目 名 称	单位	数量	计 算 式	备注
1	配电箱 1ZZM	台	1		
2	配电箱 2ZZM、4ZZM	台	2		
3	配电箱 3ZZM、5ZZM	台	2		
4	配电箱 0ZM	台	1		
5	配电箱 1ZM	台	1		
6	配电箱 2ZM～5ZM	台	4		
7	配电箱 G1	台	1		
8	配电箱 2G～5G	台	4		
9	配电箱 K1	台	1		
10	照明开关(声控)	个	10	2×5	
11	照明开关(单联单控)	个	12		
12	照明开关(二联单控)	个	4		地下室
13	照明开关(三联单控)	个	62		
14	照明开关(四联单控)	个	35		
15	照明开关(五联单控)	个	14		
16	插座(二极及三极)	个	260		
17	电力电缆 ZR-VV3×6+2×4	m	37.82	$(7.2+3.9+8.4+3.9+3.5+2 \times 1.5+2 \times 1.5+2 \times 2) \times (1+2.5\%)$	
18	电力电缆 ZR-VV3×70+2×35	m	28.70	$(4+2 \times 1.5+2 \times 1.5+2 \times 2) \times (1+2.5\%) \times 2$	
19	电力电缆 ZR-VV3×120+2×70	m	86.38	$(65.25+7.2+1.82+2 \times 1.5+2 \times 1.5+2 \times 2) \times (1+2.5\%)$	
20	电力电缆 ZR-VV3×185+2×95	m	190.18	$[(65.25+7.2+4.5+1.82+2 \times 1.5+2 \times 1.5+2 \times 2) \times 2+8] \times (1+2.5\%)$	
21	电力电缆头 ZR-VV3×6+2×4	个	2		
22	电力电缆头 ZR-VV3×70+2×35	个	4	2×2	
23	电力电缆头 ZR-VV3×120+2×70	个	2		
24	电力电缆头 ZR-VV3×185+2×95	个	4	2×2	
25	配管 PC15	m	9140.10	$636.5+8503.6$	
26	配管 PC25	m	34.71	$8.4+2.1+8.4 \times 2+2.85+(4.5-1.82-0.4) \times 2$	

序号	项 目 名 称	单位	数量	计 算 式	备注
27	配管 PC32	m	2.40	0.6×4	二至五层
28	配管 PC40	m	0.60		
29	桥架 150×100	m	45.82	(8.4−1.2)×5+8+1.82	
30	桥架 500×100	m	73.75	2.1+2.85+2.1+3.9+8.4× 6+3.9+16.5=65.25+8.5	
31	配线 ZR-BVV3×2.5	m	28740.20	1895.1+26845.1	
32	配线 ZR-BVV3×6	m	110.13	[34.71+2×(0.6+0.4)]×3	
33	配线 ZR-BVV5×10	m	22.00	[2.4+2×(0.6+0.4)]×5	
34	配线 ZR-BVV5×16	m	13.00	[0.6+2×(0.6+0.4)]×5	
35	普通灯具(吸顶灯 1×32W)	套	35	7×5	
36	普通灯具(吸顶灯 1×60W)	套	5	1×5	
37	普通灯具(镜前灯)	套	10	2×5	
38	普通灯具(壁装双头应急灯)	套	68		
39	装饰灯(筒灯)	套	484		
40	装饰灯(出口指示灯)	套	8		
41	装饰灯(诱导灯)	套	20		
42	装饰灯(嵌入式格栅吸顶灯)	套	4		
43	荧光灯(单管日光灯)	套	136		
44	荧光灯(嵌入式格栅吸顶灯)	套	321		
45	送配电装置系统	系统	1		

3. 电气照明工程分部分项工程量清单的编制

将某综合楼工程量计算结果汇总到电气照明专业工程量清单,见表4.34。

表4.34 某综合楼电气照明工程分部分项工程量清单

序号	项目编码	项目名称	项目特征描述	计量单位	工程量
1	030404017001	配电箱	1. 名称:成套照明配电箱 1ZZM 2. 规格:600mm×400mm 3. 端子板外部接线材质、规格:ZR-VV-3×120+2×70 4. 安装方式:暗装,底边距地 1.82m	台	1
2	030404017002	配电箱	1. 名称:成套照明配电箱 2ZZM、4ZZM 2. 规格:600mm×400mm 3. 端子板外部接线材质、规格:ZR-VV-3×185+2×95 4. 安装方式:暗装,底边距地 1.82m	台	2
3	030404017003	配电箱	1. 名称:成套照明配电箱 3ZZM、5ZZM 2. 规格:600mm×400mm 3. 端子板外部接线材质、规格:ZR-VV-3×70+2×35 4. 安装方式:暗装,底边距地 1.82m	台	2

续表

序号	项目编码	项目名称	项目特征描述	计量单位	工程量
4	030404017004	配电箱	1. 名称：成套照明配电箱 0ZM 2. 规格：600mm×400mm 3. 端子板外部接线材质、规格：6 个 ZR-BVV3×2.5 4. 安装方式：暗装，底边距地 1.82m	台	1
5	030404017005	配电箱	1. 名称：成套照明配电箱 1ZM 2. 规格：600mm×400mm 3. 端子板外部接线材质、规格：15 个 ZR-BVV3×2.5,1 个 ZR-BVV5×16 4. 安装方式：暗装，底边距地 1.82m	台	1
6	030404017006	配电箱	1. 名称：成套照明配电箱 2ZM～5ZM 2. 规格：600mm×400mm 3. 端子板外部接线材质、规格：18 个 ZR-BVV3×2.5,1 个 ZR-BVV5×10 4. 安装方式：暗装，底边距地 1.82m	台	4
7	030404017007	配电箱	1. 名称：成套照明配电箱 G1 2. 规格：600mm×400mm 3. 端子板外部接线材质、规格：11 个 ZR-BVV3×2.5,1 个 ZR-BVV3×6 4. 安装方式：暗装，底边距地 1.82m	台	1
8	030404017008	配电箱	1. 名称：成套照明配电箱 2G～5G 2. 规格：600mm×400mm 3. 端子板外部接线材质、规格：10 个 ZR-BVV3×2.5,1 个 ZR-BVV3×4 4. 安装方式：暗装，底边距地 1.82m	台	4
9	030404017009	配电箱	1. 名称：成套照明配电箱 K1 2. 规格：600mm×400mm 3. 端子板外部接线材质、规格：4 个 ZR-BVV3×2.5 4. 安装方式：暗装，底边距地 1.82m	台	1
10	030404034001	照明开关	1. 名称：声控开关 2. 材质：塑料 3. 规格：100W 4. 安装方式：暗装，装高 1.4m	个	10
11	030404034002	照明开关	1. 名称：单联单控开关 2. 材质：塑料 3. 规格：250V、10A 4. 安装方式：暗装，装高 1.4m	个	12
12	030404034003	照明开关	1. 名称：双联单控开关 2. 材质：塑料 3. 规格：250V、10A 4. 安装方式：暗装，装高 1.4m	个	4

序号	项目编码	项目名称	项目特征描述	计量单位	工程量
13	030404034004	照明开关	1. 名称：三联单控开关 2. 材质：塑料 3. 规格：250V、10A 4. 安装方式：暗装,装高 1.4m	个	62
14	030404034005	照明开关	1. 名称：四联单控开关 2. 材质：塑料 3. 规格：250V、10A 4. 安装方式：暗装,装高 1.4m	个	35
15	030404034006	照明开关	1. 名称：五联单控开关 2. 材质：塑料 3. 规格：250V、10A 4. 安装方式：暗装,装高 1.4m	个	14
16	030404035001	插座	1. 名称：二极及三极插座 2. 材质：塑料 3. 规格：250V、10A 4. 安装方式：暗装,装高 0.3m	个	260
17	030408001001	电力电缆	1. 名称：电力电缆 2. 型号：ZR-VV 3. 规格：$3\times6+2\times4$ 4. 材质：铜芯电缆 5. 敷设方式、部位：桥架敷设 6. 电压等级(kV)：1kV 以下	m	37.82
18	030408001002	电力电缆	1. 名称：电力电缆 2. 型号：ZR-VV 3. 规格：$3\times70+2\times35$ 4. 材质：铜芯电缆 5. 敷设方式、部位：桥架敷设 6. 电压等级(kV)：1kV 以下	m	28.70
19	030408001003	电力电缆	1. 名称：电力电缆 2. 型号：ZR-VV 3. 规格：$3\times120+2\times70$ 4. 材质：铜芯电缆 5. 敷设方式、部位：桥架敷设 6. 电压等级(kV)：1kV 以下	m	86.38
20	030408001004	电力电缆	1. 名称：电力电缆 2. 型号：ZR-VV 3. 规格：$3\times185+2\times95$ 4. 材质：铜芯电缆 5. 敷设方式、部位：桥架敷设 6. 电压等级(kV)：1kV 以下	m	190.18

序号	项目编码	项目名称	项目特征描述	计量单位	工程量
21	030408006001	电力电缆头	1. 名称：电力电缆 2. 型号：ZR-VV 3. 规格：3×6+2×4 4. 材质、类型：铜芯电缆、干包式 5. 安装部位：配电箱 6. 电压等级(kV)：1kV 以下	个	2
22	030408006002	电力电缆头	1. 名称：电力电缆 2. 型号：ZR-VV 3. 规格：3×70+2×35 4. 材质、类型：铜芯电缆、干包式 5. 安装部位：配电箱 6. 电压等级(kV)：1kV 以下	个	4
23	030408006003	电力电缆头	1. 名称：电力电缆 2. 型号：ZR-VV 3. 规格：3×120+2×70 4. 材质、类型：铜芯电缆、干包式 5. 安装部位：配电箱 6. 电压等级(kV)：1kV 以下	个	2
24	030408006004	电力电缆头	1. 名称：电力电缆 2. 型号：ZR-VV 3. 规格：3×185+2×95 4. 材质、类型：铜芯电缆、干包式 5. 安装部位：配电箱 6. 电压等级(kV)：1kV 以下	个	4
25	030411001001	配管	1. 名称：刚性阻燃管 2. 材质：PVC 3. 规格：PC15 4. 配置形式：暗配	m	9140.10
26	030411001002	配管	1. 名称：刚性阻燃管 2. 材质：PVC 3. 规格：PC25 4. 配置形式：暗配	m	34.71
27	030411001003	配管	1. 名称：刚性阻燃管 2. 材质：PVC 3. 规格：PC32 4. 配置形式：暗配	m	2.4
28	030411001004	配管	1. 名称：刚性阻燃管 2. 材质：PVC 3. 规格：PC40 4. 配置形式：暗配	m	0.6

续表

序号	项目编码	项目名称	项目特征描述	计量单位	工程量
29	030411003001	桥架	1. 名称：电缆桥架 2. 规格：150mm×100mm，$\delta=2$mm 3. 材质：钢制镀锌槽式桥架 4. 类型：槽式	m	45.82
30	030411003002	桥架	1. 名称：电缆桥架 2. 规格：500mm×100mm，$\delta=2$mm 3. 材质：钢制镀锌槽式桥架 4. 类型：槽式	m	73.75
31	030411004001	配线	1. 名称：管内穿线 2. 配线形式：照明线路 3. 型号：ZR-BVV 4. 规格：3×2.5 5. 材质：铜芯线 6. 配线部位：FC/WC/CC	m	28740.20
32	030411004002	配线	1. 名称：管内穿线 2. 配线形式：照明线路 3. 型号：ZR-BVV 4. 规格：3×6 5. 材质：铜芯线 6. 配线部位：FC/WC/CC	m	110.13
33	030411004003	配线	1. 名称：管内穿线 2. 配线形式：照明线路 3. 型号：ZR-BVV 4. 规格：5×10 5. 材质：铜芯线 6. 配线部位：FC/WC/CC	m	22.00
34	030411004004	配线	1. 名称：管内穿线 2. 配线形式：照明线路 3. 型号：ZR-BVV 4. 规格：5×16 5. 材质：铜芯线 6. 配线部位：FC/WC/CC	m	13.00
35	030412001001	普通灯具	1. 名称：吸顶灯 2. 规格：1×32W 3. 类型：吸顶安装	套	35
36	030412001002	普通灯具	1. 名称：吸顶灯 2. 规格：1×60W 3. 类型：吸顶安装	套	5
37	030412001003	普通灯具	1. 名称：镜前灯 2. 规格：1×32W 3. 类型：壁上安装，装高2.5m	套	10
38	030412001004	普通灯具	1. 名称：壁装双头应急灯 2. 规格：2×3W 3. 类型：壁上安装，装高2.2m	套	68

续表

序号	项目编码	项目名称	项目特征描述	计量单位	工程量
39	030412004001	装饰灯	1. 名称：筒灯 2. 规格：$2\times18W$ 3. 安装形式：吸顶安装	套	484
40	030412004002	装饰灯	1. 名称：出口指示灯 2. 规格：$2\times8W$ 3. 安装形式：壁上安装，装高 2.5m	套	8
41	030412004003	装饰灯	1. 名称：诱导灯 2. 规格：$2\times8W$ 3. 安装形式：壁上安装，装高 2.5m	套	20
42	030412004004	装饰灯	1. 名称：嵌入式格棚吸顶灯 2. 规格：$3\times40W$ 3. 安装形式：吸顶安装	套	4
43	030412005001	荧光灯	1. 名称：单管日光灯 2. 规格：$1\times40W$ 3. 安装形式：吸顶安装	套	136
44	030412005002	荧光灯	1. 名称：嵌入式格棚吸顶灯 2. 规格：$2\times40W$ 3. 安装形式：吸顶安装	套	321
45	030414002001	送配电装置系统	1. 名称：低压系统调试 2. 电压等级(kV)：1kV 以下 3. 类型：综合	系统	1

项目 4.2　防雷接地工程计量

教学导航

项目任务	任务 4.2.1　防雷接地工程基础知识	参考学时	8
	任务 4.2.2　防雷接地工程施工图识图		
	任务 4.2.3　防雷接地工程分部分项工程量清单的编制		
教学载体	多媒体课室、教学课件及教材相关内容		
教学目标	知识目标	了解防雷接地工程基础知识；掌握防雷接地工程施工图的识读、工程量的计算、工程量清单的编制	
	能力目标	能识读防雷接地工程施工图、能计算防雷接地工程工程量，能编制防雷接地工程分部分项工程量清单	
过程设计	任务布置及知识引导—学习相关新知识点—解决与实施工作任务—自我检查与评价		
教学方法	项目教学法		

任务 4.2.1　防雷接地工程基础知识

4.2.1.1　建筑防雷

雷电现象是自然界大气层在特定条件下形成的一种现象。雷云对地面泄放电荷的现象,称为雷击。雷击产生的破坏力极大,它对地面上的建筑物、电气线路、电气设备和人身都可能造成直接或间接的危害。因此,必须采取适当的防范措施。

1. 雷电的破坏作用

雷电的危害方式主要有直击雷、雷电感应和雷电波侵入等方式。

(1) 直击雷

直击雷是雷云直接通过建筑物或地面设备对地面放电的过程。强大的雷电流通过建筑物产生大量的热,使其破坏,还能产生过电压破坏绝缘体,产生火花,引起燃烧和爆炸等。其危害程度在三种方式中最大。

(2) 雷电感应

雷电感应是附近有雷云或落雷所引起的电磁作用的结果,分为静电感应和电磁感应两种。静电感应是由于雷云靠近建筑物,使建筑物顶部积聚起与雷云所带电荷极性相反的电荷,这些电荷来不及流散入地,形成很高的对地电位,引起室内的金属结构与接地不良的金属器件之间放电产生火花而形成爆炸,此外静电感应引起的局部电位也会危及人身安全;电磁感应是当雷电流通过金属导体入地时,形成迅速变化的强大磁场,能在附近的金属导体内感应出电势,而在导体回路的缺口处引起火花,发生火灾。

(3) 雷电波侵入

架空线路在直接受到雷击或因附近落雷而感应出过电压时,如果在中途不能使大量电荷入地,就会侵入建筑物内,破坏建筑物和电气设备。

2. 防雷装置

防雷装置的作用是将雷云电荷或建筑物感应电荷迅速引导入地,以保护建筑物、电气设备及人身不受损害。防雷装置主要由接闪器、引下线、接地装置和避雷器等组成,如图 4.43 所示。

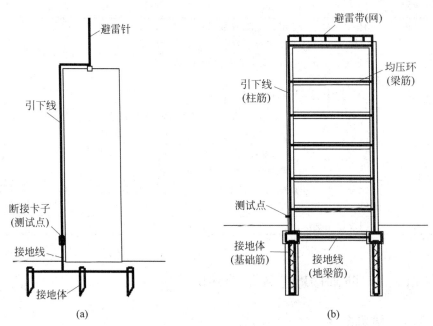

图 4.43 建筑防雷系统的组成

(a) 人工设置防雷装置;(b) 利用建筑钢筋设置的防雷装置

（1）接闪器

接闪器是引导雷电流的装置。接闪器的类型主要有避雷针、避雷线、避雷带（网）等。

1）避雷针常用在屋面较小建筑物和构筑物上。在有些室外低矮的大型设备附近，一般在地面上设置独立的避雷针。避雷针一般由镀锌圆钢或镀锌钢管制成，其最小规格见表4.35。

表4.35 防雷装置材料的最小规格

名称		接 闪 器					引下线		接地体	
		避雷针		避雷线	避雷带（网）	烟囱顶上避雷环	一般住所	装在烟囱上	水平埋地	垂直埋地
		针长/m	烟囱上							
		1以下	1~2								
圆钢直径/mm		12	16	20	—	8	12	8	12	10	10
钢管直径/mm		20	25	—	—	—	—	—	—	—	—
扁钢	截面面积/mm²	—	—	—	—	48	100	48	100	100	—
	厚度/mm	—	—	—	—	4	4	4	4	4	—
角钢厚度/mm		—	—	—	—	—	—	—	—	—	4
钢管壁厚/mm		—	—	—	—	—	—	—	—	—	3.5
镀锌钢绞线截面面积/mm²		—	—	—	35	—	—	—	25	—	—

2）避雷线一般采用截面面积不小于35mm²的镀锌钢绞线，架设在架空线路之上，以保护架空线路免受雷击。

3）避雷带（网）常设置在屋面较大的建筑物上，沿建筑物易受雷击的部位（如屋脊、檐角等）装设成闭合的环形（网格形状）导体。避雷带（网）常用镀锌圆钢制作，其最小规格见表4.34。

（2）引下线

引下线是将雷电流引入大地的通道。引下线的材料多采用镀锌扁钢或圆钢，其最小规格见表4.35。

高层建筑的外墙有大量的金属门窗等金属导体，这些部位也易遭受雷击，称为侧雷击。为防止侧雷击，将建筑物外墙圈梁内敷设圆钢与引下线连接成环形导体，称为均压环。外墙的金属导体与附近的均压环连接，可以有效防止侧雷击。

为便于测量接地电阻，在引下线（明装）距地1.8m处装设断接卡子（接地电阻测试点），并在引下线地上1.7m至地下0.3m的一段加装塑料管（或竹管）保护。利用建筑柱内钢筋作为引下线时，不能设置断接卡子，一般在距地0.5m用短的扁钢或镀锌钢筋从柱筋焊接引出，作为测试接地电阻的测试点，如图4.44所示。

目前，新建建筑大多数利用柱内的柱筋作为引下线，较节省金属导体。钢筋混凝土柱内钢筋应每根柱至少使用两根，钢筋搭接时应焊接牢固以连接成电气通路，上部焊接在接闪器上，下部焊接在接地装置上。

（3）接地装置

接地装置可迅速使雷电流在大地中流散。接地装置按安装形式不同，可分为垂直接地

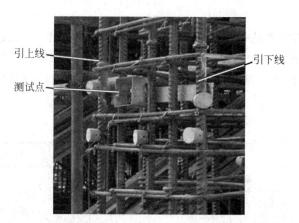

图 4.44　柱筋引下线及接地电阻测试点示意

体和水平接地体。一般垂直接地体长度在 2.5～3.0m,常用镀锌圆钢、角钢、钢管、扁钢等材料,其最小规格见表 4.35。

接地电流从接地体向大地周围流散所遇到的全部电阻称为接地电阻。接地电阻越小,越容易流散雷电流,因此不同防雷要求的建筑,对接地电阻值的要求不同,具体可查阅相关防雷设计规范。

当有雷电流通过接地装置向大地流散时,在接地装置附近的地面上,将形成较高的跨步电压,危及行人安全,因此接地体应埋设在行人较少的地方,要求接地装置距建筑物或构筑物出入口及人行道不应小于 3m,并采取降低跨步电压的措施,如在接地装置上敷设 50～80mm 厚沥青层,其宽度应超过接地装置 2m。

现代的建筑防雷,常用钢筋混凝土基础内的钢筋或地下管道作为接地体,以满足接地电阻及埋设深度的要求,节省金属导体,效果较好。

（4）避雷器

避雷器用来防护雷电沿线路侵入建筑物内,以免损坏电气设备。常用避雷器的形式有阀式避雷器、管式避雷器、金属氧化物避雷器、保护间隙和击穿保险器等,如图 4.45 所示。

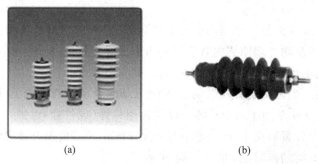

(a)　　　　　　　　　　(b)

图 4.45　避雷器
(a) 阀式避雷器;(b) 金属氧化物避雷器

1) 对配电变压器的防雷电保护,一般采用阀式避雷器,设置在高压进线处。避雷器的接地线、变压器的外壳及低压侧的中性点接地线连接在一起后,统一连接到接地装置上。

2) 高低压架空进户线路,在接户横担上或接户杆横担上设置避雷器,避雷器下端、横担连接引下线与建筑防雷接地装置相连。

3）在低压配电室配电柜内或总配电箱内一般设置金属氧化物避雷器,既可以起到防雷作用,又可以起到防系统过电压的作用。

**知识链接**

高层建筑防雷

现代高层建筑物一般都是用钢筋混凝土浇筑而成,或用预制装配式壁板装配而成,结构的梁、柱、墙及地下基础均有相当数量的钢筋。可把这些钢筋从上到下全部连接成电气通路,并把室内的上下水管道、热力管道、钢筋网等全部金属物连接成一个整体,构成笼式暗装避雷网。这样,可使整个建筑物成为一个与大地可靠连接的等电位整体,有效防止雷击。

4.2.1.2　接地

为满足电气装置和系统的工作特性和安全防护的需要,而将电气装置和电力系统的某一部位通过接地装置与大地土壤做良好连接,即为接地。

1. 接地种类

（1）工作接地

工作接地是为保证电气设备的可靠运行并提供部分电气设备和装置所需要的相电压,将电力系统中的变压器低压侧中性点通过接地装置与大地直接连接的接地方式。工作接地如图4.46所示。

（2）保护接地

保护接地是为防止电气设备由于绝缘损坏而造成触电事故,将电气设备的金属外壳通过接地线与接地装置连接起来的接地方式。其连接线称为保护线（PE）或保护地线和接地线。保护接地如图4.46所示。

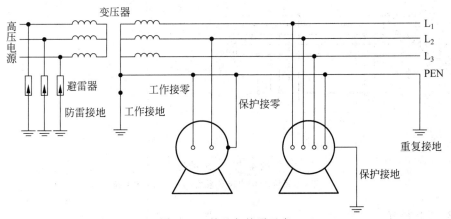

图4.46　接地与接零示意

（3）重复接地

当线路较长或接地电阻要求较高时,为尽可能降低零线的电阻,除变压器低压侧中性点直接接地外,将零线上一处或多处再进行接地（图4.46）,这种接地方式称为重复接地。

（4）防雷接地

为泄掉雷电流而设置的防雷接地装置(图4.46)，称为防雷接地。

2. 接零种类

（1）工作接零

当单相用电设备为取得单相电压而接的零线(图4.46)，称为工作接零。其连接线称为中性线(N)或零线，与保护线(PE)共享的中性线或零线称为PEN线。

（2）保护接零

为防止电气设备因绝缘损坏而使人身遭受触电危险，将电气设备的金属外壳与电源的中性线(零线)用导线连接起来(图4.46)，称为保护接零。其连接线也称为保护线(PE)或保护零线。

3. 低压配电系统接地

在低压配电系统中，三相电源与三相负载的连接形式有：TN系统、TT系统和IT系统。

（1）TN系统

在此系统中，电源有一点与地直接连接，负荷侧电气装置的外露可导部分则通过PE线与该点连接。TN系统分为TN-S系统(图4.47(a))、TN-C系统(图4.47(b))、TN-C-S系统(图4.47(c))。

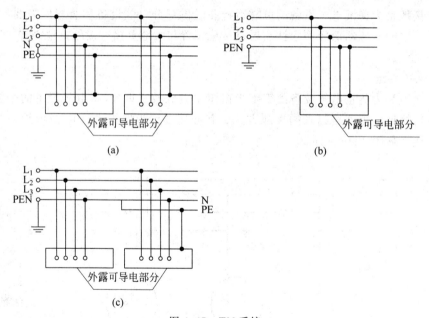

图4.47   TN系统

(a) TN-S系统；(b) TN-C系统；(c) TN-C-S系统

（2）TT系统

在此系统中，电源有一点与地直接连接，负荷侧电气装置外露可导电部分连接的接地极和电源的接地极无电气联系，如图4.48所示。

（3）IT系统

在此系统中，电源与地绝缘或经阻抗接地，电气装置外露可导电部分接地，如图4.49所示。

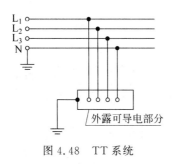

图 4.48　TT 系统

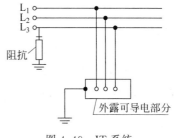

图 4.49　IT 系统

4.2.1.3　等电位连接

1. 等电位连接的概念

等电位连接是电气装置的各外露导电部分和装置外导电部分的电位实质上相等的连接。从而消除或减少各部分间的电位差,减少保护电器动作不可靠的危险性,消除或降低从建筑物外窜入电气装置外露导电部分上的危险电压。

2. 等电位连接的种类

等电位连接主要包括总等电位连接(MEB)、局部等电位连接(LEB)、辅助等电位连接(SEB)。

（1）总等电位连接

总等电位连接(MEB)是指同一建筑物内电气装置、各种金属管道、建筑物金属支架、电气系统的保护接地线、接地导体通过总等电位连接端子板互相连接,以消除建筑物内各导体之间的电位差。总等电位连接导体一般设置在配电室或电缆竖井等位置。建筑物内总等电位连接方式如图 4.50 所示。

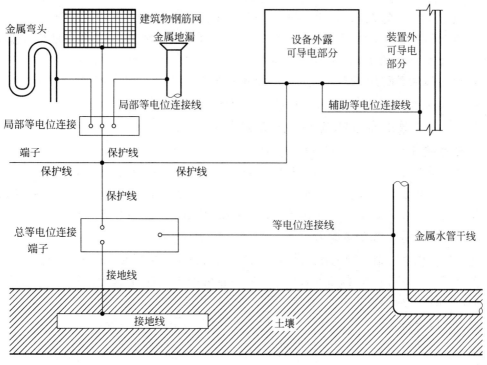

图 4.50　建筑物内总等电位连接

（2）局部等电位连接

局部等电位连接（LEB）是当电气装置或电气装置一部分的接地故障保护的条件不能满足时，在局部范围内将各可导电部分连接起来。局部等电位连接导体一般设置在卫生间、游泳馆更衣室及盥洗室等位置。卫生间局部等电位连接方式如图 4.51 所示。

（3）辅助等电位连接

辅助等电位连接（SEB）是将两个及两个以上可导电部分进行电气连接，使其故障接触电压降至安全限值电压以下。

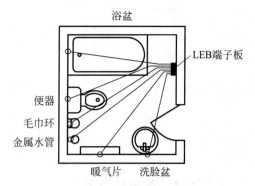

图 4.51　卫生间局部等电位连接

任务 4.2.2　防雷接地工程施工图识图

4.2.2.1　防雷与接地系统施工图的组成与内容

建筑物防雷与接地施工图一般包括防雷施工图和接地施工图两部分，主要由建筑防雷平面图、立面图和接地平面图表示。

防雷设计是根据雷击类型、建筑物防雷等级等确定，防雷保护包括建筑物、电气设备及线路保护，接地系统包括防雷接地、设备保护接地和工作接地。

4.2.2.2　防雷与接地系统施工图识图

建筑防雷接地施工图的识读方法可分为以下几个步骤。

1）通过工程概况及施工说明，明确建筑物的雷击类型、防雷等级和防雷措施；

2）在防雷措施确定后，在防雷平面图和立面图中分析避雷针、避雷带等防雷装置的安装方式，引下线的路径及末端连接方式等；

3）通过接地平面图，明确接地装置的设置和安装方式；

4）明确防雷接地装置采用的材料、尺寸及型号。

4.2.2.3　某综合楼防雷接地施工图识图

1. 工程概况

本工程为综合楼，地下室 1 层、地上 5 层，层高为地下室 3.50m、首层 4.50m、标准层 4m，总建筑面积为 7331.10m^2，建筑物高度为室外地坪到檐口 20.5m，为多层公共建筑。本工程按二类等级进行防雷设计，采用综合接地系统，接地系统工频电阻小于 1Ω。

2. 避雷带及引下线的敷设

本工程采用 ϕ10 镀锌圆钢在女儿墙上安装，其支持卡子的间距应不大于 1m，凡突出屋面的金属物体（如爬梯、水管、透气管等），均应与就近的避雷带相连。凡突出屋面的非金属物体（如水箱等），应加独立小针，并与就近的避雷针相连。

利用竖向结构主钢筋作防雷引下线，按平面图中指定的部位将柱内或剪力墙内靠外墙侧的两条主钢筋由基础至天面凡接驳处均加电焊，并在天面外引 ϕ12 圆钢（$L=1.5$m），与避雷带相连。

3. 接地装置安装

本工程垂直接地极利用地下深度大于 2.5m 的桩内 2 根不小于 $\phi16$ 或 4 根不小于 $\phi10$ 主筋,如果不能满足上述要求,则采用人工垂直接地极,采用长度为 2.5m,规格为 50mm× 5mm 角钢,埋入地中,顶端距地 1m;水平接地体利用埋深不小于 0.5m 的 2 根 $\phi10$ 以上地梁钢筋,不能满足上述条件,则用埋深 0.5m 规格 40mm×4mm 镀锌扁钢形成可靠接地网。引下线与垂直接地极、水平接地体均焊接连通。水平接地体在建筑物出入口或人行道处埋深不小于 1m。在建筑物周边引下线柱的室外侧,距外地面 1.8m 处,作为引下线的柱筋焊出一个 M16 的螺栓,螺纹部分露出批荡面,以螺母封口,共两处做接地检测点。

任务 4.2.3　防雷接地工程分部分项工程量清单的编制

4.2.3.1　防雷接地工程分部分项工程量清单设置

防雷接地工程分部分项工程量清单根据《通用安装工程工程量计算规范》(GB 50856— 2013)附录 D.9 进行设置。

4.2.3.2　防雷接地工程分部分项工程量清单列项

根据《通用安装工程工程量计算规范》(GB 50856—2013),结合某综合楼防雷接地工程施工图,对该专业分部分项工程进行清单列项,见表 4.36。

表 4.36　某综合楼防雷接地工程分部分项工程量清单列项

项目编码	项目名称	项目特征描述	计量单位
030409002001	接地母线	1. 名称:接地母线 2. 材质:圆钢 3. 规格:2 根 $\phi16$ 主筋 4. 安装部位:埋地 5. 安装形式:利用基础梁主筋做接地母线	m
030409003001	避雷引下线	1. 名称:避雷引下线 2. 材质:圆钢 3. 规格:2 根 $\phi16$ 主筋 4. 安装部位:柱内 5. 安装形式:利用柱内主筋做引下线 6. 断接卡子、箱材质、规格:卡子测试点 2 个,焊接点 60 处	m
030409003002	避雷引下线	1. 名称:避雷引下线 2. 材质:圆钢 3. 规格:$\phi12$ 4. 安装部位:天面至避雷带	m
030409004001	均压环	1. 名称:均压环 2. 材质:圆钢 3. 规格:2 根 $\phi16$ 主筋 4. 安装形式:利用梁内主筋做均压环	m

续表

项目编码	项目名称	项目特征描述	计量单位
030409005001	避雷网	1. 名称：避雷带 2. 材质：圆钢 3. 规格：$\phi 10$ 4. 安装形式：沿女儿墙敷设	m
030409005002	避雷网	1. 名称：避雷带 2. 材质：圆钢 3. 规格：$\phi 10$ 4. 安装形式：综合楼屋顶平台	m
030409006001	避雷针	1. 名称：避雷针 2. 材质：圆钢 3. 规格：$\phi 10$ 4. 安装形式、高度：沿女儿墙敷设，0.5m	根
030409008001	等电位端子箱、测试板	名称：MEB 总等电位连接端子箱	台
030409008002	等电位端子箱、测试板	名称：LEB 总等电位连接端子箱	台
030414011001	接地装置	1. 名称：系统调试 2. 类别：接地网	系统

4.2.3.3　防雷接地工程分部分项工程量计算

1) 接地极制作安装，按设计图示数量以"根"计算。其制作长度按设计长度加损耗量计算，设计无规定时，每根长度按 2.5m 计算。

2) 筏板基础接地极制作安装，按设计图示尺寸以"m^3"计算。

3) 接地母线敷设，按设计图示尺寸以"m"计算。接地母线、避雷线、均压环敷设，均按设计图示尺寸以"m"计算，其长度按设计图示水平和垂直规定长度另加 3.9% 的附加长度（包括转弯、上下波动、避绕障碍物、搭接头所占长度）计算。

接地母线（避雷网、均压环）长度＝施工图设计尺寸计算的长度×(1+3.9%)

4) 独立利用型钢作接地引下线敷设，按设计图示尺寸以"m"计算，其长度按设计图示规定长度另加 3.9% 的附加长度（包括转弯、波动、避绕障碍物、搭接头所占长度）计算。

引下线长度＝按施工图设计的引下线敷设长度×(1+3.9%)

5) 利用建筑物柱内主筋做接地引下线敷设，按设计图示需要做引下线的柱的中心线长度以"m"计算。每一柱子内按焊接两根主筋考虑，如果焊接主筋数超过两根时，可按比例调整。

6) 利用建筑物梁内主筋做均压环敷设，按设计需要做均压接地梁的中心线，长度以"m"计算。每一梁内按焊接两根主筋考虑，如果焊接主筋数超过两根，则可按比例调整。

7) 避雷针的加工制作安装，按设计图示数量以"根"计算。独立避雷针安装，按设计图示数量以"基"计算。长度、高度、数量均按设计规定。

8) 半导体少长针消雷装置安装，按设计图示数量以"套"计算。

9) 避雷小短针制作安装，按设计图示数量以"根"计算。

10) 避雷针拉线安装，按设计图示数量每 3 根为一组，以"组"计算。

11) 等电位端子箱安装，区分安装方式、规格，按设计图示数量以"个"计算。

12) 接地测试板制作安装，按设计图示数量以"处"计算。

13) 绝缘垫铺设区别其厚度,按设计图示尺寸以"m²"计算。

14) 浪涌保护器安装,按设计图示数量以"个"计算。

15) 降阻剂施放,按设计图示尺寸以"kg"计算。

16) 桩承台接地线安装,区分桩台形式,按设计图示数量以"基"计算。

17) 接地跨接线,按设计图示数量以"处"计算。按规程规定凡需做接地跨接线的工程内容,每跨接一次按一处计算,户外配电装置构架均需接地,每副构架按一处计算。

18) 钢、铝窗接地,按设计要求接地的金属窗的接地数量以"处"计算。

19) 断接卡子制作安装,按设计图示数量以"套"计算。按设计规定装设的断接卡子数量计算,接地检查井内的断接卡子安装按每井一套计算。

20) 独立接地装置调试以"组"为计量单位,接地网以"系统"为计量单位,工程量按施工图图示数量计算。

例4.10　某住宅防雷接地平面布置如图4.52所示。避雷网在平屋顶四周沿檐沟外折板支架敷设,其余沿混凝土块敷设。折板上口距室外地坪19m。避雷引下线均沿外墙引下,并在距室外地坪0.5m处设置接地电阻测试断接卡子,土壤为普通土。列项并计算工程量。

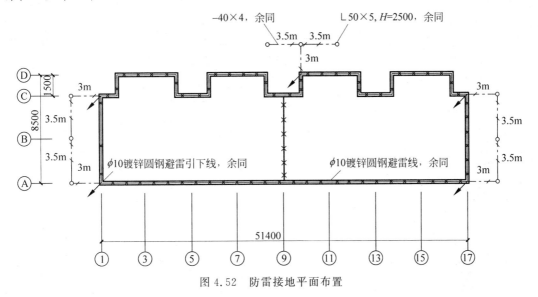

图4.52　防雷接地平面布置

解　列表计算如下(表4.37)。

表4.37　防雷接地工程量计算书

工程名称:某住宅防雷接地工程　　　　　　　　　　　　　　　　　　　第　页共　页

项目名称	单位	数量	计算式
接地极制作、安装∟50×5,$H=2500$	根	9	1×9=9
接地母线敷设−40×4	m	43.90	[3.5×6+(3+0.75+0.5)×5]×(1+3.9%)
避雷引下线敷设ϕ10镀锌圆钢	m	96.11	(19−0.5)×5×(1+3.9%)
避雷带沿混凝土块敷设ϕ10镀锌圆钢	m	7.27	7×(1+3.9%)
避雷网在平屋顶四周沿檐沟外折板支架敷设ϕ10镀锌圆钢	m	133.82	[(51.4+8.5)×2+1.5×6]×(1+3.9%)

项 目 名 称	单位	数量	计 算 式
断接卡子制作安装	套	5	1×5＝5(每根引下线一套测试引下线电阻)
接地装置调试	组	3	1×3＝3(按每组接地电阻测试计算)

根据上述防雷接地工程分部分项工程量计算规则,结合某综合楼防雷接地系统施工图,现将计算结果汇总如下,见表 4.38。

表 4.38　某综合楼防雷接地工程分部分项工程量计算书

序号	项 目 名 称	单位	数量	计 算 式	备注
1	接地母线(2 根 ϕ16 基础梁主筋)	m	434.40	(58.8＋23.4)×2＋58.8×3＋23.4×4	
2	避雷引下线敷设(2 根 ϕ16 柱主筋)	m	240.00	(20.5＋3.5)×10	
3	避雷引下线敷设(ϕ12)	m	15.00	1.5×10	天面至避雷带
4	均压环(2 根 ϕ16 圈梁主筋)	m	822.00	(58.8＋23.4)×2×5	
5	避雷带(ϕ10 镀锌圆钢)	m	256.84	(58.8＋23.4＋33.6＋7.8)×2×(1＋3.9%)	沿女儿墙敷设
6	避雷带(ϕ10 镀锌圆钢)	m	114.21	$[(5.7＋2.05＋2.36＋4.2＋8.4＋3＋3＋1.5＋7.8＋4.2＋2.1)×2＋8.4＋4.2＋2.1＋(7.8－4.5)×2]×(1＋3.9\%)$	屋顶平台敷设
7	避雷针(高 0.5m,ϕ10 镀锌圆钢)	根	12		
8	等电位端子箱、测试板(MEB 总等电位连接端子箱)	套	1	1	
9	等电位端子箱、测试板(LEB 总等电位连接端子箱)	套	5	1×5	
10	接地装置	系统	1	1	

4.2.3.4　防雷接地工程分部分项工程量清单编制应用

现将某综合楼工程量计算结果汇总到防雷接地专业工程量清单,见表 4.39。

表 4.39　某综合楼防雷接地工程分部分项工程量清单

序号	项目编码	项目名称	项目特征描述	计量单位	工程量
1	030409002001	接地母线	1. 名称:接地母线 2. 材质:圆钢 3. 规格:2 根 ϕ16 主筋 4. 安装部位:埋地 5. 安装形式:利用基础梁主筋做接地母线	m	434.40

续表

序号	项目编码	项目名称	项目特征描述	计量单位	工程量
2	030409003001	避雷引下线	1. 名称：避雷引下线 2. 材质：圆钢 3. 规格：2根φ16主筋 4. 安装部位：柱内 5. 安装形式：利用柱内主筋做引下线 6. 断接卡子、箱材质、规格：卡子测试点2个，焊接点60处	m	240.00
3	030409003002	避雷引下线	1. 名称：避雷引下线 2. 材质：圆钢 3. 规格：φ12 4. 安装部位：天面至避雷带	m	15.00
4	030409004001	均压环	1. 名称：均压环 2. 材质：圆钢 3. 规格：2根φ16主筋 4. 安装形式：利用梁内主筋做均压环	m	822.00
5	030409005001	避雷网	1. 名称：避雷带 2. 材质：圆钢 3. 规格：φ10 4. 安装形式：沿女儿墙敷设	m	256.84
6	030409005002	避雷网	1. 名称：避雷带 2. 材质：圆钢 3. 规格：φ10 4. 安装形式：综合楼屋顶平台	m	114.21
7	030409006001	避雷针	1. 名称：避雷针 2. 材质：圆钢 3. 规格：φ10 4. 安装形式、高度：沿女儿墙敷设、0.5m	根	12
8	030409008001	等电位端子箱、测试板	名称：MEB总等电位连接端子箱	台	1
9	030409008002	等电位端子箱、测试板	名称：LEB总等电位连接端子箱	台	5
10	030414011001	接地装置	1. 名称：系统调试 2. 类别：接地网	系统	1

模 块 小 结

本模块主要讲述以下内容：

1. 建筑电气照明低压配电系统由进户线→总配电箱→干线→分配电箱→支线→用电设备组成。

2. 常用的电工材料有导线和安装材料，导线有绝缘导线、裸导线、电缆和母线，安装材料有金属材料和非金属材料。

3. 常见的照明线路敷设方式有线槽配线、导管配线,在大跨度的车间也用到钢索配线。

4. 室内普通灯具的安装方式有悬吊式、吸顶式、嵌入式和壁式;灯具安装工艺流程:灯具固定→灯具组装→灯具接线→灯具接地。

5. 配电箱的安装方式有明装和暗装两种,明装配电箱有落地式和悬挂式,成套配电箱的安装程序是:测量定位→现场预埋→管与箱体连接→安装盘面→装盖板。

6. 电缆的敷设方式主要有直接埋地敷设、电缆沟内敷设、电缆隧道内敷设、电缆桥架敷设、电缆线槽敷设和电缆竖井内敷设。

7. 建筑物的防雷装置由接闪器、引下线和接地装置组成。

8. 我国低压变配电系统接地形式采用国际电工委员会(EEC)标准,即 TN、TT、IT 三种接地形式。

9. 等电位连接分为总等电位连接(MEB)、局部等电位连接(LEB)和辅助等电位连接(SEB)。

10. 电气工程施工图主要由图纸目录、设计说明、图例材料表、配电系统图、平面图和安装大样图等组成。

11. 识读电气施工图一般遵循"六先六后"的原则,即先强电后弱电、先系统后平面、先动力后照明、先下层后上层、先室内后室外、先简单后复杂。

12. 接地极制作安装,按设计图示数量以"根"计算。其制作长度按设计长度加损耗量计算,设计无规定时,每根长度按 2.5m 计算。

13. 筏板基础接地极制作安装,按设计图示尺寸以"m²"计算。

14. 接地母线敷设,按设计图示尺寸以"m"计算。接地母线、避雷线、均压环敷设,均按设计图示尺寸以"m"计算,其长度按设计图示水平和垂直规定长度另加 3.9% 的附加长度(包括转弯、上下波动、避绕障碍物、搭接头所占长度)计算。

接地母线(避雷网、均压环)长度=施工图设计尺寸计算的长度×(1+3.9%)

15. 独立利用型钢作接地引下线敷设,按设计图示尺寸以"m"计算,其长度按设计图示规定长度另加 3.9% 的附加长度(包括转弯、波动、避绕障碍物、搭接头所占长度)计算。

引下线长度=按施工图设计的引下线敷设长度×(1+3.9%)

16. 利用建筑物柱内主筋作接地引下线敷设,按设计图示需要作引下线的柱的中心线长度以"m"计算。每一柱子内按焊接两根主筋考虑,如果焊接主筋数超过两根时,可按比例调整。

17. 利用建筑物梁内主筋做均压环敷设,按设计需要做均压接地的梁的中心线长度以"m"计算。每一梁内按焊接两根主筋考虑,如果焊接主筋数超过两根,可按比例调整。

18. 避雷针的加工制作安装,按设计图示数量以"根"计算。独立避雷针安装,按设计图示数量以"基"计算。长度、高度、数量均按设计规定。

19. 半导体少长针消雷装置安装,按设计图示数量以"套"计算。

20. 避雷小短针制作安装,按设计图示数量以"根"计算。

21. 避雷针拉线安装,按设计图示数量每 3 根为一组,以"组"计算。

22. 等电位端子箱安装,区分安装方式、规格,按设计图示数量以"个"计算。

23. 接地测试板制作安装,按设计图示数量以"处"计算。

24. 绝缘垫铺设,区别其厚度,按设计图示尺寸以"m²"计算。

25. 浪涌保护器安装,按设计图示数量以"个"计算。

26. 降阻剂施放,按设计图示尺寸以"kg"计算。

27. 桩承台接地线安装,区分桩台形式,按设计图示数量以"基"计算。

28. 接地跨接线,按设计图示数量以"处"计算。按规程规定凡需做接地跨接线的工程内容,每跨接一次按一处计算,户外配电装置构架均需接地,每副构架按一处计算。

29. 钢、铝窗接地,按设计要求接地的金属窗的接地数量以"处"计算。

30. 断接卡子制作安装,按设计图示数量以"套"计算。按设计规定装设的断接卡子数量计算,接地检查井内的断接卡子安装按每井一套计算。

31. 独立接地装置调试以"组"为计量单位,接地网以"系统"为计量单位,工程量按施工图图示数量计算。

32. 底盘、卡盘、拉线盘安装,按设计图示数量以"块"计算。

33. 电杆组立施工定位,按设计图示数量以"基"计算。

34. 杆塔(台架)防鼠罩制作、安装,按设计图示尺寸以"m²"计算。

35. 杆塔组立,区别杆塔形式、高度或质量按设计图示数量以"根(基)"计算。

36. 横担安装,区分不同形式和截面,按设计图示数量以"根"计算。

37. 拉线制作安装,区别不同形式,按设计图示数量以"根"计算。

38. 导线架设,区别导线类型和不同截面以"km/单线"计算。

39. 杆上变配电设备安装,按设计图示数量以"台"或"组"计算。

40. 电力电缆敷设应区别材质、芯数和截面,按设计图示单根敷设长度以"m"计算。

41. 矿物绝缘电力电缆敷设应区别芯数、截面,按设计图示单根敷设长度以"m"计算。

42. 预制分支电缆敷设应区别主、分支电缆、截面,按设计图示单根敷设长度以"m"计算。

43. 控制电缆敷设应区别芯数,按设计图示单根敷设长度以"m"计算。

44. 防火堵洞区别不同部位,按设计图示数量以"处"计算。

45. 防火隔板安装不分材质和形式,按设计图示尺寸以"m²"计算。

46. 防火涂料,不分材质,按设计图示尺寸以"kg"计算。

47. 电缆分支箱安装,区别安装形式、规格,按设计图示数量以"台"计算。

48. 电缆 T 接箱安装,区别箱体规格,按设计图示数量以"台"计算。

49. 电缆穿刺线夹安装,区别穿越线夹主线的规格,按设计图示数量以"个"计算。

50. 电缆防护盒、电力设施号牌安装,按设计图示数量以"个"计算。

51. 热塑绝缘保护套安装,按设计图示尺寸以"m"计算。

52. 电缆鉴别按施工组织设计方案以"根"计算。

53. 控制设备、插座箱及低压电器安装,均按设计图示数量以"台"计算。

54. 控制开关、自动空气断路器、低压熔断器、限位开关、分流器、电铃、电笛、仪表、电器安装,均按设计图示数量以"个"计算。

55. 盘管风机三速开关、请勿打扰灯、钥匙取电器安装,按设计图示数量以"个"计算。

56. 控制器、接触器、磁力启动器、丫-△启动器、电磁铁(电磁制动器)、快速自动开关、油浸频敏变阻器、屏边安装,按设计图示数量以"台"计算。

57. 按钮安装,区别按钮种类、安装形式,按设计图示数量以"个"计算。

58. 水位电气信号装置安装,区别不同形式,按设计图示数量以"套"计算。

59. 安全变压器安装,区别安全变压器容量,按设计图示数量以"台"计算。

60. 端子箱安装,区别安装条件(户内、户外),按设计图示数量以"台"计算。

61. 风扇安装,区别风扇种类,分别按设计图示数量以"台""套"计算。

62. 照明开关安装,区别开关安装形式、种类、极数以及单控与双控,按设计图示数量以"个"计算。

63. 声控(红外线感应)延时开关、柜门触动开关、密闭开关安装,按设计图示数量以"个"计算。

64. 插座安装,区别插座安装形式、种类、电源数、额定电流,按设计图示数量以"个"计算。

65. 门铃安装,区别门铃安装形式,按设计图示数量以"个"计算。

66. 红外线浴霸安装,不分光源数,按设计图示数量以"套"计算。

67. 风扇调速开关安装,按设计图示数量以"个"计算。

68. 床头柜多线插座连插头、床头柜集控板安装,区别集控板规格(位),按设计图示数量以"套"计算。

69. 多联组合开关插座、多线插头连座安装,区别安装形式,按设计图示数量以"套"计算。

70. 有载自动调压器、自动干手装置安装,按设计图示数量以"台"计算。

71. 穿通板制作、安装,区别穿通板种类,按设计图示数量以"块"计算。

72. 接线端子安装,区别接线端子连接形式、截面,按设计图示数量以"个"计算。

73. 端子板外部接线按设备盘、箱、柜、台的外部接线图以"个"计算。

74. 网门、保护网制作安装,按网门或保护网设计图示的框外围尺寸以"m³"计算。

75. 配电板安装,按配电板图示外形尺寸以"块"计算。

76. 流水开关接线、电磁开关接线、自动冲洗感应器接线、风机盘管接线、风扇接线,按设计图示数量分别以"个""台"计算。

77. 线槽安装,应区别不同材质、规格,按设计图示尺寸以"m"计算。不扣除线槽中间的接线箱(盒)、灯头盒、开关(插座)盒所占长度。

78. 桥架安装,按设计图示尺寸以"m"计算。

79. 线槽配线,区别导线截面,按设计图示尺寸单线长度以"m"计算。

80. 塑料护套线明敷,区别导线截面、导线芯数(二芯、三芯)、敷设位置(木结构、砖混凝土结构),按设计图示尺寸以"m"计算。

81. 街码配线,区别导线截面,按设计图示尺寸单线长度以"m"计算。

82. 盘柜配线,区别不同规格,按设计图示尺寸以"m"计算。

83. 钢索架设,区别圆钢、钢索直径(φ6、φ9),按设计图示墙(柱)内缘距离尺寸以"m"计算,不扣除拉紧装置所占长度。

84. 钢索拉紧装置制作安装,区别花篮螺栓直径,按设计图示数量以"套"计算。

85. 高度标志(障碍)灯安装,区别不同灯具类型、安装高度,按设计图示数量以"套""个"计算。

86. 吊式艺术装饰灯具安装,根据装饰灯具示意图集所示,区别不同装饰物以及灯体直径和灯体垂吊长度,按设计图示数量以"套"计算。灯体直径为装饰的最大外缘直径,灯体垂吊长度为灯座底部到灯梢之间的总长度。

87. 吸顶式艺术装饰灯具安装,根据装饰灯具示意图集所示,区别不同装饰物、吸盘的几何形状、灯体直径、灯体周长和灯体垂吊长度,按设计图示数量以"套"计算。灯体直径为吸盘最大外缘直径;灯体半周长为矩形吸盘的半周长;吸顶式艺术装饰灯具的灯体垂吊长度为吸盘到灯梢之间的总长度。

88. 几何形状组合艺术灯具安装,根据装饰灯具示意图集所示,区别不同安装形式及灯具的不同形式,按设计图示数量以"套"计算。

89. 标志、诱导装饰灯具安装,根据装饰灯具示意图集所示,区别不同安装形式,按设计图示数量以"套"计算。

90. 水下艺术装饰灯具安装,根据装饰灯具示意图集所示,区别不同安装形式,按设计图示数量以"套"计算。

91. 点光源艺术装饰灯具安装,根据装饰灯具示意图集所示,区别不同安装形式、不同灯具直径,按设计图示数量以"套"计算。

92. 草坪灯具安装,根据装饰灯具示意图集所示,区别不同安装形式,按设计图示数量以"套"计算。

93. 歌舞厅灯具安装,根据装饰灯具示意图集所示,区别不同灯具形式,分别按设计图示数量以"套""台"计算;歌舞厅灯具安装,根据装饰灯具示意图所示,区别不同灯具形式,按设计图示尺寸以"m"计算。

94. 路灯安装,区别不同臂长、不同灯数,按设计图示数量以"套"计算。

95. 桥栏灯安装,区别灯具种类、安装形式,按设计图示数量以"套"计算。

96. 路灯照明配件安装,区别配件种类,按设计图示数量以"套"计算。

97. 杆座安装,区别杆座形式、材质,按设计图示数量以"个"计算。

98. 路灯金属杆安装,区别杆长,按设计图示数量以"根"计算。

99. 艺术喷泉电气设备安装,均按设计图示数量以"台"计算。

100. 玻璃钢电缆槽安装,按设计图示尺寸以"m"计算。

101. 喷泉水上辅助照明安装,按设计图示数量以"套"计算。

检 查 评 估

一、单项选择题

1. 导线架设工程量计算根据导线截面面积的不同,区分导线类型(裸铝绞线、裸钢芯铝绞线、绝缘铝绞线、绝缘铜绞线),以"(　　)"为计量单位。其中导线、金具是未计价材料。

　　A. m/单线　　　　　B. 10m/单线　　　　C. 100m/单线　　　D. km/单线

2. 杆上变压器安装工程量以"(　　)"为计量单位,依据变压器容量规格分别套用定额。

　　A. 项　　　　　　　B. 个　　　　　　　C. 台　　　　　　　D. 副

3. 电缆敷设按单根单位长度计算,如一个沟内(或架上)敷设3根各长100m的电缆时,应按(　　)计算,依次类推。

　　A. 300m　　　　　　B. 200m　　　　　　C. 100m　　　　　　D. 50m

4. 电缆敷设长度的计算公式：每条电缆敷设长度＝(水平长度＋垂直长度＋附加长度)×[1＋(　　)]。

　　A. 1.5%　　　　　　B. 2.5%　　　　　　C. 3.5%　　　　　　D. 3.9%

5. 成套配电箱/柜安装不区分动力箱和照明箱，只区分安装方式(落地式和悬挂嵌入式)均以"(　　)"为单位套用有关定额项目。

　　A. 组　　　　　　　B. 个　　　　　　　C. 台　　　　　　　D. 副

6. 导线架设的工程量计算公式：导线长度＝线路总长度×[1＋(　　)]＋∑ 预留长度。

　　A. 1%　　　　　　　B. 1.5%　　　　　　C. 2%　　　　　　　D. 2.5%

7. 控制开关、自动空气断路器、低压熔断器、限位开关、分流器、电铃、电笛、仪表、电器安装，均按设计图示数量以"(　　)"计算。

　　A. 套　　　　　　　B. 块　　　　　　　C. 个　　　　　　　D. 台

8. 底盘、卡盘、拉线盘安装，按设计图示数量以"(　　)"计算。

　　A. 套　　　　　　　B. 块　　　　　　　C. 个　　　　　　　D. 台

9. 独立利用型钢做接地引下线敷设，按设计图示尺寸以"m"计算，其长度按设计图示规定长度另加(　　)的附加长度(包括转弯、波动、避绕障碍物、搭接头所占长度)计算。

　　A. 1.0%　　　　　　B. 2.0%　　　　　　C. 2.5%　　　　　　D. 3.9%

10. 筏板基础接地极制作安装，按设计图示尺寸以"(　　)"计算。

　　A. m^2　　　　　　　B. m　　　　　　　C. m^3　　　　　　D. 10m

二、计算题

图 4.53 所示为某工程电气照明平面，三相四线制。该建筑物层高 3.44m，配电箱 M1 规格 500mm×300mm，距地高度 1.5m，线管为 PVC 管 VG15，暗敷设，开关距地 1.5m。计算 n_1 回路配电箱、配管配线工程量。

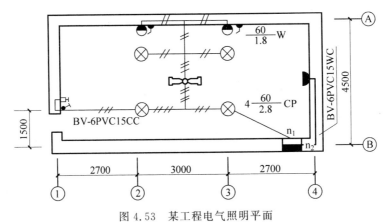

图 4.53　某工程电气照明平面

参考答案

一、单项选择题

1. D　2. C　3. A　4. B　5. C　6. A　7. C　8. B　9. D　10. A

二、计算题

解：顺着电流方向，根据管内穿线根数不同分段计算，计算过程如下：

（1）成套配电箱安装 1 套。

（2）PVC15 工程量＝$[3.44-1.5-0.3+\sqrt{(2.7\times2.7+1.5\times1.5)}+1.5+1.5+2.7+1+1+1+3\times2+(3.44-1.8)\times2+(3.44-1.5)\times4]$m＝30.46m。

（3）BV6 工程量＝$[(3.44-1.5-0.3+0.5+0.3)\times2+\sqrt{2.7\times2.7+1.5\times1.5}\times2+1.5\times3+1.5\times4+2.7\times3+1\times4+1\times3+1\times2+3\times2\times2+(3.44-1.8)\times2\times2+(3.44-1.5)\times4\times2]$m＝70.48m。

模块5

消防工程计量

项目 5.1　消防工程基础知识

教学导航

项目任务	任务 5.1.1　消火栓灭火系统	参考学时	2
	任务 5.1.2　喷水灭火系统		
	任务 5.1.3　气体灭火系统		
	任务 5.1.4　火灾自动报警系统		
教学载体	多媒体课室、教学课件及教材相关内容		
教学目标	知识目标	了解消防系统基础知识；熟悉消防系统的组成；掌握消防系统的工作原理	
	能力目标	能根据拟建工程实际,选择消防器材和安装方案	
过程设计	任务布置及知识引导—学习相关新知识点—解决与实施工作任务—自我检查与评价		
教学方法	项目教学法		

任务 5.1.1　消火栓灭火系统

建筑业快速发展,各种住宅小区、高层建筑群大量出现。由于城市人口多,建筑物密集,如果没有合理、安全的消防设施,一旦发生火灾,损失将难以估计。我国制定的《建筑设计防火规范》(GB 50016—2014)和《自动喷水灭火系统设计规范》(GB 50084—2005)等规范对需要设置消防系统的建筑物作了若干规定,以防止和减少火灾的危害。

建筑消防系统根据使用灭火剂的种类和灭火方式可分为:消火栓灭火系统;自动喷水灭火系统;其他使用非水灭火剂的固定灭火系统,如二氧化碳灭火系统、干粉灭火系统、卤代烷灭火系统等。

水是不燃液体,在与燃烧物接触后通过物理、化学反应从燃烧物中摄取热量对燃烧物起到冷却作用；同时水在被加热和汽化的过程中所产生的大量水蒸气，能够阻止空气进入燃烧区，并能稀释燃烧区内氧的含量从而减弱燃烧强度；另外经水枪喷射出来的压力水流具有很大的动能和冲击力，可以冲散燃烧物，使燃烧强度显著减弱。

在水、泡沫、酸碱、卤代烷、二氧化碳和干粉等灭火剂中，水具有使用方便、灭火效果好、来源广泛、价格便宜、器材简单等优点，是目前建筑消防的主要灭火剂。

5.1.1.1 建筑消火栓灭火系统

建筑消火栓灭火系统是把室外给水系统提供的水量，经过加压（外网压力不满足需要时）输送到用于扑灭建筑物内的火灾而设置的固定灭火设备，是建筑物中最基本的灭火设施。

1. 室内消火栓灭火系统的给水方式

室内消火栓灭火系统的给水方式，由室外给水管网所能提供的水压、水量及室内消火栓灭火系统所需水压和水量的要求来确定。

（1）无加压泵和水箱的室内消火栓灭火系统

无加压泵和水箱的室内消火栓灭火系统如图 5.1 所示。建筑物高度不大，而室外给水管网的压力和流量在任何时候均能满足室内最不利点消火栓所需的设计流量和压力时，宜采用此种方式。

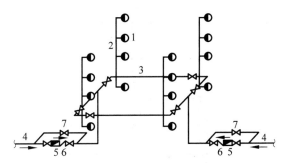

图 5.1 无加压泵和水箱的室内消火栓灭火系统
1—室内消火栓；2—消防竖管；3—干管；
4—进户管；5—水表；6—止回阀；7—闸门

（2）设有水箱的室内消火栓灭火系统

设有水箱的室内消火栓灭火系统如图 5.2 所示。在室外给水管网中水压变化较大的城市和居住区，当生活、生产用水量达到最大时，室外管网不能保证室内最不利点消火栓的压力和流量，而当生活、生产用水量较小时，室内管网的压力又能较高出现，昼夜内间断地满足室内需求。在这种情况下，宜采用此种方式。在室外管网水压较大时，室外管网向水箱充水，由水箱储存一定水量，以备消防使用。

消防水箱的容积按室内 10min 消防用水量确定。当生活、生产与消防合用水箱时，应具有保证消防水不做它用的技术措施，以保证消防储水量。水箱的设置高度应保证室内最不利点消火栓所需的水压要求。

（3）设有消防水泵和水箱的室内消火栓灭火系统

设有消防水泵和水箱的室内消火栓灭火系统如图 5.3 所示。当室外管网水压经常不能满足室内消火栓灭火系统水压和水量要求时，宜采用此种给水方式。当消防用水与生活、生

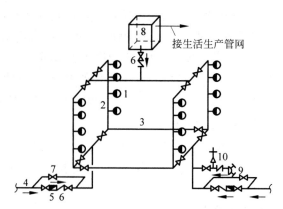

图 5.2　设有水箱的室内消火栓灭火系统

1—室内消火栓；2—消防竖管；3—干管；4—进户管；5—水表；

6—止回阀；7—阀门；8—水箱；9—水泵接合器；10—安全阀

产用水共用室内给水系统时，其消防水泵应保证供应生活、生产、消防用水的最大秒流量，并应满足室内最不利点消火栓的水压要求。水箱应保证储存 10min 的消防用水量。水箱的设置高度应保证室内最不利点消火栓所需的水压要求。

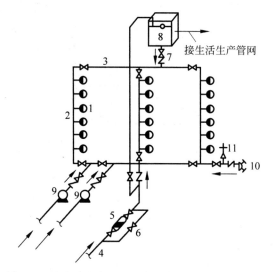

图 5.3　设有消防水泵和水箱的室内消火栓灭火系统

1—室内消火栓；2—消防竖管；3—干管；4—进户管；5—水表；6—旁通管及阀门；

7—止回阀；8—水箱；9—水泵；10—水泵接合器；11—安全阀

2. 室内消火栓灭火系统的组成

室内消火栓灭火系统主要由消火栓、水带、水枪、消防卷盘(消防水喉设备)、水泵接合器，以及消防管道(进户管、干管、立管)、水箱、增压设备、水源等组成。

(1) 消火栓

室内消火栓分为单阀和双阀两种，如图 5.4 所示。单阀消火栓又分为单出口、双出口和直角双出口三种。双阀消火栓为双出口。在低层建筑中单阀单出口消火栓较多采用，消火栓口直径有 DN50、DN65 两种。对应的水枪最小流量分别为 2.5L/s 和 5L/s。双出口消火栓直径为 DN65,用于每支水枪最小流量不小于 5L/s。高层建筑消火栓一般选择 DN65。消火栓进口端与管道相连,出口与水带相连。

图 5.4　消火栓

（2）水带

水带如图 5.5(a)所示,有麻质和化纤两种,有衬胶与不衬胶之分,衬胶水带阻力小,口径有 50mm、65mm 两种,长度有 15m、20m、25m 三种,选择时根据水力计算确定。

（3）水枪

水枪如图 5.5(d)所示,室内一般采用直流式水枪,喷口直径有 13mm、16mm、19mm 三种。喷嘴口径 13mm 水枪配 DN50 接口；喷嘴口径 16mm 水枪配 DN50 或 DN65 两种接口；喷嘴口径 19mm 水枪配 DN65 接口。

（4）消防卷盘

消防卷盘如图 5.5(c)所示,是由 DN25 的小口径消火栓、内径不小于 19mm 的橡胶胶带和口径不小于 6mm 的消防卷盘喷嘴组成,胶带缠绕在卷盘上。

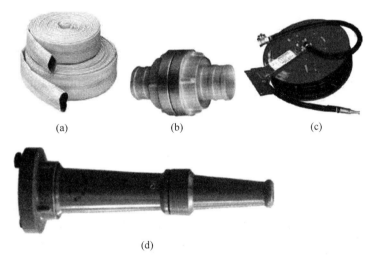

(a)　　　　　　　　(b)　　　　　　　　(c)

(d)

图 5.5　消火栓设备

(a) 水带；(b) 水带接口；(c) 消防卷盘；(d) 水枪

在高层建筑中,由于水压及消防水量大,对于没有经过专业训练的人员,使用 DN65 口径的消火栓较为困难,因此可使用消防卷盘进行有效的自救灭火。

温馨提示

消火栓、水枪、水带设于消防箱内,常用消防箱的规格有 800mm×650mm×200mm,用钢板、铝合金等制作。消防卷盘设备可与 DN65 消火栓同时放置在一个消防箱内,也可设单独的消防箱,如图 5.6 所示。

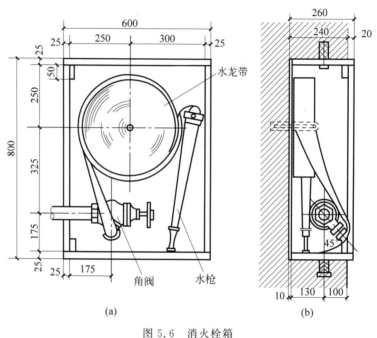

图 5.6 消火栓箱

(a) 正面;(b) 侧面

(5) 消防水泵接合器

当建筑物发生火灾,室内消防水泵不能启动或流量不足时,消防车由室外消火栓、水池或天然水源取水时,通过水泵接合器向室内消防给水管网供水。水泵接合器是消防车或移动式水泵向室内消防管网供水的连接口。水泵接合器的接口直径有 DN65mm 和 DN80mm 两种,分墙壁式、地上式、地下式,如图 5.7 所示。

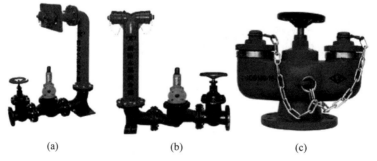

图 5.7 消防水泵接合器

(a) 墙壁式;(b) 地上式;(c) 地下式

3. 室内消火栓灭火系统的布置要求

（1）室内消防给水管道要求

1）室内消火栓超过 10 个且室外消防用水量大于 15L/s 时，其消防给水管道应连成环状，且至少应有两条进水管与室外管网或消防水泵连接。当其中一条进水管发生事故时，其余的进水管应仍能供应全部消防用水量。

2）高层厂房（仓库）应设置独立的消防给水系统，室内消防竖管应连成环状。

3）室内消防竖管直径不应小于 DN100。

4）室内消火栓给水管网宜与自动喷水灭火系统的管网分开设置，当合用消防泵时，供水管路应在报警阀前分开设置。

5）高层厂房（仓库）、设置室内消火栓且层数超过 4 层的厂房（仓库）、设置室内消火栓且层数超过 5 层的公共建筑，其室内消火栓给水系统应设置消防水泵接合器，消防水泵接合器应设置在室外便于消防车使用的地点，与室外消火栓或消防水池取水口的距离宜为 15.0～40.0m，消防水泵接合器的数量应按室内消防用水量计算确定，每个消防水泵接合器的流量宜按 10～15L/s 计算。

6）室内消防给水管道应采用阀门分成若干独立段，对于单层厂房（仓库）和公共建筑，检修停止使用的消火栓不应超过 5 个，对于多层民用建筑和其他厂房（仓库），室内消防给水管道上阀门的布置应保证检修管道时关闭的竖管不超过 1 根，但设置的竖管超过 3 根时，可关闭 2 根，阀门应保持常开，并应有明显的启闭标志或信号。

7）消防用水与其他用水合用的室内管道，当其他用水达到最大小时流量时，应仍能保证供应全部消防用水量。

8）允许直接吸水的市政给水管网，当生产、生活用水量达到最大且仍能满足室内外消防用水量时，消防泵宜直接从市政给水管网吸水。

9）严寒和寒冷地区非采暖的厂房（仓库）及其他建筑的室内消火栓系统，可采用干式系统，但在进水管上应设置快速启闭装置，管道最高处应设置自动排气阀。

（2）水枪的充实水柱长度

水枪的充实水柱是指靠近水枪出口的一段密集不分散的射流。由水枪喷嘴起到射流 90% 的水柱水量穿过直径 380mm 圆孔处的一段射流长度，称为充实水柱长度。这段水柱具有扑灭火灾的能力，为直流水枪灭火时的有效射程，如图 5.8 所示。为使消防水枪射出的水流能射及火源和防止火焰热辐射烤伤消防队员，水枪的充实水柱应具有一定的长度，各类建筑要求水枪充实水柱长度见表 5.1。

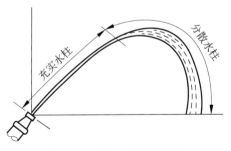

图 5.8　直流水枪密集射流

表 5.1　各类建筑要求水枪充实水柱长度　　　　　　m

建筑物类别		长度	建筑物类别		长度
多层建筑	一般建筑	≥7	高层建筑	民用建筑高度≥100m	≥13
	甲、乙类厂房，大于 6 层民用建筑，大于 4 层厂、库房	≥10		民用建筑高度<100m	≥10
				高层工业建筑	≥13
	高架库房	≥13		停车库、修车库内	≥10

（3）室内消火栓布置的规定

1）除无可燃物的设备层外，设置室内消火栓的建筑物，其各层均应设置消火栓。单元式、塔式住宅的消火栓宜设置在楼梯间的首层和各层楼层休息平台上，当设 2 根消防竖管确有困难时，可设 1 根消防竖管，但必须采用双口双阀型消火栓。干式消火栓竖管应在首层靠出口部位设置便于消防车供水的快速接口和止回阀。

2）消防电梯间前室内应设置消火栓。

3）室内消火栓应设置在位置明显且易于操作的部位，栓口离地面或操作基面高度宜为 1.1m，其出水方向宜向下或与设置消火栓的墙面成 90°；栓口与消火栓箱内边缘的距离不应影响消防水带的连接。

4）冷库内的消火栓应设置在常温穿堂或楼梯间内。

5）室内消火栓的间距应由计算确定，高层厂房（仓库）、高架仓库和甲、乙类厂房中室内消火栓的间距不应大于 30.0m；其他单层和多层建筑中室内消火栓的间距不应大于 50.0m。

6）同一建筑物内应采用统一规格的消火栓、水枪和水带，每条水带的长度不应大于 25.0m。

7）室内消火栓的布置应保证每一个防火分区同层有两支水枪的充实水柱同时到达任何部位，建筑高度≤24.0m 且体积≤5000m³ 的多层仓库，可采用 1 支水枪充实水柱到达室内任何部位。

8）高层厂房（仓库）和高位消防水箱静压不能满足最不利点消火栓水压要求的其他建筑，应在每个室内消火栓处设置直接启动消防水泵的按钮，并应有保护设施。

9）室内消火栓栓口处出水压力大于 0.5MPa 时，应设置减压设施；静水压力＞1.0MPa 时，应采用分区给水系统。

10）设有室内消火栓的建筑，如为平屋顶，宜在平屋顶上设置试验和检查用的消火栓。

（4）对消防给水设备的要求

1）消防水泵的要求

① 消防水泵房应有不少于两条的出水管直接与消防给水管网连接。当其中一条出水管关闭时，其余的出水管应仍能通过全部用水量。

② 出水管上应设置试验和检查用的压力表和 DN65 的放水阀门。当存在超压可能时，出水管上应设置防超压设施。

③ 一组消防水泵的吸水管不应少于 2 条。当其中一条关闭时，其余的吸水管应仍能通过全部用水量。

④ 消防水泵应采用自灌式吸水，并应在吸水管上设置检修阀门。

⑤ 当消防水泵直接从环状市政给水管网吸水时，消防水泵的扬程应按市政给水管网的最低压力计算。

⑥ 消防水泵应设置备用泵，其工作能力不应小于最大一台消防工作泵。当工厂、仓库、堆场和储罐的室外消防用水量≤25L/s 或建筑的室内消防用水量≤10L/s 时，可不设置备用泵。

⑦ 消防水泵与动力机械应直接连接，消防水泵应保证在火警后 30s 内启动。

2）对室内消防水箱的要求

室内消防水箱的设置，应根据室外管网的水压和水量及室内用水要求来确定。

① 设置常高压给水系统并能保证最不利点消火栓和自动喷水灭火系统等的水量和水压的建筑物，可不设置消防水箱。

② 设置临时高压给水系统的建筑物,应设消防水箱或气压水罐、水塔,且应符合下列规定。

a. 重力自流的消防水箱应设置在建筑的最高部位。

b. 消防水箱应储存 10min 的消防用水量。当室内消防用水量≤25L/s,经计算消防水箱所需消防储水量>12m³ 时,仍可采用 12m³;当室内消防用水量>25L/s,经计算消防水箱所需消防储水量>18m³ 时,仍可采用 18m³。

c. 消防用水与其他用水合用的水箱,应采取消防用水不作他用的技术措施。

d. 发生火灾后,由消防水泵供给的消防用水不应进入消防水箱。为维持管网内的消防水压,可在与水箱相连的消防用水管道上设置单向阀。发生火灾后,消防水箱的补水应由生产或生活给水管道供应,严禁消防水箱采用消防泵补水,以防火灾时消防用水进入水箱。

e. 消防水箱可分区设置。

3)对减压节流设备的要求

在底层室内消火栓给水系统中,消火栓口处静水压力不能超过 1.0MPa,否则应采用分区给水系统。消火栓栓口处出水水压超过 0.5MPa 时应考虑减压。

5.1.1.2 高层建筑室内消火栓灭火系统

高层建筑消防用水量与建筑物的类别、高度、使用性质、火灾危险性和扑救难度有关。我国《建筑设计防火规范》(GB 50016—2014)中对建筑物的分类见表 5.2。

表 5.2 民用建筑的分类

名称	高层民用建筑		单、多层民用建筑
	一类	二类	
住宅建筑	建筑高度大于 54m 的住宅建筑(包括设置商业服务网点的住宅建筑)	建筑高度大于 27m,但不大于 54m 的住宅建筑(包括设置商业服务网点的住宅建筑)	建筑高度大于 27m 的住宅建筑(包括设置商业服务网点的住宅建筑)
公共建筑	1. 建筑高度大于 50m 的公共建筑; 2. 任一楼层建筑面积大于 1000m² 的商店、展览、电信、邮政、财贸金融建筑和其他多种功能组合的建筑; 3. 医疗建筑、重要公共建筑; 4. 省级及以上的广播电视和防灾指挥调度建筑、局级和省级电力调度建筑; 5. 藏书超过 100 万册的图书馆、书库	除一类高层公共建筑外的其他高层公共建筑	1. 建筑高度大于 24m 的单层公共建筑; 2. 建筑高度不大于 24m 的其他公共建筑

注:① 表中未列入的建筑,其类别应根据本表类比确定。

② 除了本规范另有规定外,宿舍、公寓等非住宅类居住建筑的防火要求应符合本规范有关公共建筑的规定;裙房的防火要求应符合本规范有关高层民用建筑的规定。

1. 高层建筑室内消火栓灭火系统的形式

(1)按管网的服务范围分类

1)独立的室内消火栓灭火系统,即每幢高层建筑设置一个室内消防给水系统。这种系统安全性高,但管理比较分散,投资较大。在地震区要求较高的建筑物及重要建筑物宜采用独立的室内消防给水系统。

2）区域集中的室内消火栓灭火系统，即数幢或数十幢高层建筑物共用一个泵房的消防给水系统。这种系统便于集中管理。在有合理规划的高层建筑区，可采用区域集中的高压或临时高压消防给水系统。

（2）按建筑高度分类

1）不分区室内消火栓给水系统。建筑高度在50m以内或建筑内最低消火栓处静水压力不超过1.0MPa时，整个建筑物组成一个消防给水系统。发生火灾时，消防队使用消防车，从室外消火栓或消防水池取水，通过水泵接合器往室内管网供水，协助室内扑灭火灾。可根据具体条件确定分区高度，并配备一组高压消防水泵向管网系统供水灭火，如图5.9所示。

2）分区供水的室内消火栓给水系统。建筑高度超过50m的高层建筑或消火栓处静水压力大于1.0MPa时，室内消火栓给水系统，难以得到一般消防车的供水支援，为加强供水安全和保证火场灭火用水，宜采用分区给水系统。

分区供水的室内消火栓给水系统可分为并联分区供水和串联分区供水。

① 并联分区供水，其特点是水泵集中布置，便于管理。适用于建筑高度不超过100m的情况，如图5.10所示。

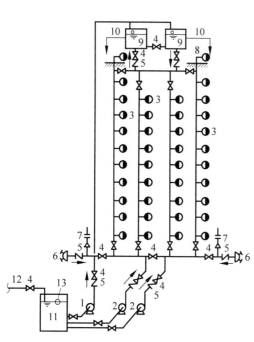

图5.9 不分区室内消火栓给水系统

1—生活、生产水泵；2—消防水泵；3—消水栓；
4—阀门；5—止回阀；6—水泵接合器；
7—安全阀；8—屋顶消火栓；9—高位水箱；
10—至生活、生产管网；11—储水池；
12—来自城市管网；13—浮球阀

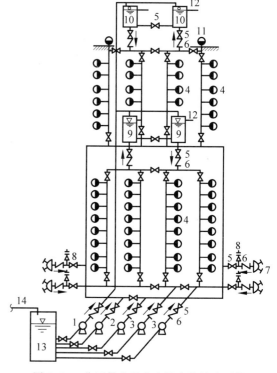

图5.10 分区供水的室内消火栓给水系统

1—生活、生产水泵；2—二区消防泵；3—一区消防泵；
4—消火栓；5—阀门；6—止回阀；7—水泵接合器；
8—安全阀；9—一区水箱；10—二区水箱；11—屋顶水箱；
12—至生活、生产管网；13—储水池；14—来自城市管网

② 串联分区供水,其特点是系统内设中转水箱(池),中转水箱的蓄水由生活给水补给,消防时生活给水补给流量不能满足消防要求,随水箱水位降低,形成的信号使下一区的消防水泵自动开泵补给。

2. 室内消火栓灭火系统的布置及要求

(1) 室内消防给水管道

1) 高层建筑室内消防给水系统应是独立的高压(或临时高压)给水系统或区域集中的室内高压(或临时高压)消防给水系统,室内消防给水系统不能和其他给水系统合并。

2) 消防管道宜采用非镀锌钢管。

3) 室内消防给水管道应布置成环状,室内环网有水平环网、垂直环网和立体环网,可根据建筑体型、消防给水管道和消火栓布置确定,但必须保证供水干管和每个消防竖管都能做到双向供水。

4) 室内管道的引入管不少于两条,当其中一条发生故障时,其余引入管仍能保障消防用水量和水压的要求,以提高管网供水的可靠性。

5) 室内消火栓给水管网与自动喷水灭火系统应分开设置,其可靠性强。若分开设置有困难时,可合用消防泵,但在自动喷水灭火系统的报警阀前(沿水流方向)必须分开设置,避免互相影响。

6) 室内消防给水管道应用阀门将室内环状管网分成若干独立段。阀门的布置应保证检修管道时关闭停用的竖管不超过 1 根,当竖管超过 4 根时,检修管道时可关闭不相邻的 2 根竖管。阀门处应有明显启闭标志,阀门应处于正常开启状态。

7) 消防竖管的布置,应保证同层相邻两个消火栓水枪的充实水柱同时可到达室内任何部位。竖管的直径应按其流量计算确定,但不应小于 100mm,以保证消防车通过水泵接合器向室内管网顺利供水。

对于建筑高度不超过 18 层,每层不超过 8 户且面积不超过 650m^2 的普通塔式住宅,如设 2 根竖管有困难时,可设 1 根,但必须采用双阀双出口的消火栓。

8) 泵站内设有 2 台或 2 台以上的消防泵与室内消防管网连接时,应采用单独直接连接法,不宜共用 1 根总的出水管与室内消防管网相连。

(2) 消火栓的设置

1) 高层建筑及其裙房的各层(除无可燃物的设备层外)均应设室内消火栓,消火栓应设在明显易于取用的地方,有明显的红色标志。

2) 消火栓的出水方向宜向下或与设置消火栓的墙面成 90°,离地 1.1m。

3) 消火栓的间距不应大于 30m,与高层建筑直接相连的裙房不应大于 50m,以保证由相邻两个消火栓引出的两支水枪的充实水柱同时达到被保护的任何部位,以尽快出水灭火。

4) 高层民用建筑室内消火栓水枪的充实水柱长度应通过水力计算确定,建筑高度不超过 100m 的高层建筑不应小于 10m;建筑高度超过 100m 高层建筑,水枪充实水柱长度不应小于 13m。

5) 主体建筑和与其相连的附属建筑应采用同一型号、规格的消火栓和配套的水带及水枪。高层建筑室内消火栓栓口直径应采用与消防队通用直径为 65mm 的水带配套,配备的水带长度不应超过 25m,水枪喷嘴口径不应小于 19mm,其目的是使水带、水枪与消防队常用的规格一致,便于扑救火灾。

6）消火栓栓口的静水压力不应大于 1.0MPa，当大于 1.0MPa 时，应采取分区给水系统。消火栓栓口的出水压力大于 0.50MPa 时，消火栓处应设减压装置。

7）临时高压给水系统，每个消火栓处应设启动消防水泵的按钮，并有保护设施。

8）消防电梯间前室应设有消火栓，屋顶应设检验用消火栓，在北方寒冷地区，屋顶消火栓应有防冻和泄水装置。

9）高级旅馆、重要办公楼、一类建筑的商业楼、展览楼、综合楼和建筑高度超过 100m 的其他高层建筑应增设消防卷盘，以便于一般工作人员扑灭初起火灾。

（3）水泵接合器的设置

1）水泵接合器的数量应按室内消防用水量计算确定，每个水泵接合器的流量为 10～15L/s，采用竖向分区给水方式的高层建筑，在消防车供水压力范围内的分区，每个分区应分别设置水泵接合器。采用单管串联给水方式时，可仅在下区设水泵接合器。

2）室内消火栓给水系统和自动喷水灭火系统均应设置水泵接合器。

3）水泵接合器的设置应便于消防车的消防水泵使用，应设在室外不妨碍交通的地方，与建筑物外墙一般应有不小于 5m 的距离；离水源（室外消火栓或消防水池）不宜过远，一般为 15～40m；水泵接合器的间距不宜小于 20m，有困难时也可缩小间距，但应考虑停放消防车的位置和消防车转弯半径的需要。采用墙壁式水泵接合器时，其上方应有遮挡落物的装置。

4）水泵接合器应与室内环状管网相连，外形不应与消火栓相同，以免误用而影响火灾的及时扑救。

5）水泵接合器在温暖地区宜采用地上式，寒冷地区宜采用地下式，应有明显标志。墙壁式安装在建筑物的墙角或外墙处，不占地面位置，且使用方便。

（4）消防水箱的设置

1）临时高压消防给水系统应设消防水箱，采用高压给水系统可不设水箱。对于一类公共建筑，其消防储水量不应小于 18m³，二类公共建筑和一类居住建筑不应小于 12m³，二类住宅建筑不应小于 6m³，其储水量已包括消火栓和自动喷水两个系统的必备用水量。

2）高位消防水箱的设置高度应保证最不利点消火栓静水压力。建筑高度不超过 100m 时，高层建筑最不利点消火栓的静水压力不应低于 0.07MPa（检查用消火栓除外）。当建筑高度超过 100m 时，其最不利点消火栓的静水压力不应低于 0.15MPa。如不能保证，应设增压设施，其增压设施应符合下列条件：增压水泵的出水量对消火栓给水系统不应大于 5L/s，对自动喷水灭火系统不应大于 1L/s，气压水罐的调节水量宜为 450L。

在屋顶设小水泵增压或设气压给水设备增压，增压小水泵只需满足顶部一层或数层火灾初期 10min 的消防水量和水压。

3）高位水箱出水管应设止回阀。

4）消防水箱宜与其他用水的水箱合用，但应有防止消防储水长期不用而水质变坏和确保消防水量不作他用的技术措施。

5）除串联消防给水系统外，发生火灾时由消防水泵供给的消防用水不应进入高位消防水箱。

（5）消防水泵与消防水泵房的设置

消防水泵设置如图 5.11 所示。

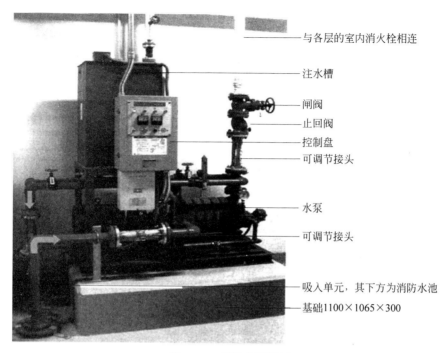

图 5.11 消防水泵设置

1）消防给水系统应设置备用消防水泵,其工作能力不应小于其中最大一台消防工作泵的功率。

2）一组消防水泵吸水管不应少于 2 根,当其中 1 根损坏或检修时,其余吸水管应仍能通过全部水量。

3）消防水泵房应设不少于 2 根的供水管与环状管网连接。

4）消防水泵应采用自灌式吸水,其吸水管应设阀门。供水管上应装设试验和检查用压力表和 65mm 的放水阀门。

5）当市政给水环形干管允许直接吸水时,消防水泵应直接从室外给水管网吸水。直接吸水时,水泵扬程计算应考虑室外给水管网的最低水压,并以室外给水管网的最高水压校核水泵的工作情况。

6）高层建筑消防给水系统应采取防超压措施。

7）室内消防水泵应按消防时所需的水枪实际出流量进行设计,其扬程应满足消火栓给水系统所需的总压力需要。室外消防水泵按室内外消防水量之和设计。

任务 5.1.2　喷水灭火系统

自动喷水灭火系统是一种在发生火灾时能自动打开喷头喷水灭火,同时发出火警信号的消防灭火设施。据资料统计,自动喷水灭火系统扑灭初期火灾的效率在 97% 以上,因此一些国家的公共建筑都要求设置自动喷水灭火系统。鉴于我国的经济发展状况,目前要求在人员密集、不宜疏散,外部增援灭火与救生较困难或火灾危险性较大的场所设置自动喷水灭火系统。

5.1.2.1 自动喷水灭火系统的基本形式及工作原理

自动喷水灭火系统根据组成构件、工作原理及用途可以分成若干种基本形式。按喷头平时开阀情况分为闭式和开式两大类。属于闭式自动喷水灭火系统的有湿式系统、干式系统、预作用系统、重复启闭预作用系统、自动喷水-泡沫联用灭火系统。属于开式自动喷水灭火系统的有水幕系统、雨淋系统和水雾系统。

1. 湿式自动喷水灭火系统

湿式自动喷水灭火系统为喷头常闭的灭火系统(图 5.12),由闭式喷头、湿式报警阀、报警装置、管网及供水设施等组成。由于该系统在准工作状态时报警阀的前后管道内始终充满有压水,故称湿式喷水灭火系统。

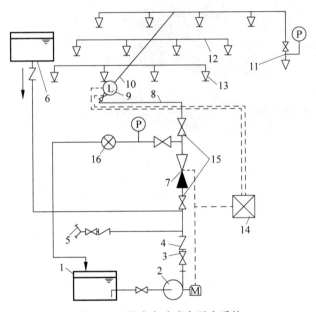

图 5.12　湿式自动喷水灭火系统

1—储水池;2—水泵;3—闸阀;4—止回阀;5—水泵接合器;
6—消防水箱;7—湿式报警阀组;8—配水干管;9—水流指示器;
10—配水管;11—末端试水装置;12—配水支管;13—闭式洒水喷头;
14—报警控制器;15—控制阀;16—流量计;
P—压力表;M—驱动电机;L—水流指示器

湿式自动喷水灭火系统的工作原理为:火灾发生初期,建筑物的温度随之不断上升,当温度上升到使闭式喷头温感元件爆破或熔化脱落时,喷头即自动喷水灭火。此时,管网中的水由静止变为流动,水流指示器被感应送出电信号,在报警控制器上指示某一区域已在喷水。持续喷水造成报警阀的上部水压低于下部水压,其压力差值达到一定值时,原来处于闭状的报警阀便会自动开启。同时,消防水通过湿式报警阀,流向干管和配水管灭火。同时一部分水流沿着报警阀的环节槽进入延迟器、压力开关及水力警铃等设施发出火警信号。此外,根据水流指示器和压力开关的信号或消防水箱的水位信号,控制箱内控制器能自动启动消防泵向管网加压供水,达到持续自动供水的目的。

该系统结构简单、使用方便、可靠、便于施工、容易管理、灭火速度快、控火效率高、比较经济、适用范围广,占整个自动喷水灭火系统的 75% 以上。适合安装在常年室温 4~70℃ 能用水灭火的建筑物内。鉴于上述特点,应优先考虑选用湿式喷水灭火系统。

自动喷水灭火系统用于扑救初期火灾。系统有限的喷水强度和喷水面积,不能控制进入猛烈燃烧阶段的火灾。系统控火灭火的有效性取决于闭式喷头的开放时间和投入的灭火能力。灭火能力体现在两个方面,即抑制燃烧的喷水强度和覆盖起火范围的喷水面积。所以,系统的设计首先应保证闭式喷头响应火灾的灵敏性,使之在初期火灾阶段被热烟气流启动,在此基础上应保证喷头开放后立即持续喷水和在喷水范围内保持足够的喷水强度。此类系统的一大弱点是喷水容易受障碍物的阻挡而不能顺利到达起火部位,因此必须确定系统的最大喷水范围,即作用面积。

2. 干式自动喷水灭火系统

该系统是由闭式喷头、管道系统、干式报警阀、干式报警控制装置、充气设备、排气设备和供水设施等组成,如图 5.13 所示。

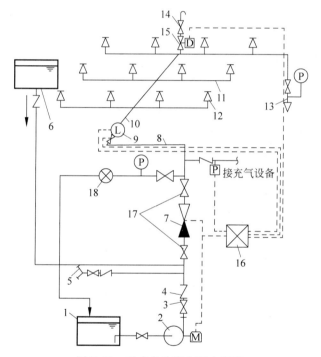

图 5.13　干式自动喷水灭火系统

1—储水池;2—水泵;3—闸阀;4—止回阀;5—水泵接合器;
6—消防水箱;7—干式报警阀组;8—配水干管;9—水流指示器;
10—配水管;11—配水支管;12—闭式喷头;13—末端试水装置;
14—快速排气阀;15—电动阀;16—报警控制器;17—控制阀;
18—流量计;P—压力表;M—驱动电机;L—水流指示器

该系统与上述系统类似,只是控制信号阀的结构和作用原理不同,配水管网与供水管间设置干式控制信号阀将它们隔开,而在配水管网中平时充满有压气体用于系统的启动。发生火灾时,喷头首先喷出气体,致使管网中压力降低,供水管道中的压力水打开控制信号阀而进入配水管网,接着从喷头喷出灭火。

该系统的特点是：报警阀后的管道无水，不怕冻、不怕环境温度高，能减少水渍造成的严重损失。干式与湿式系统相比，多增设一套充气设备，一次性投资高、平时管理较复杂、灭火速度较慢。该系统适用于温度低于 4℃ 或温度高于 70℃ 的场所。

3. 预作用喷水灭火系统

预作用喷水灭火系统(图 5.14)是将火灾探测报警技术和自动喷水系统结合起来，对保护对象起双重保护作用的自动喷水灭火装置。该系统为喷头常闭的灭火系统，管网中平时不充水，发生火灾时，火灾探测器报警后，自动控制系统控制阀门排气、冲水，由干式变为湿式系统；只有当着火点温度达到开启喷头时，才开始喷水灭火。该系统弥补了上述两种系统的缺点，通常安装于那些既需要用水灭火，但又不允许发生非火灾原因而喷水的地方。如储藏珍稀真本的图书馆、档案室、博物馆、贵重物品储藏室、电脑机房等。由于管路内平时充满低压压缩空气，具有干式系统的特点，能够满足寒冷场所安装自动喷水灭火系统的需要。例如，地下车库、仓库、温度低于冰点的大型冷冻库等地方。

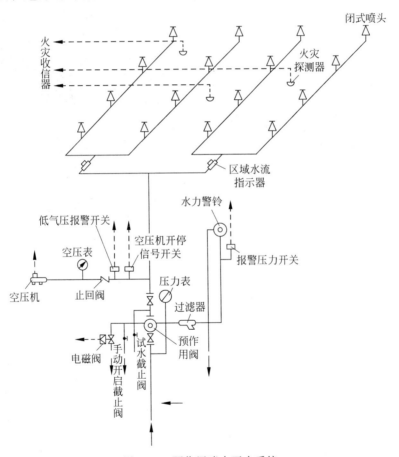

图 5.14　预作用喷水灭火系统

4. 雨淋喷水灭火系统

雨淋喷水灭火系统为喷头常开的灭火系统，也是自动喷水系统的一种，如图 5.15 所示。

雨淋喷水灭火系统采用的是开式喷头，所以喷水是在整个保护区域内同时进行的。发生火灾时，由火灾探测传动系统感知火灾，控制雨淋阀开启，接通水源和雨淋管网，喷头出水灭火。该系统具有出水量大、灭火控制面积大、灭火及时等优点,适用于大面积喷水、快速灭火的特殊场所。雨淋阀之后的管道平时为空管,发生火灾时由火灾探测系统中两路不同的探测信号自动开启雨淋阀,由该雨淋阀控制的系统管道上的所有开式喷头同时喷水,达到灭火目的。

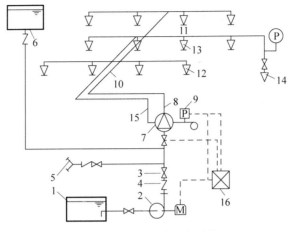

图 5.15　雨淋喷水灭火系统

1—储水池;2—水泵;3—闸阀;4—止回阀;5—水泵接合器;

6—消防水箱;7—雨淋报警阀组;8—配水干管;9—压力开关;

10—配水管;11—配水支管;12—开式洒水喷头;13—闭式喷头;

14—末端试水装置;15—传动管;16—报警控制器;M—驱动电机

温馨提示

　　开式自动喷水灭火系统的开式喷头由感温(或感光、感烟)等火灾探测器接到火灾信号后,通过自动控制雨淋阀而自动喷水灭火。不仅可以扑灭着火处的火源,而且可以同时自动向整个被保护的面积上喷水,从而防止火灾的蔓延和扩大。开式自动喷水灭火系统一般由三部分组成:①火灾探测自动控制传动系统;②自动控制雨淋阀系统;③带开式喷头的自动喷水灭火系统。

5. 水幕系统

　　水幕系统喷头沿线状布置,发生火灾时主要起阻火、冷却、隔离作用,如图 5.16 所示,该系统主要由开式喷头、水幕系统控制设备及探测报警装置、供水设备、管网等组成,适用于需防火隔离的开口部位,如舞台与观众之间的隔离水帘、消防防火卷帘的冷却等。

6. 水喷雾灭火系统

　　水喷雾灭火系统(图 5.17)用水雾喷头取代雨淋灭火系统中的干式洒水喷头。该系统是用水雾喷头把水粉碎成细小的水雾之后喷射到正在燃烧的物质表面,一方面使燃烧物和空气隔绝产生窒息,另一方面进行冷却,对油类火灾能使油面起乳化作用,对水溶性液体火灾能起稀释作用,同时由于水雾具有不会造成液体火飞溅,具有电气绝缘性好的特点,在扑灭可燃液体火灾、电气火灾中均得到广泛的应用,如飞机发动机试验台、各类电气设备、石油加工场所等。该系统可用于扑救固体火灾,闪点高于 $60℃$ 的液体火灾和电气火灾。

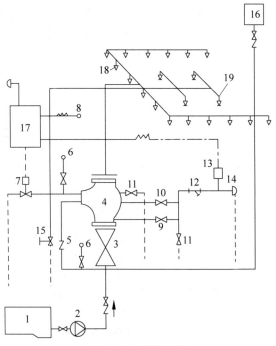

图 5.16 水幕系统

1—储水池；2—水泵；3—供水闸阀；4—雨淋阀；5—止回阀；6—压力表；7—电磁阀；
8—按钮；9—试警铃阀；10—试警管阀；11—放水阀；12—滤网；13—压力开关；
14—警铃；15—手动快门阀；16—水箱；17—电控箱；18—水幕喷头；19—闭式喷头

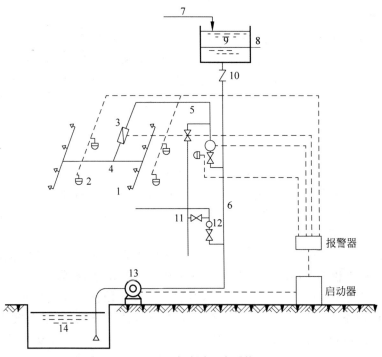

图 5.17 水喷雾灭火系统

1—水雾喷头；2—火灾探测器；3—水力报警器；4—配水管；5—干管；6—供水管；7—水箱进水管；
8—生活用水出水管；9—消防水箱；10—单向阀；11—放水管；12—控制阀；13—消防水泵；14—消防水池

5.1.2.2 自动喷水灭火系统主要组件

1. 管道

自动喷水灭火系统的管网由供水管、配水立管、配水干管、配水管及配水支管组成。如图 5.18 所示,管道布置形式应根据喷头布置的位置和数量来确定。

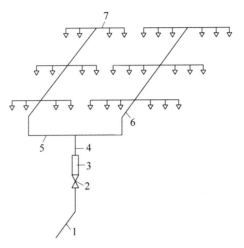

图 5.18 管道名称

1—供水管；2—总闸阀；3—报警阀；4—配水立管；

5—配水干管；6—配水管；7—配水支管

🛢️ **温馨提示**

自动喷水灭火系统管道布置应符合以下要求。

1) 自动喷水灭火系统报警阀后的管道上不应设置其他用水设施,并应采用镀锌钢管或镀锌无缝钢管。干式系统、预作用系统的供气管道采用钢管时,管径不宜小于 15mm；采用铜管时,管径不宜小于 10mm。

2) 每根配水支管或配水管的直径不应小于 25mm。

3) 为避免配水支管过长造成水头损失增加,每侧每根配水支管设置的喷头数应符合下列要求,如图 5.19 所示。

① 轻危险级、中危险级建筑物、构筑物均不应多于 8 个。

② 当同一配水支管的吊顶上下布置喷头时,其上下侧的喷头数各不多于 8 个。

③ 严重危险级的建筑物不应多于 6 个。

4) 自动喷水灭火系统应设泄水装置,且在管网末端设有充水的排气装置。水平安装的管道宜有坡度,并应坡向泄水阀,充水管道的坡度不宜小于 0.2%,准工作状态不充水管道的坡度不宜小于 0.4%。

5) 自动喷水灭火系统管网内的工作压力不应大于 1.2MPa。

6) 干式系统的配水管道充水时间不宜大于 1min；预作用系统与雨淋系统的配水管道充水时间不宜大于 2min。

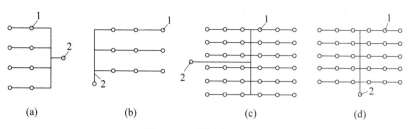

图 5.19　管网布置形式

（a）侧边中心式；（b）侧边末端式；（c）中央中心式；（d）中央末端式

1—立管；2—干管

2. 喷头

闭式喷头是自动喷水灭火系统的关键部件，起到探测火灾、启动系统和喷水灭火的重要作用。根据系统的应用可将喷头分为标准闭式喷头和特种喷头。

1）标准闭式喷头是带热敏感元件及其密封组件的自动喷头。该热敏感元件在预定温度范围下动作，使热敏感元件及其密封组件脱离喷头主体，并按规定的形状和水量在规定的保护面积内喷水灭火。此种喷头按热敏感元件划分，又分为玻璃球喷头和易熔元件喷头两种类型；按安装形式、布水形状又分为普通型、直立型、下垂型、边墙型、吊顶型等多种。常用闭式喷头的性能和适用场所见表 5.3，常用闭式喷头如图 5.20 所示。

表 5.3　常用闭式喷头的性能和适用场所

喷头类别	适用场所	溅水盘朝向	喷水量分配
玻璃球	宾馆等美观要求高或具有腐蚀性场所；环境温度高于 10℃		
易熔元件	外观要求不高或腐蚀性不大的工厂、仓库或民用建筑		
直立型	在管路下经常有移动物体的场所或尘埃较多的场所	向上安装	向下喷水量占 60%～80%
下垂型	管路要求隐蔽的各种保护场所	向下安装	全部水量洒向地面
边墙型	安装空间狭窄、走廊或通道状建筑，及需靠墙壁安装的场所	向上或水平	85% 喷向前方，15% 喷在后面
吊顶型	装饰型喷头，可安装于旅馆、客房、餐厅、办公厅室等建筑	向下安装	
普通型	可直立或下垂安装，适用于可燃吊顶的房间	向上或向下	40%～60% 向地面喷洒

标准闭式喷头应用范围广，能有效地灭火、控火，但有其局限性，适用场所的最大净空高度限制在 8m 范围内，喷头喷水的覆盖面积较小，喷出的水滴较小，穿透力较弱，在可燃物较多的仓库灭火、控火有一定难度，喷头的响应时间较长，滞后于火灾探测器。

2）特种喷头包括快速响应喷头和快速响应早期抑制喷头。

① 快速响应喷头。快速响应喷头的原理是感温元件表面积较大，使具有一定质量的感温元件的吸热速度加快。在同样条件下，喷头的感温元件吸热较快，喷头的启动时间便可缩短。

快速响应喷头应作为高级住宅或超过 100m 的超高层住宅喷水灭火的必选喷头，尤其

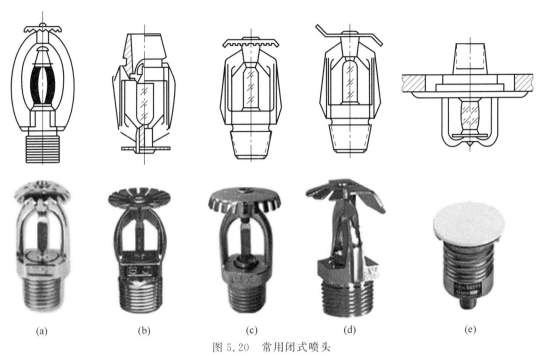

图 5.20 常用闭式喷头

（a）普通型；（b）下垂型；（c）直立型；（d）边墙型（立式）；（e）吊顶型

适用于公共娱乐场所、中庭环廊；医院、疗养院的病房及治疗区域；老年、少儿、残疾人的集体活动场所；超出水泵接合器供水高度的楼层；地下商业及仓储用房。

② 快速响应早期抑制喷头。它是用于保护高堆垛与货架仓库的大流量特种洒水喷头。这种喷头水滴直径大，穿透力强，能够穿过火舌到达可燃物品的表面，喷头适用场所的最大净空高度可达 12m，远远超过标准喷头的能力。快速响应早期抑制喷头不应用在不属于仓库建筑的大空间。

3．报警阀

报警阀组是自动喷水灭火系统的关键组件之一，它在系统中起到启动系统、确保灭火用水畅通、发出报警信号的关键作用。报警阀的类型包括湿式、干式、干湿式、雨淋阀和预作用阀。

1）湿式报警阀。主要用于湿式自动喷水灭火系统上，在其立管上安装。该阀的作用是：接通或切断水源；输送报警信号启动水力警铃报警；防止水倒回到供水源。它是湿式自动喷水灭火系统的一个重要组成部件，主要由湿式阀、延迟器及水力警铃等组成，如图 5.21 所示。

2）干式报警阀。主要用于干式自动喷水灭火系统上，在其立管上安装。由于干式自动喷水灭火系统在喷头未动以前，在干式报警阀后的系统管道内充的是加压空气或氮气，且气压一般为水压的 1/4。

图 5.21 湿式报警阀

3）干湿式报警阀。这种阀用于干、湿交替式喷水灭火系统,是既适合湿式喷水灭火系统,又适合干式喷水灭火系统的双重作用阀门,它是由湿式报警阀与干式报警阀依次连接而成。在温暖季节用湿式装置,在寒冷季节则用干式装置。

4）雨淋阀。雨淋阀主要用于雨淋系统、水幕系统和水喷雾灭火系统。

5）预作用阀。预作用阀主要用于预作用喷水灭火系统。

4. 水流报警装置

水流报警装置包括水力警铃、延迟器、压力开关和水流指示器。

1）水力警铃。主要用于湿式喷水灭火系统,安装在湿式报警阀附近。当报警阀打开水源,水流将冲动叶轮,旋转铃锤,打铃报警,如图 5.22(a)所示。

图 5.22　水流报警装置
(a)水力警铃;(b)延迟器;(c)压力开关;(d)水流指示器

2）延迟器。主要用于湿式喷水灭火系统,安装在湿式报警阀和水力警铃、压力开关(水力继电器)之间的管网上,用以防止湿式报警阀因水压不稳所引起的误动作而造成误报,如图 5.22(b)所示。

3）压力开关。安装在延迟器后水力警铃入口前的管道上,在水力警铃报警的同时,由于警铃管水压升高,接通电触点而形成报警信号向消防中心报警或启动消防水泵。稳压泵的控制应采用压力开关,并应能调节启闭压力;雨淋系统和防火分割水幕的水利报警装置宜采用压力开关,如图 5.22(c)所示。

4）水流指示器。当失火时喷头开启喷水或者管道发生泄漏或意外损坏时,有水流过装有水流指示器的管道,则水流指示器即发出区域水流信号,起到辅助电动报警作用。每个防火分区或每个楼层均应设置水流指示器,如图 5.22(d)所示。

5. 火灾探测器

目前常用的有烟感和温感两种探测器,烟感探测器是根据烟雾浓度进行探测并执行动作;温感探测器是通过火灾引起的温升产生反应。火灾探测器通常布置在房间或走道的天花板下面,其数量应根据计算而定。

6. 控制和检验装置

1）控制阀。一般选用闸阀,平时应全开,应用环形软锁将手轮锁死在开启位置,并应有开关方向标记,其安装位置在报警阀前。

2）末端监测装置。为了检验系统的可靠性,测试系统能否在开放一只喷头的最不利条件下可靠报警并正常启动,要求在每个报警阀的供水最不利点处设置末端监测装置。末端监测装置由排水阀门、压力表、排气阀组成。测试内容包括水流指示器、报警阀、压力开关、水力警铃的动作是否正常,配水管道是否畅通,以及最不利处的喷头工作压力等。打开排水阀门相当于一个喷头喷水,即可观察到水流指示器和报警阀是否正常工作。压力表可测量系统水压是否符合规定要求,排气阀用来排除管中的气体,安装在系统管网末端,管径为 25mm。

任务 5.1.3　气体灭火系统

5.1.3.1　气体灭火系统的分类及工作原理

气体灭火系统是在整个防护区域或保护对象周围的局部区域以某些气体为灭火介质建立起灭火浓度,实现灭火的自动灭火系统。当采用气体灭火系统保护的防护区发生火灾后,火灾探测器将燃烧产生的温、烟、光等变化成电信号输入到火灾报警控制器,经火灾报警控制器鉴别确认后,启动火灾报警装置,发出火灾声、光报警信号,并将信号输入灭火控制盘。灭火控制盘启动开口关闭装置、通风机等联动设备,并经延时再启动驱动装置,并同时打开灭火剂储存装置及选择阀,将灭火剂释放到防护区进行灭火。灭火剂释放时压力开关反馈信号,通过灭火控制盘再发出释放灭火剂的声、光报警信号。

气体灭火系统的灭火速度快、灭火效率高,对保护对象无任何污损,不导电,但系统一次投资大,不能扑救固体物质深位火灾,且某些气体灭火剂排放对大气环境有一定的影响。

我国目前常用的气体灭火系统主要有二氧化碳灭火系统、七氟丙烷灭火系统和混合气体自动灭火系统。气体灭火系统常用于大、中型电子计算机房、图书馆的珍藏室、中央级和省(区、市)级文物资料档案室、广播电视发射塔楼内的重要设备室、程控交换机房、国家及省(区、市)级有关调度指挥中心的通信机房和控制室等场所。从灭火方式分类,气体灭火系统可以分为全淹没系统、局部应用系统。按系统结构特点可分为管网系统和无管网系统。管网系统又可分为组合分配系统和单元独立系统。

1. 全淹没灭火系统

全淹没灭火系统指在规定的时间内向防护区喷放规定设计用量的灭火剂,并使其均匀地充满整个防护区空间的灭火系统。该系统由固定的气体灭火剂供给源通过与之相连的带喷嘴的固定管道,向指定的封闭空间释放灭火剂。为了能够迅速达到和保持必要的灭火剂浓度,该系统在放出气体灭火剂后,将防护区的开口部分关闭,使其处于密闭状态,并保持 1h 以上。在门窗不能自动关闭和没有墙壁或设有天棚的地方,还需要补充供给一定附加量的灭火剂。系统有手动控制和自动控制两种控制方式,一般都使用手动控制,但当室内无人时,可以转换为自动控制。

2. 局部应用灭火系统

局部应用灭火系统是由固定的气体灭火剂供给源通过与之相连的带喷嘴的固定管道,直接向被保护物释放灭火剂灭火的气体灭火系统。该系统仅对保护对象的特定部分或特定设施放出灭火剂进行灭火。局部应用灭火系统的灭火方式是,当发生平面火灾时,该系统灭火剂的施放是平面式的;当发生立体火灾时,灭火剂向一定的立体空间施放。

局部应用灭火系统主要用于无法封闭空间、不存在复燃危险的重要设备或局部区域。目前在气体灭火系统中,局部应用灭火系统主要是二氧化碳灭火系统。

3. 单元独立系统

单元独立系统是用一套灭火剂储存装置保护一个防护区的灭火系统,一般来说,用单元独立系统保护的防护区在位置上是单独的,离其他防护区较远不便于组合,或是两个防护区相邻但有同时失火的可能。

4. 组合分配系统

组合分配系统由一套灭火剂储存装置保护多个防护区,组合分配系统总的灭火剂储存量只考虑按照需要灭火剂量最多的一个防护区配置,如组合分配系统中某个防护区需要灭火,则通过选择阀、容器阀等控制,定向施放灭火剂。这种灭火系统的优点是储存容器数和灭火剂用量可以大幅度减少,有较高的应用价值。

5.1.3.2 气体灭火系统的组成及设置要求

气体灭火系统由储存灭火剂的储存容器和容器阀、连接软管和止回阀、集流管、输送灭火剂的管道和管道附件、喷嘴、泄压装置、应急操作机构、储存启动气源的钢瓶和电磁瓶头阀、气源管路、固定支架(对于组合分配系统还应有选择阀)以及探测、报警、控制器等组成,如图 5.23 所示。不同结构形式的气体系统所含系统组件不完全相同。

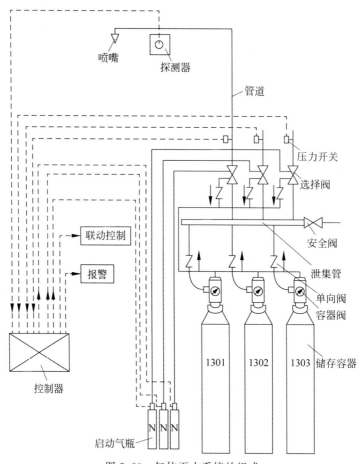

图 5.23 气体灭火系统的组成

1. 储存装置

气体灭火系统的储存装置包括灭火剂储存容器、容器阀、单向阀、汇集管、连接软管及支架等，通常组合在一起，放置在靠近防护区的专用储瓶间内。储存装置既要储存足够量的灭火剂，又要保证在着火时能及时开启，释放出灭火剂。

（1）储存容器

储存容器既要储存灭火剂，同时又是系统工作的动力源，为系统正常工作提供足够的压力。

二氧化碳储存容器有高压储存容器和低压储存容器两种。低压储存容器用于低压二氧化碳灭火系统，容器的容积较大，安装及维护管理较方便。

卤代烷储存容器有代用瓶和专用瓶两种。代用瓶可使用氧气储瓶或二氧化碳储瓶，其特点是瓶体细而长，占地面积较小；专用瓶多为圆筒体焊接钢瓶，筒体较粗，容积较大，型号较多。

（2）容器阀

容器阀是指安装在灭火剂储存容器出口的控制阀门，其作用是平时用来封存灭火剂，火灾时自动或手动开启释放灭火剂。容器阀的类型有电动型、气动型、机械型和电引爆型四类，其开启是一次性的，打开后不能关闭，需要重新更换膜片或重新支撑后才能关闭。

（3）集流管

集流管安装在瓶组架上，将各灭火瓶的灭火剂汇集到集流管后，再通过各对应的区域的选择阀和分支管网输送到防护区。

（4）单向阀

单向阀安装于软管和集流管之间，其用途是在多个钢瓶集中安放时，可以防止某个钢瓶拿掉或喷放完后，若某个防护区失火需喷灭火剂时，灭火剂从集流管流失或流回已喷完的钢瓶中。

（5）连接软管

连接软管用于连接容器阀与集流管，其作用是减缓输送灭火剂和减少灭火剂释放时引起的震动。

2. 启动装置

启动装置由启动气瓶、选择阀组成。

（1）启动气瓶

启动气瓶由多功能电磁阀，可通过电、气、手动等多种功能打开，并通过管路与选择阀及容器阀相连，提供启动气源，对防护区进行灭火控制。

（2）选择阀

在组合分配系统中，选择阀安装在每个对应防护区的分流管始端，以控制灭火剂的流通方向，从而达到将灭火剂分配到被保护区域的目的。

3. 喷嘴

喷嘴的作用是保证灭火剂以特定的射流形式喷出，促使灭火剂迅速气化，并在保护空间内达到灭火浓度。气体灭火系统的喷嘴安装在防护区的吊顶上或吊顶下。二氧化碳灭火系统采用专用的喷头，七氟丙烷灭火系统使用卤代烷喷头。

4. 控制系统

气体灭火系统的控制系统主要由以下四部分组成。

（1）气体控制主机

气体控制主机是用来自动启动灭火剂喷射的控制器，一般安装在消防中心。

（2）紧急放气按钮

紧急放气按钮是指人员发现或接到火灾信号后，经确认直接启动系统进行灭火剂喷射灭火的按钮，一般安装在防护区的出入口处且有明显标志。

（3）声光报警器

声光报警器是将火灾报警信息进行声音中继的一种电气设备，大部分安装于防护区进出口的上方，其颜色主要为红色。

（4）放气指示灯

放气指示灯是灭火剂喷射时用声音或闪烁的光（或文字）向防护区外部人员通知的设施，一般安装在防护区入口。

任务 5.1.4   火灾自动报警系统

5.1.4.1   火灾自动报警系统的工作原理与保护对象

人类文明起源于火，火造福于人类，但火灾也给人类社会带来巨大的危害。火灾自动报警及消防联动控制系统能有效检测火灾、控制火灾、扑灭火灾，保障人们生命和财产的安全，起到非常重要的作用。

1. 火灾自动报警系统的工作原理

火灾自动报警系统的工作原理是被保护场所的各类火灾参数由火灾探测器或经人工发送到火灾报警控制器，控制器将信号放大、分析、处理后，以声、光、文字等形式显示或打印出来，同时记录下时间，根据内部设置的逻辑命令自动或人工手动启动相关的火灾警报设备和消防联动控制设备，进行人员的疏散和火灾的扑救。

2. 火灾自动报警系统的保护对象

火灾自动报警系统的基本保护对象是工业与民用建筑及场所，但根据被保护建筑的使用性质、火灾危险性、疏散和扑救难度等分为特级、一级和二级保护对象。

5.1.4.2   火灾自动报警系统的组成及常用设备

1. 火灾自动报警系统的组成

火灾自动报警系统由触发装置、报警装置、警报装置、控制装置和电源等组成，系统组成如图 5.24 所示。

2. 火灾自动报警系统常用设备

（1）触发装置

火灾探测器是对火灾现场的光、温、烟及焰火辐射等现象产生反应，并发出信号的现场设备。

根据其感测的参数不同，分为感烟火灾探测器、感温火灾探测器、感光火灾探测器、可燃气体探测器、复合式火灾探测器等。按结构造型不同可分为点型和线型两类。

1）感烟火灾探测器是感测环境烟雾浓度的探测器。主要有离子感烟探测器、光电感烟探测器（图 5.25）及光束感烟探测器等。感烟探测器能通过烟雾早期感知火灾的危险。

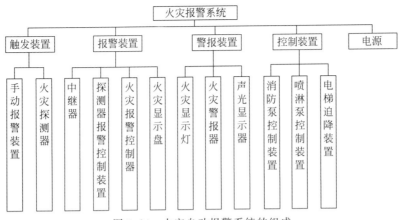

图 5.24　火灾自动报警系统的组成

2）感温火灾探测器（图 5.26）是对环境中的温度进行监测的探测器。根据检测温度参数的特性不同分为定温式、差温式和差定温式探测器三类。感温火灾探测器特别适用于发生火灾时有剧烈温升的场所。

图 5.25　光电感烟探测器

图 5.26　感温火灾探测器

3）感光火灾探测器（图 5.27）用来探测火焰辐射的红外光和紫外光，对感烟、感温探测器起到补充作用。感光火灾探测器特别适用于突然起火而无烟雾的易燃、易爆场所，室内外均可使用。

4）可燃气体探测器（图 5.28）主要用来探测可燃气体（如天然气等）在某区域内的浓度，在气体达到爆炸危险条件之前发出信号报警。

图 5.27　感光火灾探测器

图 5.28　可燃气体探测器

5）复合式火灾探测器（图5.29）的探测参数不只是一种,扩大了探测器的应用范围,提高了火灾探测的可靠性。常见的有感烟感温探测器、感光感烟探测器、感光感温探测器等。

（2）手动报警按钮

手动报警按钮（图5.30）是手动方式产生火灾报警信号的器件,是火灾自动报警系统不可缺少的装置之一。

图5.29　复合式火灾探测器

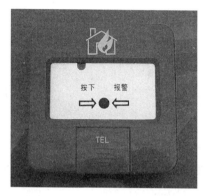

图5.30　手动报警按钮

（3）报警装置

火灾自动报警系统的核心报警装置是火灾报警控制器。按用途和设计使用要求分类,可分为区域报警控制器、集中报警控制器及通用报警控制器。区域报警控制器与集中报警控制器在结构上没有本质区别,只是在功能上分别适应区域报警工作状态与集中报警工作状态。通用报警控制器兼有区域、集中两级火灾报警控制功能,通过设置或修改相应参数即可作为区域或集中报警控制器使用。

1）区域报警控制器常用于规模小、局部保护区域的火灾自动报警系统。其系统组成如图5.31所示。

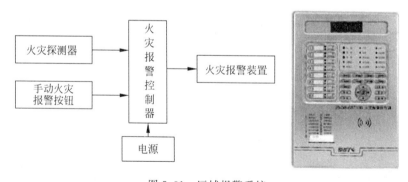

图5.31　区域报警系统

2）集中报警控制器常用于规模大的建筑或建筑群的火灾自动报警系统。其系统组成如图5.32所示。

3）控制中心报警系统由消防控制室的消防联动控制设备、集中火灾报警控制器、区域火灾报警控制器和火灾探测器等组成。系统容量大,消防设施的控制功能较全,适用于大型建筑的保护。系统组成如图5.33所示。

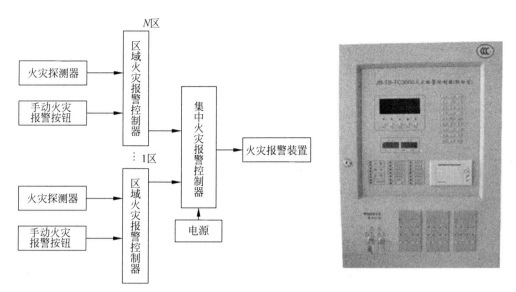

图 5.32 集中报警系统

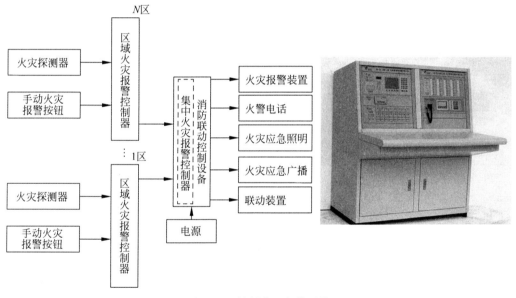

图 5.33 控制中心报警系统

（4）警报装置

警报装置（图 5.34）在发生火灾时,发出声、光信号报警,提醒人们注意。常用的警报装置有声光报警器、警铃、声光讯响器等。

（5）控制（联动）装置

在火灾自动报警系统中,当接收到来自触发器的火灾信号后,能自动或手动启动相关消防设备并显示其工作状态的装置称为控制装置。控制装置主要有自动灭火系统的控制装置、室内消火栓的控制装置、防烟排烟控制系统的控制装置、空调通风系统的控制装置、防火门控制装置、电梯迫降控制装置等。

| 声光报警器 | 警铃 | 声光讯响器 |

图 5.34　警报装置

项目 5.2　消防工程施工图识图

教学导航

项目任务	任务 5.2.1　消防工程施工图的识图	参考学时	2
	任务 5.2.2　某综合楼消防工程施工图的识图		
教学载体	多媒体课室、教学课件及教材相关内容		
教学目标	知识目标	了解消防施工图的识读方法；掌握消防施工图的识图	
	能力目标	能识读消防施工图	
过程设计	任务布置及知识引导—学习相关新知识点—解决与实施工作任务—自我检查与评价		
教学方法	项目教学法		

任务 5.2.1　消防工程施工图的识读方法与图例

5.2.1.1　消防水工程施工图的识读方法

建筑消防水(消火栓、自动喷淋、气体灭火)工程施工图的组成同建筑内部给排水施工图,包括设计说明、材料设备图例表、平面布置图、系统图、大样图等。消防管道中水流的方向为:引入管→水表井→水平干管→立管→水平支管→用水设备(消火栓或喷头)。在管路中间按需要装置阀门等配水控制附件和设备。建筑消防水施工图的识读方法同建筑内部给排水施工图的识读方法。

5.2.1.2　消防电工程施工图的识读方法

建筑消防电(火灾自动报警)工程施工图的组成同建筑电气施工图,包括设计说明、主要设备材料图例表、电气平面图、系统图、大样图、电路图、接线图等。建筑消防电施工图的识读方法同建筑电气施工图,通过系统图了解电气系统的组成概况,对照平面图按电源进线→总配电箱→干线→支干线→分配电箱→支线→用电设备这样的顺序进行识读。

5.2.1.3 消防工程基本图形符号及工程图例

1. 消防工程灭火器符号

消防工程灭火器图例见表 5.4。

表 5.4 消防工程灭火器图例

名 称	图 形	名 称	图 形
清水灭火器	⊗	卤代烷灭火器	△
推车式 ABC 类干粉灭火器	▪	泡沫灭火器	●
二氧化碳灭火器	▲	推车式卤代烷灭火器	△
BC 类干粉灭火器	⊠	推车式泡沫灭火器	●
水桶	⊖	ABC 类干粉灭火器	▪
推车式 BC 类干粉灭火器	⊠	沙桶	⊖

2. 消防工程固定灭火系统符号

消防工程固定灭火系统图例见表 5.5。

表 5.5 消防工程固定灭火系统图例

名 称	图 形	名 称	图 形
水灭火系统(全淹没)	⊗	ABC 类干粉灭火系统	◆
手动控制灭火系统	◇	泡沫灭火系统(全淹没)	◆
卤代烷灭火系统	◇	BC 类干粉灭火系统	⊠
二氧化碳灭火系统	◆		

3. 消防工程自动报警设备符号

消防工程自动报警设备图例见表 5.6。

表 5.6 消防工程自动报警设备图例

名 称	图 形	名 称	图 形
消防控制中心	⊠	火灾报警装置	▭
温感探测器	▯	感光探测器	∧
手动报警装置	Y	烟感探测器	S
气体探测器	⊭	报警电话	☎
火灾警铃	⌂	火灾报警扬声器	◁
火灾报警发声器	◁	火灾光信号装置	8

4. 消防工程灭火设备安装处符号

消防工程灭火设备安装处图例见表 5.7。

表 5.7　消防工程灭火设备安装处图例

名　　称	图　　形	名　　称	图　　形
二氧化碳瓶站		ABC 干粉罐	
泡沫罐站		BC 干粉灭火罐站	
消防泵站			

5. 消防工程基本图形符号

消防工程基本图形图例见表 5.8。

表 5.8　消防工程基本图形图例

名　　称	图　　形	名　　称	图　　形
手提式灭火器		灭火设备安装处所	
推车式灭火器		控制和指示设备	
固定式灭火系统(全淹没)		报警息动	
固定式灭火系统(局部应用)		火灾报警装置	
固定式灭火系统(指出应用区)		消防通风口	

6. 消防工程辅助符号

消防工程辅助图例见表 5.9。

表 5.9　消防工程辅助图例

名　　称	图　　形	名　　称	图　　形
水		阀门	
手动启动		泡沫或泡沫液	
出口		电铃	
无水		入口	
发声器		BC 类干粉	
热		扬声器	
ABC 类干粉		烟	

续表

名　　称	图　形	名　　称	图　形
电话	☎	卤代烷	△
火焰	∧	光信号	⊟
二氧化碳	▲	易爆气体	⊰

7. 消防管路及配件符号

消防管路及配件图例见表 5.10。

表 5.10　消防管路及配件图例

名　　称	图　形	名　　称	图　形
干式立管	◎	消防水管线	——FS——
报警阀	⧎	消防水罐（池）	⊠
消火栓	◗	泡沫混合液管线	——FP——
闭式喷头	⊽	开式喷头	▽
泡沫比例混合器	▶◀	消防泵	⌀
湿式立管	⊗	水泵接合器	→⊢
泡沫混合器立管	●	泡沫产生器	▷●
泡沫液管	●		

8. 常用火灾自动报警设备文字符号

常用火灾自动报警设备文字符号见表 5.11。

表 5.11　常用火灾自动报警设备文字符号

序号	文字符号	名　　称	序号	文字符号	名　　称
1	W	感温火灾探测器	8	WCD	差定温火灾探测器
2	Y	感烟火灾探测器	9	B	火灾报警控制器
3	G	感光火灾探测器	10	B-Q	区域火灾报警控制器
4	Q	可燃气体探测器	11	B-J	集中火灾报警控制器
5	F	复合式火灾探测器	12	B-T	通用火灾报警控制器
6	WD	定温火灾探测器	13	DY	电源
7	WC	差温火灾探测器			

任务 5.2.2　某综合楼消防工程施工图的识图

5.2.2.1　某综合楼消防水工程施工图的识图

本工程为多层建筑,建筑物高度为室外地坪到檐口 20.5m,建筑层数为地下室 1 层、地上 5 层,层高为地下室 3.50m、首层 4.50m、标准层 4m,本工程按照多层建筑要求进行消防水的设计,既涉及消火栓灭火系统,又涉及自动喷水灭火系统。

本工程的消防用水全部由泵房供水,室内消火栓箱内配置 DN65 消火栓 1 个、DN65 衬胶水带 1 条,长 25m,19mm 直流水枪 1 支,箱体尺寸为 700mm×650mm×200mm,暗装。

室外埋地消防水管道采用镀锌钢管,丝扣连接,管道试验压力 1MPa;室内消火栓管道采用镀锌钢管,丝扣连接,管道试验压力 1.08MPa。室内自动喷水管道,泵房内管道及输水干管用焊接钢管,法兰连接;支管用镀锌钢管,丝扣连接;管道试验压力,输水干管 1.7MPa,支管 1.7MPa。

识读某综合楼消防水施工图(见右侧二维码"综合楼安装施工图-消防.zip"),将平面图和系统图对照,水平管道在平面图中体现,而立管在平面图中以圆圈的形式表示,相应的立管信息可在系统图中读出,包括其标高、管径等,消火栓灭火系统从干管引至各楼层的消火栓,自动喷淋灭火系统从干管引至各层的喷头。

综合楼安装施工图-消防.zip

1. 消火栓灭火系统

消防水施工图中,两根消防干管分别接泵房内管道由室外引入,采用 DN100 镀锌钢管,埋设深度均为 $H-1.60$m,经 $H-1.60$m 敷设的水平干管连接成环,接 XL1、XL2、XL3、XL4、XL5、XL6 和 XL7,通过 XL5、XL6 和 XL7 往下供水至地下室的消火栓,通过 XL1、XL2、XL3 和 XL4 往上供水至 1~5 层的消火栓。消火栓的安装高度均为 $H+1.10$m,XL1、XL2、XL3 和 XL4 在屋顶 $H+0.3$m 处相接,形成环网,保证消防用水需求。

2. 自动喷水灭火系统

消防水施工图中,两根消防干管分别接泵房内自动喷水供水设备,由室外引入,采用 DN150 镀锌钢管,埋设深度均为 $H-1.80$m,经 $H-1.80$m 敷设的水平干管,接室外的 2 个消防水泵接合器,从屋顶消防水箱下来的 ZL0,再接 2 个湿式报警阀,通过湿式报警阀连接 ZL1 和 ZL2,通过 ZL1 供水至地下室、第 1 层和第 2 层的喷头和末端试水装置,通过 ZL2 供水至 3~5 层的喷头和末端的试水装置。连接喷头的支管安装高度均为 $H+3.20$m,ZL1 和 ZL2 的顶端装有 DN25 自动排气阀,保证消防用水需求。

3. 气体灭火系统

气体灭火系统是对地下室配电房,即低压房、高压房和变压房进行二氧化碳自动灭火装置的工程设计。采用全淹没灭火装置,即在规定时间内,喷射一定浓度的二氧化碳并使其均匀地充满整个保护区,将保护区内的火扑灭。灭火装置的控制方式为自动、电气手动和机械应急手动,在值班室设有控制柜,在保护区外设置手动控制盒,保护区无人时,应采用自动控制方式,即自动探测报警,发出火警信号,自动启动灭火装置进行灭火;保护区有人工作或值班时,应采用手动控制,即出现火灾经手动启动灭火系统进行灭火。自动、手动控制方式的转换,可在控制柜上实现。当保护区发生火警,系统电源或电气控制部分出现故障,不执行灭火指令时,可采用机械应急手动控制方式,手动控制必须在提前关闭影响灭火效果的设备,通知并确认人员已经撤离后方可实施。当发生火灾报警,在灭火系统喷放灭火剂前发现不需要启动灭火系统进行灭火的情况时,可按下紧急停止按钮阻止灭火指令的发出,停止系统启动。二氧化碳灭火系统由瓶组和喷头管路系统组成,整个保护区分为三个区,高压房为保护区1,安装6个全淹没型喷头;变压房为保护区2,安装4个全淹没型喷头;低压房为保护区3,安装2个全淹没型喷头。火灾时,保护区1启用19瓶二氧化碳,保护区2启用11瓶,保护区3启用7瓶。管道采用内外镀锌高压无缝钢管,公称直径小于DN80的管道采用螺纹接口,大于或等于DN80的管道用法兰连接。

5.2.2.2 某综合楼消防电工程施工图的识图

本工程为多层建筑,建筑物高度为室外地坪到檐口20.5m,建筑层数为地下室1层、地上5层,层高为地下室3.50m、首层4.50m、标准层4m。电源由地下室电房低压配电柜引来,消防设备的配电干线采用ZR-BVV-3×4/MR30×20×1.0,水平分支线采用ZR-BVV-1.5;ISL7200BSU报警主机,联动控制柜连接4个回路,第1回路控制首层消防设施,第2回路控制2、3层消防设施,第3回路控制4层、5层和天面机房消防设施,第4回路控制地下室消防设施。至各风机,电梯控制箱选用NH-KVV-7×1.5,至地下1层水泵房XF箱选用NH-KVV-7×1.5,至天面水池选用NH-KVV-4×1.5,至地下室气体灭火控制器选用NH-KVV-7×1.5,报警总线选用ZR-RVS-2×1.5,电话总线选用ZR-RVS-2×1.0,探测器模块后接线选用ZR-RVS-2×1.0,联动控制线选用ZR-BVV-1.5(除注明外),广播线选用ZR-RVS-2×1.0。

项目5.3 消防工程分部分项工程量清单的编制

教学导航

项目任务	任务5.3.1 消防工程分部分项工程量清单设置	参考学时	12
	任务5.3.2 消防工程分部分项工程量计算应用		
	任务5.3.3 消防工程分部分项工程量清单编制应用		
教学载体	多媒体课室、教学课件及教材相关内容		
教学目标	知识目标	了解消防工程清单列项;掌握消防工程工程量计算和清单编制	
	能力目标	能编制消防工程工程量清单	
过程设计	任务布置及知识引导—学习相关新知识点—解决与实施工作任务—自我检查与评价		
教学方法	项目教学法		

任务5.3.1 消防工程分部分项工程量清单设置

消防工程分部分项工程量清单项目设置依据《通用安装工程工程量计算规范》(GB 50856—2013)附录J消防工程进行列项。

消防报警系统配管、配线、接线盒,均应按该规范附录D电气设备安装工程相关项目编码列项。

消防管道上的阀门、管道及设备支架、套管制作安装,应按该规范附录 K 给排水、采暖、燃气工程相关项目编码列项。

管道及设备除锈、刷油、保温除注明者外,均应按该规范附录 M 刷油、防腐蚀、绝热工程相关项目编码列项。

消防工程措施项目,应按该规范附录 N 措施项目相关项目编码列项。

任务 5.3.2　消防工程分部分项工程量计算应用

5.3.2.1　界线划分

1)室内外消防给水管道界线以建筑物外墙皮 1.5m 为界,入口处设阀门者以阀门为界。

2)设在高层建筑内的消防泵房管道界线,以泵房外墙皮为界。

3)室外消防给水管道与市政给水管道的界线,以与市政给水管道碰头点(井)为界。

5.3.2.2　工程量计算规则

1. 水灭火系统工程量计算规则

1)管道安装按设计图示管道中心线长度以"m"计算,不扣除阀门、管件及各种组件所占长度。

2)水喷淋(雾)喷头安装应区别有(无)吊顶,按设计图示数量以"个"计算。

3)报警装置安装,区分不同连接方式和规格按设计图示成套产品数量以"组"计算。

4)温感式水幕装置安装,区分不同型号和规格按设计图示数量以"组"计算。

5)水流指示器安装,区分不同连接方式和规格按设计图示数量以"个"计算。

6)减压孔板安装,区分不同规格按设计图示数量以"个"计算。

7)末端试水装置安装,区分不同规格按设计图示数量以"组"计算。

8)集热板制作安装,按设计图示数量以"个"计算。

9)室内消火栓安装,区分不同形式,分别按单栓和双栓按设计图示数量以"套"计算。

10)试验用消火栓安装,按设计图示数量以"个"计算。

11)室外消火栓安装,区分不同形式、规格、工作压力和覆土深度按设计图示数量以"套"计算。

12)消防水泵接合器安装,区分不同安装方式和规格按设计图示数量以"套"计算。

13)灭火器具安装,区分不同安装方式和规格按设计图示数量以"个"计算。

14)电控式消防水炮安装,区分不同规格按设计图示数量以"台"计算。

15)模拟末端试水装置安装,按设计图示数量以"套"计算。

16)管道支吊架制作安装,按设计图示尺寸以"kg"计算。

2. 气体灭火系统工程量计算规则

1)各种管道安装,按设计图示管道中心线长度以"m"计算,不扣除阀门、管件及各种组件所占长度。

2)钢制管件螺纹连接,区分不同规格按设计图示数量以"个"计算。

3)喷头安装,区分不同规格按设计图示数量以"个"计算。

4)选择阀安装,区分不同规格和连接方式分别按设计图示数量以"个"计算。

5)储存装置安装,区分储存容器和驱动气瓶的规格(L)按设计图示数量以"套"计算。

6）称重检漏装置安装，按设计图示数量以"套"计算。

7）无管网型灭火装置安装，区分储存容器容积的规格（L）按设计图示数量以"套"计算。

8）系统组件试验，按水压强度试验和气压严密性试验，分别按设计图示数量以"个"计算。

3．泡沫灭火系统工程量计算规则

1）泡沫发生器安装，区分不同型号按设计图示数量以"台"计算。

2）泡沫比例混合器安装，区分不同型号按设计图示数量以"台"计算。

3）泡沫液储罐安装，区分泡沫罐容积的规格（L）按设计图示数量以"台"计算。

4．火灾自动报警系统工程量计算规则

1）点型探测器安装，不分规格、型号、安装方式与位置，按设计图示数量以"个"计算。

2）红外线探测器安装，按设计图示数量以"对"计算。

3）火焰探测器、可燃气体探测器安装，不分规格、型号、安装方式与位置，按设计图示数量以"个"计算。

4）线形探测器安装，不分安装方式、线制及保护形式，按设计图示尺寸以"m"计算。

5）按钮安装，按设计图示数量以"个"计算。

6）警报装置分为声光报警和警铃报警两种形式，均按设计图示数量以"个"计算。

7）通信分机、插孔是指消防专用电话分机与电话插孔不分安装方式，分别按设计图示数量以"部""个"计算。

8）火灾事故广播中的扬声器不分规格、型号，按设计图示数量以"个"计算。

9）控制模块（接口）不分安装方式，按照设计图示输出数量以"个"计算。

10）报警模块（接口）不分安装方式，按设计图示数量以"个"计算。

11）区域报警控制箱、联动控制箱、火灾报警系统控制主机、联动控制主机安装，分别按壁挂式和落地区分不同点数按设计图示数量以"台"计算。

12）远程控制器安装，根据其控制回路数按设计图示数量以"台"计算；重复显示器（楼层显示器）不分规格、型号、安装方式，按设计图示数量以"台"计算。

13）火灾事故广播中的功放机、录音机的安装，按柜内及台上两种方式综合考虑，分别按设计图示数量以"台"计算。

14）消防广播控制柜是指安装成套消防广播设备的成品机柜，不分规格、型号按设计图示数量以"台"计算。

15）广播分配器安装，按设计图示数量以"台"计算。

16）消防通信系统中的电话交换机安装，区分不同门数按设计图示数量以"台"计算。

17）火灾报警控制微机（CRT）安装，包括火灾报警控制微机、图形显示及打印终端的安装，按设计图示数量以"台"计算。

18）报警备用电源安装，综合考虑了规格、型号，按设计图示数量以"台"计算。

19）报警联动一体机安装，按设计图示数量以"台"计算。这里的台是指报警联动一体机所带的有地址编码的报警器件与控制模块（接口）的数量。

5．消防系统调试工程量计算规则

1）自动报警系统调试：包括各种探测器、报警按钮、报警控制器组成的报警系统，区分不同点数根据集中报警器台数以"系统"计算，其点数按具有地址编码的器件数量计算。

2) 水灭火系统控制装置调试：自动喷洒系统按水流指示器数量以"点"计算；消火栓系统按消火栓启泵按钮数量以"点"计算；消防水炮系统按水炮数量以"点"计算。

3) 防火控制装置调试：按设计图示数量以"个"或"部"计算。

4) 气体灭火系统装置调试：由七氟丙烷、IG541、二氧化碳等组成的灭火系统，按气体灭火系统装置试验容器的瓶头阀以"点"计算。

5) 火灾事故广播、消防通信系统调试：火灾事故广播、消防通信系统中的消防广播喇叭、音箱和消防通信的电话分机、电话插孔，按设计图示数量以"个"计算。

任务5.3.3　消防工程分部分项工程量清单编制应用

1. 消防工程分部分项工程量清单列项

根据《通用安装工程工程量计算规范》(GB 50856—2013)，结合某综合楼消防工程施工图，对该专业分部分项工程量进行清单列项，见表5.12。

表5.12　某综合楼消防工程分部分项工程量清单列项

序号	项目编码	项目名称	项目特征描述	计量单位
一、消防水系统自动喷水灭火系统				
1	030901001001	水喷淋钢管	1. 安装部位：室内 2. 材质、规格：镀锌钢管 DN150 3. 连接形式：法兰连接 4. 压力试验及冲洗设计要求：水压试验和冲洗	m
2	030901001002	水喷淋钢管	1. 安装部位：室内 2. 材质、规格：镀锌钢管 DN100 3. 连接形式：法兰连接 4. 压力试验及冲洗设计要求：水压试验和冲洗	m
3	030901001003	水喷淋钢管	1. 安装部位：室内 2. 材质、规格：镀锌钢管 DN80 3. 连接形式：法兰连接 4. 压力试验及冲洗设计要求：水压试验和冲洗	m
4	030901001004	水喷淋钢管	1. 安装部位：室内 2. 材质、规格：镀锌钢管 DN65 3. 连接形式：法兰连接 4. 压力试验及冲洗设计要求：水压试验和冲洗	m
5	030901001005	水喷淋钢管	1. 安装部位：室内 2. 材质、规格：镀锌钢管 DN50 3. 连接形式：法兰连接 4. 压力试验及冲洗设计要求：水压试验和冲洗	m

续表

序号	项目编码	项目名称	项目特征描述	计量单位
6	030901001006	水喷淋钢管	1. 安装部位：室内 2. 材质、规格：镀锌钢管 DN40 3. 连接形式：丝扣连接 4. 压力试验及冲洗设计要求：水压试验和冲洗	m
7	030901001007	水喷淋钢管	1. 安装部位：室内 2. 材质、规格：镀锌钢管 DN32 3. 连接形式：丝扣连接 4. 压力试验及冲洗设计要求：水压试验和冲洗	m
8	030901001008	水喷淋钢管	1. 安装部位：室内 2. 材质、规格：镀锌钢管 DN25 3. 连接形式：丝扣连接 4. 压力试验及冲洗设计要求：水压试验和冲洗	m
9	030901003001	水喷淋（雾）喷头	1. 安装部位：室内 2. 材质、型号、规格：68℃普通喷头 3. 连接形式：丝扣接口	个
10	030901004001	报警装置	1. 名称：湿式报警阀 2. 型号、规格：DN150	套
11	030901006001	水流指示器	1. 规格、型号：室内 2. 连接形式：法兰连接	个
12	030901008001	末端试水装置	1. 规格：DN25 2. 组装形式：压力表、DN25 试水阀	组
13	030901012001	消防水泵接合器	1. 安装部位：室外 2. 型号、规格：DN100 3. 附件材质、规格：螺纹连接	套
14	031003001001	螺纹阀门	1. 类型：自动排气阀 2. 材质：铸铁 3. 规格、压力等级：DN25、1.7MPa 4. 连接形式：螺纹连接	个
15	031003003001	焊接法兰阀门	1. 类型：止回阀 2. 材质：铸铁 3. 规格、压力等级：DN100、1.7MPa 4. 连接形式：法兰连接	个
16	031003003002	焊接法兰阀门	1. 类型：带信号闸阀 2. 材质：铸铁 3. 规格、压力等级：DN100、1.7MPa 4. 连接形式：法兰连接	个

序号	项目编码	项目名称	项目特征描述	计量单位
17	031003003003	焊接法兰阀门	1. 类型：闸阀 2. 材质：铸铁 3. 规格、压力等级：DN100、1.7MPa 4. 连接形式：法兰连接	个
18	031003003004	焊接法兰阀门	1. 类型：闸阀 2. 材质：铸铁 3. 规格、压力等级：DN150、1.7MPa 4. 连接形式：法兰连接	个
19	031002003001	套管	1. 名称、类型：防水套管 2. 材质：钢材 3. 规格：DN200 4. 填料材质：防水涂料 5. 系统：消防给水系统	个
20	031002003002	套管	1. 名称、类型：防水套管 2. 材质：钢材 3. 规格：DN150 4. 填料材质：防水涂料 5. 系统：ZL0消防给水系统	个
21	031002003003	套管	1. 名称、类型：一般钢套管 2. 材质：钢材 3. 规格：DN200 4. 填料材质：防水涂料 5. 系统：给水系统	个
22	031002003004	套管	1. 名称、类型：一般钢套管 2. 材质：钢材 3. 规格：DN150 4. 填料材质：防水涂料 5. 系统：给水系统	个
23	031002003005	套管	1. 名称、类型：一般钢套管 2. 材质：钢材 3. 规格：DN110 4. 填料材质：防水涂料 5. 系统：给水系统	个
24	031002003006	套管	1. 名称、类型：一般钢套管 2. 材质：钢材 3. 规格：DN100 4. 填料材质：防水涂料 5. 系统：给水系统	个
25	031002003007	套管	1. 名称、类型：防水套管 2. 材质：钢材 3. 规格：DN80 4. 填料材质：防水涂料 5. 系统：给水系统	个

续表

序号	项目编码	项目名称	项目特征描述	计量单位
26	031002003008	套管	1. 名称、类型：防水套管 2. 材质：钢材 3. 规格：DN65 4. 填料材质：防水涂料 5. 系统：给水系统	个
27	031002003009	套管	1. 名称、类型：防水套管 2. 材质：钢材 3. 规格：DN50 4. 填料材质：防水涂料 5. 系统：给水系统	个
28	031002003010	套管	1. 名称、类型：防水套管 2. 材质：钢材 3. 规格：DN40 4. 填料材质：防水涂料 5. 系统：给水系统	个
二、消防水系统消火栓灭火系统				
29	030901002001	消火栓钢管	1. 安装部位：室内 2. 材质、规格：镀锌钢管 DN100 3. 连接形式：丝扣连接 4. 压力试验及冲洗设计要求：水压试验和冲洗	m
30	030901002002	消火栓钢管	1. 安装部位：室内 2. 材质、规格：镀锌钢管 DN65 3. 连接形式：丝扣连接 4. 压力试验及冲洗设计要求：水压试验和冲洗	m
31	030901008001	试验消火栓	1. 规格：单栓 DN65 2. 组装形式：压力表、DN65 蝶阀及栓口	组
32	030901010001	室内消火栓	1. 安装方式：室内 2. 型号、规格：单栓消火栓箱 700mm×650mm×200mm 3. 附件材质、规格：内配置 DN65 消火栓一个，25m 长 DN65 衬胶水带一条，19mm 直流水枪一支	套
33	030901013001	灭火器	1. 形式：放置式 2. 规格、型号：楼层各消防箱配置清水灭火器 MSQ7 两具，变配电房门口配置二氧化碳灭火器 MT3 两具 3. 组成：放置箱一个，灭火器两具	组

续表

序号	项目编码	项目名称	项目特征描述	计量单位
34	031002003001	套管	1. 名称、类型：防水套管 2. 材质：钢材 3. 规格：DN150 4. 填料材质：防水涂料 5. 系统：消防给水系统	个
35	031002003002	套管	1. 名称、类型：一般钢套管 2. 材质：钢材 3. 规格：DN150 4. 填料材质：防水涂料 5. 系统：消防给水系统	个
36	031003003001	焊接法兰阀门	1. 类型：蝶阀 2. 材质：铸铁 3. 规格、压力等级：DN100、1.08MPa 4. 连接形式：法兰连接	个
37	031006015001	水箱	1. 材质、类型：钢筋混凝土消防水箱 2. 规格：12m³	台
三、气体灭火系统				
38	030902001001	无缝钢管	1. 介质：二氧化碳 2. 材质、压力等级：无缝钢管、高压 3. 规格：DN65 4. 钢管镀锌设计要求：内外镀锌 5. 压力试验及吹扫设计要求：试压、冲洗	m
39	030902001002	无缝钢管	1. 介质：二氧化碳 2. 材质、压力等级：无缝钢管、高压 3. 规格：DN50 4. 钢管镀锌设计要求：内外镀锌 5. 压力试验及吹扫设计要求：试压、冲洗	m
40	030902001003	无缝钢管	1. 介质：二氧化碳 2. 材质、压力等级：无缝钢管、高压 3. 规格：DN32 4. 钢管镀锌设计要求：内外镀锌 5. 压力试验及吹扫设计要求：试压、冲洗	m
41	030902001004	无缝钢管	1. 介质：二氧化碳 2. 材质、压力等级：无缝钢管、高压 3. 规格：DN25 4. 钢管镀锌设计要求：内外镀锌 5. 压力试验及吹扫设计要求：试压、冲洗	m
42	030902004001	气体驱动装置管道	1. 材质、压力等级：无缝钢管、高压 2. 规格：$\phi 8$ 3. 压力试验及吹扫设计要求：试压、冲洗	m

序号	项目编码	项目名称	项目特征描述	计量单位
43	030902005001	选择阀	1. 材质：钢材 2. 型号、规格：EXF65 3. 连接形式：螺纹连接	个
44	030902005002	选择阀	1. 材质：钢材 2. 型号、规格：EXF50 3. 连接形式：螺纹连接	个
45	030902005003	选择阀	1. 材质：钢材 2. 型号、规格：EXF32 3. 连接形式：螺纹连接	个
46	030902006001	气体喷头	1. 材质：钢材 2. 型号、规格：全淹没型喷头、ZET12 3. 连接形式：螺纹连接	个
47	030902007001	储存装置	1. 介质、类型：二氧化碳钢瓶 2. 型号、规格：ZE45	套
48	030902008001	称重检漏装置	型号、规格：ZECZ45	套
四、消防电系统				
49	030904001001	点型探测器	1. 名称：普通感温探测器 2. 规格：ISL1251 3. 线制：二总线制 4. 类型：不带地址码，接入探测器模块	个
50	030904001002	点型探测器	1. 名称：类比感烟探测器 2. 规格：ISL1251 3. 线制：二总线制 4. 类型：不带地址码，接入探测器模块	个
51	030904001003	点型探测器	1. 名称：常规感温探测器 2. 规格：ISL1251 3. 线制：二总线制 4. 类型：用于气体灭火场所	个
52	030904001004	点型探测器	1. 名称：常规感烟探测器 2. 规格：ISL1251 3. 线制：二总线制 4. 类型：用于气体灭火场所	个
53	030904003001	按钮	1. 名称：手动报警按钮 2. 规格：ISL1251	个
54	030904003002	按钮	1. 名称：消防栓破玻按钮 2. 规格：ISL1251	个
55	030904004001	消防警铃	1. 名称：报警警铃 2. 规格：DC24V	个
56	030904005001	声光报警器	1. 名称：声光报警器 2. 规格：ISL1251	个
57	030904006001	消防报警电话插孔（电话）	1. 名称：消防报警电话插孔 2. 规格：ISL1251	个

续表

序号	项目编码	项目名称	项目特征描述	计量单位
58	030904006002	消防报警电话	1. 名称：消防报警电话 2. 规格：ISL1251	部
59	030904007001	消防广播 （扬声器）	1. 名称：消防广播 2. 安装方式：挂式安装	个
60	030904008001	模块（模块箱）	1. 名称：隔离模块 2. 规格：ISL-M500X 3. 输出形式：单输入单输出	个
61	030904008002	模块（模块箱）	1. 名称：监视模块 2. 规格：ISL-AMM-2 3. 输出形式：单输入单输出	个
62	030904008003	模块（模块箱）	1. 名称：控制模块 2. 规格：ISL-AOM-2 3. 输出形式：单输入单输出	个
63	030904008004	模块（模块箱）	1. 名称：探测器模块 2. 规格：ISL-AMM-4S 3. 输出形式：单输入单输出	个
64	030904008005	模块（模块箱）	1. 名称：停非消防电模块 2. 规格：ISL 3. 输出形式：单输入单输出	个
65	030904008006	模块（模块箱）	1. 名称：接线端子模块 2. 规格：ISL 3. 输出形式：单输入单输出	台
66	030904008007	模块（模块箱）	1. 名称：气体灭火控制器 2. 规格：ISL 3. 输出形式：单输入单输出	台
67	030904015001	火灾报警控制微机（CRT）	1. 规格：ISL 2. 安装方式：台式	台
68	030904016001	备用电源及电池主机（柜）	1. 名称：24VDC 电源 2. 容量：24VDC 3. 安装方式：台式	套
69	030904017001	报警联动一体机	1. 规格、线制：500 点以下、总线制 2. 控制回路：4 个 3. 安装方式：落地台式	套
70	030411001001	配管	1. 名称：镀锌电线管 2. 材质：钢管 3. 规格：DG20 4. 配置形式：顶板暗配	m
71	030411001002	配管	1. 名称：镀锌电线管 2. 材质：钢管 3. 规格：DG25 4. 配置形式：顶板暗配	m

续表

序号	项目编码	项目名称	项目特征描述	计量单位
72	030411002001	线槽	1. 名称：金属线槽 2. 材质：金属 3. 规格：MR100×80×1.5	m
73	030411004001	配线	1. 名称：管内穿线 2. 配线形式：消防报警线路 3. 型号：ZR-BVV-3×4 4. 材质：阻燃铜芯聚氯乙烯绝缘套线 5. 配线部位：穿管敷设 6. 配线线制：两线制	m
74	030411004002	配线	1. 名称：管内穿线 2. 配线形式：消防报警线路 3. 型号：ZR-BVV-1.5 4. 材质：阻燃铜芯聚氯乙烯绝缘套线 5. 配线部位：穿管敷设 6. 配线线制：两线制	m
75	030411004003	配线	1. 名称：管内穿线 2. 配线形式：消防报警线路 3. 型号：ZR-RVS-1 4. 材质：阻燃铜芯聚氯乙烯绝缘双绞线 5. 配线部位：穿管敷设 6. 配线线制：两线制	m
76	030411004004	配线	1. 名称：管内穿线 2. 配线形式：消防报警线路 3. 型号：ZR-RVS-1.5 4. 材质：阻燃铜芯聚氯乙烯绝缘双绞线 5. 配线部位：穿管敷设 6. 配线线制：两线制	m
77	030411004005	配线	1. 名称：管内穿线 2. 配线形式：消防报警线路 3. 型号：NH-KVV-1.5 4. 材质：耐火铜芯聚氯乙烯绝缘聚氯乙烯护套控制电缆 5. 配线部位：穿管敷设 6. 配线线制：两线制	m

2. 消防工程清单工程量计算

根据《通用安装工程工程量计算规范》(GB 50856—2013)，结合某综合楼消防工程施工图，将某综合楼消防工程分部分项工程量计算结果汇总如下，见表5.13。

表 5.13　某综合楼消防工程分部分项工程量计算

序号	项目名称	单位	数量	计　算　式	备注
				一、消防水系统自动喷水灭火系统	
1	镀锌钢管 DN150	m	67.20	(8.4+5+5.7+4.2×2+4.3+3+1.5+1.5)(地水)+(19.7+1+7.7+1)(垂)	地下室干管、竖管
2	镀锌钢管 DN100	m	315.00	(8.4+3.9+2.1+8.4+3)(地水)+(4.2+3.9×2+2.1×2+4.2+8.4×3+1.5)(首水)+[(4.2+3.9×2+2.1×2+4.2+8.4×3)×4](2~5层水)+(22+0.3+1×2+1.8×2)(垂)+(1.05×2+2.85×2+2.1×2+4.2×4+1.95+2.1/2)(天面水)	
3	镀锌钢管 DN80	m	349.85	(3×4+1.5+3.001×2+8.4+4.2×2)(地水)+(1.1+2.8+4.2×2+1.5+1.15+8.4+1.2+3+8.4×3+4.2)(首水)+(4.2+3+1.1+2.8+4.2×2+1.5+1.15+8.4+1.2+3+8.4×3+4.2)×4)(2~5层水)	
4	镀锌钢管 DN65	m	64.95	(3×4+1.5×2)地水+(3+1.8×2+1.15)首水+[(3+2.8+1.8×2+1.15)×4](2~5层水)	
5	镀锌钢管 DN50	m	215.90	(3×4+1.5+4.2)(地水)+(3+1.2+3+1.5+3.2×4+1.8+1×3+3×3+2.1)(首水)+[(3+2.8+1.2+3+1.5+3.2×4+1.8+1×3+3×3+2.1)×4](2~5层水)	
6	镀锌钢管 DN40	m	130.84	(3.301×4+1.5×4+2.7×3+3.003×6)(地水)+(5.7/2+2.8/3+2.4×2+3+3.9×2)(首水)+[(2.8/3+2.4×2+3+3.9×2)×4](2~5层水)	
7	镀锌钢管 DN32	m	818.66	(3.3×8+2.7×3+3.301×6+1.5×6+3×7+2.6×6+1 估)(地水)+(3+2.5×8+(2.8-1.7)×3+3+3×25+2.4×4+3.3×4+2.5+3.2+1.2×2+2.5/2+2×2)(首水)+{[2×3+1×2+2.5×8+(2.8-1.7)×3+3+3×25+2.4×4+3.3×4+2.5+3.2+1.2×2+2.5/2+2×2]×4}(2~5层水)	
8	镀锌钢管 DN25	m	865.86	(3.3×4+3.301×5+2.7×8+1.5+3.4+3.1×6+3×6+2.6+2 估+1.5 估+2.6×6+1.5+2.1+5.7-1.3)(地水)+(2.8×3+2.5×8+(1.1+2.8)×3+1.7×3+2.8×2+3×7+2.5×2+3.3×2+3×4+1.8×2+3×12+2×2+2.5+2.5/2)(首水)+{[2.5×8+2×2+3×3+(1.1+2.8)×3+1.7×3+2.8×3+3×7+2.5×2+3.3×2+3×4+1.8×2+3×12+2×2+2.5+2.5/2]×4}(2~5层水)	

续表

序号	项目名称	单位	数量	计　算　式	备注
9	水喷淋(雾)喷头	个	774	108＋126＋135×4	
10	报警装置	组	2	2	
11	水流指示器	个	6	6	
12	末端试水装置	组	6	6	
13	消防水泵接合器	套	2	2	
14	自动排气阀	个	2	2	
15	止回阀	个	3	3	
16	带信号闸阀	个	6	6	
17	闸阀 DN100	个	5	5	
18	闸阀 DN150	个	4	4	
19	刚性防水套管 DN200	个	2	2	穿外墙
20	刚性防水套管 DN150	个	2	2	穿消防水池及屋面
21	一般钢套管 DN200	个	7	7	
22	一般钢套管 DN150	个	16	6＋2×5	
23	一般钢套管 DN110	个	14	2＋3×4	
24	一般钢套管 DN100	个	15	3×5	
25	一般钢套管 DN80	个	5	1×5	
26	一般钢套管 DN65	个	15	3×5	
27	刚性防水套管 DN50	个	48	8＋10×4	
28	刚性防水套管 DN40	个	20	4×5	
	二、消防水系统消火栓灭火系统				
29	镀锌钢管 DN100	m	251.85	$[(20.5＋1.6)×4＋21.9-20.5]$(垂)＋$(1.5×2＋1＋0.5＋5.7＋2.1×4＋3.9×4＋5＋5.7＋4.2×3＋8.4×8＋2.1×2＋4.2×4＋1.05×4＋1.95×4＋2.85＋0.5$估×3)水	
30	镀锌钢管 DN65	m	12.60	$[(3.5-1.1-1.6)×3]$(垂)＋$(4.2＋2.1＋3.9)$水	
31	试验消火栓 DN65	组	1	1	
32	室内消火栓 DN65	套	23	3＋4×5	
33	灭火器	具	14	2＋2×6	
34	刚性防水套管 DN150	个	6	2＋4	穿外墙、穿天面
35	一般钢套管 DN150	个	20	4×5	穿墙楼板
36	蝶阀	个	10	10	
37	消防水箱	个	1	1	
	三、气体灭火系统				
38	无缝钢管 DN65	m	7.51	$(2.5＋1.61＋1.5$估)水＋$(2.7-0.8)$(垂)	
39	无缝钢管 DN50	m	42.97	$(1.5$估＋$2.5＋1.61×2＋5.18＋1.61×2＋2.68/2＋2.9/2＋5.76＋3＋1.5＋1.41＋4.2＋1.61＋5.18)$(水)＋$(2.7-0.8)$(垂)	

续表

序号	项目名称	单位	数量	计 算 式	备注
40	无缝钢管 DN32	m	50.63	(1.5估+2.9/2×3+2.68/2+1.41×2+1.61+2.68/2+5.7+2.1+2.5+1.61×4+5.18+2.68/2+5.76+3+1.5+1.41×2+1.5+2.83+4.2/2)(水平)+(2.7-0.8)(垂)	
41	无缝钢管 DN25	m	19.32	1.61×12	
42	气体驱动装置管道	m	10		
43	选择阀 EXF65	个	1		
44	选择阀 EXF50	个	1		
45	选择阀 EXF32	个	1		
46	气体喷头	个	12		
47	储存装置	套	19		
48	称重检漏装置	套	19		
四、消防电系统					
49	普通感温探测器	个	53	53	
50	类比感烟探测器	个	87	19+17×4	
51	常规感温探测器	个	10	10	电房
52	常规感烟探测器	个	10	10	电房
53	手动报警按钮	个	20	20	
54	消防破玻按钮	个	23	23	
55	消防警铃	个	20	20	
56	声光报警器	个	4	4	电房、电梯机房
57	消防报警电话插孔	个	22	22	
58	消防报警电话	个	4	4	
59	消防广播(挂式)	个	21	21	
60	隔离模块	台	6	1×6	
61	监视模块	台	29	7+4×5+2	
62	控制模块	台	28	5+4×5+3	
63	探测器模块	台	3	3	地下室
64	停非消防电模块	台	6	1×6	
65	接线端子模块	台	6	1×6	
66	气体灭火控制器	台	1	1	
67	火灾报警控制微机	台	1	1	
68	备用电源及电池主机	套	1	1	
69	报警联动一体机	台	1	1	
70	配管 G20	m	2185.85	315.13+80.82+662.4+83.5+498.3+15+24+414.3+92.4	
71	配管 G25	m	389.25	349.91+39.34	
72	线槽	m	84.45	3.5-0.75+4.5-0.75+4.5+4-0.75+4.5+4+4-0.75+4.5+12-0.75+4.5+16-0.75+4.5+16+3.2-0.75	

续表

序号	项目名称	单位	数量	计　算　式	备注
73	ZR-BVV-4	m	175.40	$(3.5-0.75)\times3+(4.5-0.75)\times3+$ $(4.5+4-0.75)\times2+(4.5+4+4-$ $0.75)\times2+(4.5+12-0.75)\times2+$ $(4.5+16-0.75)\times2+(4.5+16+$ $3.2-0.75)\times2$	
74	ZR-BVV-1.5	m	1033.82	$334+699.82$	
75	ZR-RVS-1.0	m	3298.66	$184.8+828.6+996.6+30+699.82+$ $168.9+221.04+168.9$	
76	ZR-RVS-1.5	m	3240.87	$48+654.82+630.26+161.64+1324.8+$ $252.45+168.9$	
77	NH-KVV-1.5	m	708.15	$(3.5-0.75)\times25+(4.5-0.75)\times25+$ $(4.5+4-0.75)\times7+(4.5+4+4-$ $0.75)\times7+(4.5+12-0.75)\times7+$ $(4.5+16-0.75)\times7+(4.5+16+$ $3.2-0.75)\times7$	

3. 消防工程分部分项工程量清单编制

现将某综合楼消防工程分部分项工程量计算结果汇总到消防专业工程清单表中,见表5.14。

表5.14　某综合楼消防分部分项工程量清单

序号	项目编码	项目名称	项目特征描述	计量单位	工程量
一、消防水系统自动喷水灭火系统					
1	030901001001	水喷淋钢管	1. 安装部位:室内 2. 材质、规格:镀锌钢管 DN150 3. 连接形式:法兰连接 4. 压力试验及冲洗设计要求:水压试验和冲洗	m	67.20
2	030901001002	水喷淋钢管	1. 安装部位:室内 2. 材质、规格:镀锌钢管 DN100 3. 连接形式:法兰连接 4. 压力试验及冲洗设计要求:水压试验和冲洗	m	315.00
3	030901001003	水喷淋钢管	1. 安装部位:室内 2. 材质、规格:镀锌钢管 DN80 3. 连接形式:法兰连接 4. 压力试验及冲洗设计要求:水压试验和冲洗	m	349.85
4	030901001004	水喷淋钢管	1. 安装部位:室内 2. 材质、规格:镀锌钢管 DN65 3. 连接形式:法兰连接 4. 压力试验及冲洗设计要求:水压试验和冲洗	m	64.95

续表

序号	项目编码	项目名称	项目特征描述	计量单位	工程量
5	030901001005	水喷淋钢管	1. 安装部位：室内 2. 材质、规格：镀锌钢管 DN50 3. 连接形式：法兰连接 4. 压力试验及冲洗设计要求：水压试验和冲洗	m	215.90
6	030901001006	水喷淋钢管	1. 安装部位：室内 2. 材质、规格：镀锌钢管 DN40 3. 连接形式：丝扣连接 4. 压力试验及冲洗设计要求：水压试验和冲洗	m	130.84
7	030901001007	水喷淋钢管	1. 安装部位：室内 2. 材质、规格：镀锌钢管 DN32 3. 连接形式：丝扣连接 4. 压力试验及冲洗设计要求：水压试验和冲洗	m	818.66
8	030901001008	水喷淋钢管	1. 安装部位：室内 2. 材质、规格：镀锌钢管 DN25 3. 连接形式：丝扣连接 4. 压力试验及冲洗设计要求：水压试验和冲洗	m	865.86
9	030901003001	水喷淋（雾）喷头	1. 安装部位：室内 2. 材质、型号、规格：68℃普通喷头 3. 连接形式：丝扣接口	个	774
10	030901004001	报警装置	1. 名称：湿式报警阀 2. 型号、规格：DN150	套	2
11	030901006001	水流指示器	1. 规格、型号：室内 2. 连接形式：法兰连接	个	6
12	030901008001	末端试水装置	1. 规格：DN25 2. 组装形式：压力表、DN25 试水阀	组	6
13	030901012001	消防水泵接合器	1. 安装部位：室外 2. 型号、规格：DN100 3. 附件材质、规格：螺纹连接	套	2
14	031003001001	螺纹阀门	1. 类型：自动排气阀 2. 材质：铸铁 3. 规格、压力等级：DN25、1.7MPa 4. 连接形式：螺纹连接	个	2
15	031003003001	焊接法兰阀门	1. 类型：止回阀 2. 材质：铸铁 3. 规格、压力等级：DN100、1.7MPa 4. 连接形式：法兰连接	个	3

序号	项目编码	项目名称	项目特征描述	计量单位	工程量
16	031003003002	焊接法兰阀门	1. 类型：带信号闸阀 2. 材质：铸铁 3. 规格、压力等级：DN100、1.7MPa 4. 连接形式：法兰连接	个	6
17	031003003003	焊接法兰阀门	1. 类型：闸阀 2. 材质：铸铁 3. 规格、压力等级：DN100、1.7MPa 4. 连接形式：法兰连接	个	5
18	031003003004	焊接法兰阀门	1. 类型：闸阀 2. 材质：铸铁 3. 规格、压力等级：DN150、1.7MPa 4. 连接形式：法兰连接	个	4
19	031002003001	套管	1. 名称、类型：防水套管 2. 材质：钢材 3. 规格：DN200 4. 填料材质：防水涂料 5. 系统：消防给水系统	个	2
20	031002003002	套管	1. 名称、类型：防水套管 2. 材质：钢材 3. 规格：DN150 4. 填料材质：防水涂料 5. 系统：ZL0 消防给水系统	个	2
21	031002003003	套管	1. 名称、类型：一般钢套管 2. 材质：钢材 3. 规格：DN200 4. 填料材质：防水涂料 5. 系统：给水系统	个	7
22	031002003004	套管	1. 名称、类型：一般钢套管 2. 材质：钢材 3. 规格：DN150 4. 填料材质：防水涂料 5. 系统：给水系统	个	16
23	031002003005	套管	1. 名称、类型：一般钢套管 2. 材质：钢材 3. 规格：DN110 4. 填料材质：防水涂料 5. 系统：给水系统	个	14
24	031002003006	套管	1. 名称、类型：一般钢套管 2. 材质：钢材 3. 规格：DN100 4. 填料材质：防水涂料 5. 系统：给水系统	个	15

续表

序号	项目编码	项目名称	项目特征描述	计量单位	工程量
25	031002003007	套管	1. 名称、类型：防水套管 2. 材质：钢材 3. 规格：DN80 4. 填料材质：防水涂料 5. 系统：给水系统	个	5
26	031002003008	套管	1. 名称、类型：防水套管 2. 材质：钢材 3. 规格：DN65 4. 填料材质：防水涂料 5. 系统：给水系统	个	15
27	031002003009	套管	1. 名称、类型：防水套管 2. 材质：钢材 3. 规格：DN50 4. 填料材质：防水涂料 5. 系统：给水系统	个	48
28	031002003010	套管	1. 名称、类型：防水套管 2. 材质：钢材 3. 规格：DN40 4. 填料材质：防水涂料 5. 系统：给水系统	个	20
		二、消防水系统消火栓灭火系统			
29	030901002001	消火栓钢管	1. 安装部位：室内 2. 材质、规格：镀锌钢管 DN100 3. 连接形式：丝扣连接 4. 压力试验及冲洗设计要求：水压试验和冲洗	m	251.85
30	030901002002	消火栓钢管	1. 安装部位：室内 2. 材质、规格：镀锌钢管 DN65 3. 连接形式：丝扣连接 4. 压力试验及冲洗设计要求：水压试验和冲洗	m	12.60
31	030901008001	试验消火栓	1. 规格：单栓 DN65 2. 组装形式：压力表、DN65 蝶阀及栓口	组	1
32	030901010001	室内消火栓	1. 安装方式：室内 2. 型号、规格：单栓消火栓箱 700mm×650mm×200mm 3. 附件材质、规格：内配置 DN65 消火栓一个，25m 长 DN65 衬胶水带一条，19mm 直流水枪一支	套	23

续表

序号	项目编码	项目名称	项目特征描述	计量单位	工程量
33	030901013001	灭火器	1. 形式：放置式 2. 规格、型号：楼层各消防箱配置清水灭火器 MSQ7 两具，变配电房门口配置二氧化碳灭火器 MT3 两具 3. 组成：放置箱1个，灭火器2具	组	14
34	031002003001	套管	1. 名称、类型：防水套管 2. 材质：钢材 3. 规格：DN150 4. 填料材质：防水涂料 5. 系统：消防给水系统	个	6
35	031002003002	套管	1. 名称、类型：一般钢套管 2. 材质：钢材 3. 规格：DN150 4. 填料材质：防水涂料 5. 系统：消防给水系统	个	20
36	031003003001	焊接法兰阀门	1. 类型：蝶阀 2. 材质：铸铁 3. 规格、压力等级：DN100、1.08MPa 4. 连接形式：法兰连接	个	10
37	031006015001	水箱	1. 材质、类型：钢筋混凝土消防水箱 2. 规格：$12m^3$	台	1
三、气体灭火系统					
38	030902001001	无缝钢管	1. 介质：二氧化碳 2. 材质、压力等级：无缝钢管、高压 3. 规格：DN65 4. 钢管镀锌设计要求：内外镀锌 5. 压力试验及吹扫设计要求：试压、冲洗	m	7.51
39	030902001002	无缝钢管	1. 介质：二氧化碳 2. 材质、压力等级：无缝钢管、高压 3. 规格：DN50 4. 钢管镀锌设计要求：内外镀锌 5. 压力试验及吹扫设计要求：试压、冲洗	m	42.97
40	030902001003	无缝钢管	1. 介质：二氧化碳 2. 材质、压力等级：无缝钢管、高压 3. 规格：DN32 4. 钢管镀锌设计要求：内外镀锌 5. 压力试验及吹扫设计要求：试压、冲洗	m	50.63

续表

序号	项目编码	项目名称	项目特征描述	计量单位	工程量
41	030902001004	无缝钢管	1. 介质：二氧化碳 2. 材质、压力等级：无缝钢管、高压 3. 规格：DN25 4. 钢管镀锌设计要求：内外镀锌 5. 压力试验及吹扫设计要求：试压、冲洗	m	19.32
42	030902004001	气体驱动装置管道	1. 材质、压力等级：无缝钢管、高压 2. 规格：$\phi 8$ 3. 压力试验及吹扫设计要求：试压、冲洗	m	10
43	030902005001	选择阀	1. 材质：钢材 2. 型号、规格：EXF65 3. 连接形式：螺纹连接	个	1
44	030902005002	选择阀	1. 材质：钢材 2. 型号、规格：EXF50 3. 连接形式：螺纹连接	个	1
45	030902005003	选择阀	1. 材质：钢材 2. 型号、规格：EXF32 3. 连接形式：螺纹连接	个	1
46	030902006001	气体喷头	1. 材质：钢材 2. 型号、规格：全淹没型喷头、ZET12 3. 连接形式：螺纹连接	个	12
47	030902007001	储存装置	1. 介质、类型：二氧化碳钢瓶 2. 型号、规格：ZE45	套	19
48	030902008001	称重检漏装置	型号、规格：ZECZ45	套	19
四、消防电系统					
49	030904001001	点型探测器	1. 名称：普通感温探测器 2. 规格：ISL1251 3. 线制：二总线制 4. 类型：不带地址码,接入探测器模块	个	53
50	030904001002	点型探测器	1. 名称：类比感烟探测器 2. 规格：ISL1251 3. 线制：二总线制 4. 类型：不带地址码,接入探测器模块	个	87
51	030904001003	点型探测器	1. 名称：常规感温探测器 2. 规格：ISL1251 3. 线制：二总线制 4. 类型：用于气体灭火场所	个	10
52	030904001004	点型探测器	1. 名称：常规感烟探测器 2. 规格：ISL1251 3. 线制：二总线制 4. 类型：用于气体灭火场所	个	10

续表

序号	项目编码	项目名称	项目特征描述	计量单位	工程量
53	030904003001	按钮	1. 名称：手动报警按钮 2. 规格：ISL1251	个	20
54	030904003002	按钮	1. 名称：消防栓破玻按钮 2. 规格：ISL1251	个	23
55	030904004001	消防警铃	1. 名称：报警警铃 2. 规格：DC24V	个	20
56	030904005001	声光报警器	1. 名称：声光报警器 2. 规格：ISL1251	个	4
57	030904006001	消防报警电话插孔(电话)	1. 名称：消防报警电话插孔 2. 规格：ISL1251	个	22
58	030904006002	消防报警电话	1. 名称：消防报警电话 2. 规格：ISL1251	部	4
59	030904007001	消防广播(扬声器)	1. 名称：消防广播 2. 安装方式：挂式安装	个	21
60	030904008001	模块(模块箱)	1. 名称：隔离模块 2. 规格：ISL-M500X 3. 输出形式：单输入单输出	个	6
61	030904008002	模块(模块箱)	1. 名称：监视模块 2. 规格：ISL-AMM-2 3. 输出形式：单输入单输出	个	29
62	030904008003	模块(模块箱)	1. 名称：控制模块 2. 规格：ISL-AOM-2 3. 输出形式：单输入单输出	个	28
63	030904008004	模块(模块箱)	1. 名称：探测器模块 2. 规格：ISL-AMM-4S 3. 输出形式：单输入单输出	个	3
64	030904008005	模块(模块箱)	1. 名称：停非消防电模块 2. 规格：ISL 3. 输出形式：单输入单输出	个	6
65	030904008006	模块(模块箱)	1. 名称：接线端子模块 2. 规格：ISL 3. 输出形式：单输入单输出	台	6
66	030904008007	模块(模块箱)	1. 名称：气体灭火控制器 2. 规格：ISL 3. 输出形式：单输入单输出	台	1
67	030904015001	火灾报警控制微机(CRT)	1. 规格：ISL 2. 安装方式：台式	台	1
68	030904016001	备用电源及电池主机(柜)	1. 名称：24VDC电源 2. 容量：24VDC 3. 安装方式：台式	套	1

续表

序号	项目编码	项目名称	项目特征描述	计量单位	工程量
69	030904017001	报警联动一体机	1. 规格、线制：500 点以下、总线制 2. 控制回路：4 个 3. 安装方式：落地台式	套	1
70	030411001001	配管	1. 名称：镀锌电线管 2. 材质：钢管 3. 规格：DG20 4. 配置形式：顶板暗配	m	2185.85
71	030411001002	配管	1. 名称：镀锌电线管 2. 材质：钢管 3. 规格：DG25 4. 配置形式：顶板暗配	m	389.25
72	030411002001	线槽	1. 名称：金属线槽 2. 材质：金属 3. 规格：MR100×80×1.5	m	84.45
73	030411004001	配线	1. 名称：管内穿线 2. 配线形式：消防报警线路 3. 型号：ZR-BVV-3×4 4. 材质：阻燃铜芯聚氯乙烯绝缘套线 5. 配线部位：穿管敷设 6. 配线线制：两线制	m	175.40
74	030411004002	配线	1. 名称：管内穿线 2. 配线形式：消防报警线路 3. 型号：ZR-BVV-1.5 4. 材质：阻燃铜芯聚氯乙烯绝缘套线 5. 配线部位：穿管敷设 6. 配线线制：两线制	m	1033.82
75	030411004003	配线	1. 名称：管内穿线 2. 配线形式：消防报警线路 3. 型号：ZR-RVS-1 4. 材质：阻燃铜芯聚氯乙烯绝缘双绞线 5. 配线部位：穿管敷设 6. 配线线制：两线制	m	3298.66
76	030411004004	配线	1. 名称：管内穿线 2. 配线形式：消防报警线路 3. 型号：ZR-RVS-1.5 4. 材质：阻燃铜芯聚氯乙烯绝缘双绞线 5. 配线部位：穿管敷设 6. 配线线制：两线制	m	3240.87

续表

序号	项目编码	项目名称	项目特征描述	计量单位	工程量
77	030411004005	配线	1. 名称：管内穿线 2. 配线形式：消防报警线路 3. 型号：NH-KVV-1.5 4. 材质：耐火铜芯聚氯乙烯绝缘聚氯乙烯护套控制电缆 5. 配线部位：穿管敷设 6. 配线线制：两线制	m	708.15

模 块 小 结

本模块主要讲述以下内容：

1. 室内消火栓灭火系统主要是由消火栓、水带、水枪、消防卷盘(消防水喉设备)、水泵接合器，以及消防管道(进户管、干管、立管)、水箱、增压设备、水源等组成。

2. 自动喷水灭火系统根据组成构件、工作原理及用途可以分成若干种基本形式。按喷头平时开闭情况分为闭式和开式两大类。属于闭式自动喷水灭火系统的有湿式系统、干式系统、预作用系统、重复启闭预作用系统、自动喷水-泡沫联用灭火系统。属于开式自动喷水灭火系统的有水幕系统、雨淋系统和水雾系统。

3. 气体管网灭火系统由储存灭火剂的储存容器和容器阀、连接软管和止回阀、集流管、输送灭火剂的管道和管道附件、喷嘴、泄压装置、应急操作机构、储存启动气源的钢瓶和电磁瓶头阀、气源管路、固定支架(对于组合分配系统还应有选择阀)以及探测、报警、控制器等组成。

4. 火灾报警系统由火灾探测器、报警器和联动控制器三部分组成。

5. 建筑消防水(消火栓、自动喷淋、气体灭火)施工图的组成同建筑内部给排水施工图，包括设计说明、材料设备图例表、平面布置图、系统图、大样图等。消防管道中水流的方向为：引入管→水表井→水平干管→立管→水平支管→用水设备(消火栓或喷头)。在管路中间按需要装置阀门等配水控制附件和设备。建筑消防水施工图的识读方法同建筑内部给排水施工图的识读方法。

6. 建筑消防电(火灾自动报警)施工图的组成同建筑电气施工图，包括设计说明、主要设备材料图例表、电气平面图、系统图、大样图、电路图、接线图等。建筑消防电施工图的识读方法同建筑电气施工图，通过系统图了解电气系统的组成概况，对照平面图按电源进线→总配电箱→干线→支干线→分配电箱→支线→用电设备这样的顺序进行识读。

7. 消防管道安装按设计图示管道中心线长度以"m"计算，不扣除阀门、管件及各种组件所占长度。

8. 水喷淋(雾)喷头安装应区别有(无)吊顶，按设计图示数量以"个"计算。

9. 报警装置安装，区分不同连接方式和规格按设计图示成套产品数量以"组"计算。

10. 温感式水幕装置安装，区分不同型号和规格按设计图示数量以"组"计算。

11. 水流指示器安装，区分不同连接方式和规格按设计图示数量以"个"计算。

12. 减压孔板安装，区分不同规格按设计图示数量以"个"计算。

13. 末端试水装置安装,区分不同规格按设计图示数量以"组"计算。

14. 集热板制作安装,按设计图示数量以"个"计算。

15. 室内消火栓安装,区分不同形式,分别按单栓和双栓按设计图示数量以"套"计算。

16. 试验用消火栓安装,按设计图示数量以"个"计算。

17. 室外消火栓安装,区分不同形式、规格、工作压力和覆土深度按设计图示数量以"套"计算。

18. 消防水泵接合器安装,区分不同安装方式和规格按设计图示数量以"套"计算。

19. 灭火器具安装,区分不同安装方式和规格按设计图示数量以"个"计算。

20. 电控式消防水炮安装,区分不同规格按设计图示数量以"台"计算。

21. 模拟末端试水装置安装,按设计图示数量以"套"计算。

22. 管道支吊架制作安装,按设计图示尺寸以"kg"计算。

23. 消火栓灭火系统各种管道安装,按设计图示管道中心线长度以"m"计算,不扣除阀门、管件及各种组件所占长度。

24. 钢制管件螺纹连接,区分不同规格按设计图示数量以"个"计算。

25. 喷头安装,区分不同规格按设计图示数量以"个"计算。

26. 选择阀安装,区分不同规格和连接方式分别按设计图示数量以"个"计算。

27. 储存装置安装,区分储存容器和驱动气瓶的规格(L)按设计图示数量以"套"计算。

28. 称重检漏装置,按设计图示数量以"套"计算。

29. 无管网型灭火装置安装,区分储存容器容积的规格(L)按设计图示数量以"套"计算。

30. 系统组件试验,按水压强度试验和气压严密性试验,分别按设计图示数量以"个"计算。

31. 点型探测器安装,不分规格、型号、安装方式与位置,按设计图示数量以"个"计算。

32. 红外线探测器安装,按设计图示数量以"对"计算。

33. 火焰探测器、可燃气体探测器安装,不分规格、型号、安装方式与位置,按设计图示数量以"个"计算。

34. 线形探测器安装,不分安装方式、线制及保护形式,按设计图示尺寸以"m"计算。

35. 按钮安装,按设计图示数量以"个"计算。

36. 警报装置分为声光报警和警铃报警两种形式,均按设计图示数量以"个"计算。

37. 通信分机、插孔是指消防专用电话分机与电话插孔不分安装方式,分别按设计图示数量以"部""个"计算。

38. 火灾事故广播中的扬声器不分规格、型号,按设计图示数量以"个"计算。

39. 控制模块(接口)不分安装方式,按照设计图示输出数量以"个"计算。

40. 报警模块(接口)不分安装方式,按设计图示数量以"个"计算。

41. 区域报警控制箱、联动控制箱、火灾报警系统控制主机、联动控制主机安装,分别按壁挂式和落地区分不同点数按设计图示数量以"台"计算。

42. 远程控制器安装,根据其控制回路数按设计图示数量以"台"计算;重复显示器(楼层显示器)不分规格、型号、安装方式,按设计图示数量以"台"计算。

43. 火灾事故广播中的功放机、录音机的安装,按柜内及台上两种方式综合考虑,分别按设计图示数量以"台"计算。

44. 消防广播控制柜是指安装成套消防广播设备的成品机柜,不分规格、型号按设计图示数量以"台"计算。

45. 广播分配器安装,按设计图示数量以"台"计算。

46. 消防通信系统中的电话交换机安装,区分不同门数按设计图示数量以"台"计算。

47. 火灾报警控制微机(CRT)安装包括火灾报警控制微机、图形显示及打印终端的安装,按设计图示数量以"台"计算。

48. 报警备用电源安装,综合考虑了规格、型号,按设计图示数量以"台"计算。

49. 报警联动一体机安装,按设计图示数量以"台"计算。这里的点是指报警联动一体机所带的有地址编码的报警器件与控制模块(接口)的数量。

检 查 评 估

一、单项选择题

1. 消防管道安装按设计图示管道中心线长度以"( )"计算,不扣除阀门、管件及各种组件所占长度。

    A. m^2 B. kg   C. km   D. m

2. 末端试水装置安装,区分不同规格按设计图示数量以"( )"计算。

    A. 组   B. 个   C. 台   D. 副

3. 线形探测器安装,不分安装方式、线制及保护形式,按设计图示尺寸以"( )"计算。

    A. m^2 B. kg   C. m   D. km

4. 消火栓灭火系统各种管道安装按设计图示管道中心线长度以"( )"计算,不扣除阀门、管件及各种组件所占长度。

    A. m^2 B. kg   C. km   D. m

5. 控制模块(接口)不分安装方式,按照设计图示输出数量以"( )"计算。

    A. 组   B. 个   C. 台   D. 副

6. 区域报警控制箱、联动控制箱、火灾报警系统控制主机、联动控制主机安装,分别按壁挂式和落地区分不同点数按设计图示数量以"( )"计算。

    A. 组   B. 个   C. 副   D. 台

7. 温感式水幕装置安装,区分不同型号和规格按设计图示数量以"( )"计算。

    A. 组   B. 个   C. 台   D. 副

8. 室内外消防给水管道界线以建筑物外墙皮( )为界,入口处设阀门者以阀门为界。

    A. 1m   B. 1.5m   C. 2m   D. 2.5m

9. 报警模块(接口)不分安装方式,按设计图示数量以"( )"计算。

    A. m   B. 个   C. m^2 D. kg

10. 各类管道安装按室内外、材质、连接形式、规格分别列项以"m"计算。定额中铜管、塑料管、复合管(除钢塑复合管外)按( )表示,其他管道均按公称直径表示。

    A. 外径   B. 内径   C. 公称外径   D. 公称直径

二、简答题

1. 简要叙述消防管道的界线划分。

2. 简要叙述消防电施工图的识读方法。

参考答案：

一、单项选择题：

1. D　2. A　3. C　4. D　5. B　6. D　7. A　8. B　9. B　10. C

二、简答题

1. 答：1) 室内外消防给水管道界线以建筑物外墙皮 1.5m 为界，入口处设阀门者以阀门为界。

2) 设在高层建筑内的消防泵房管道界线，以泵房外墙皮为界。

3) 室外消防给水管道与市政给水管道的界线，以与市政给水管道碰头点(井)为界。

2. 答：1) 看设计说明及主要材料设备图例表。

2) 通过系统图了解电气系统的组成概况，对照平面图按电源进线→总配电箱→干线→支干线→分配电箱→支线→用电设备这样的顺序进行识读。

3) 结合系统图、平面图看大样图。

通风空调工程计量

项目 6.1　通风空调工程基础知识

教学导航

项目任务	任务 6.1.1　建筑通风系统	参考学时	2
	任务 6.1.2　高层建筑的防火排烟		
	任务 6.1.3　空调系统		
教学载体	多媒体课室、教学课件及教材相关内容		
教学目标	知识目标	了解通风空调工程基础知识；熟悉通风空调工程工作原理；掌握通风空调工程组成及要求	
	能力目标	能掌握通风空调工程组成及要求	
过程设计	任务布置及知识引导—学习相关新知识点—解决与实施工作任务—自我检查与评价		
教学方法	项目教学法		

任务 6.1.1　建筑通风系统

6.1.1.1　概述

1. 建筑通风的任务

建筑通风的任务是把室内被污染的空气直接或经过净化后排到室外,把室外新鲜空气或经过净化的空气补充进来,以保持室内的空气环境满足卫生标准和生产工艺要求。

2. 通风系统的分类

通风系统主要有两种分类方法。

1) 按照通风动力的不同,通风系统可分为自然通风和机械通风两类。

① 自然通风不消耗机械动力,是一种经济的通风方式,是依靠室外风力造成的风压和室内外空气温度差所造成的热压使空气流动的。

② 机械通风是依靠风机造成的压力使空气流动的。

2) 按照通风作用范围的不同,通风系统可分为全面通风和局部通风。

① 全面通风又称稀释通风,它一方面用清洁空气稀释室内空气中的有害物浓度;另一方面不断把污染空气排至室外,使室内空气中有害物浓度不超过卫生标准规定的最高允许浓度。

② 局部通风系统分为局部进风和局部排风两大类,它们都是利用局部气流,使局部工作地点不受有害物的污染,形成良好的空气环境。

6.1.1.2　自然通风

自然通风是依靠室外风力造成的风压和室内外空气温差所造成的热压使空气流动的通风方式。其特点是结构简单,不消耗机械动力,是一种经济的通风方式。下面主要阐述热压和风压作用下自然通风的基本原理。

自然通风有两种形式:一种是风压作用下的自然通风,另一种是热压作用下的自然通风。

1. 风压作用下的自然通风

风压作用下的自然通风是利用室外空气流动(风力)产生的室内外压差来实现通风换气的。在风压的作用下,室外空气作用于建筑物迎风面上,通过迎风面上的门、窗、孔口进入室内,而室内空气则通过背风面上的门、窗、孔口排出。室内外空气得到交换,工作区空气环境得到改善。图 6.1 所示为风压作用下的自然通风。

2. 热压作用下的自然通风

热压作用下的自然通风是利用室内外温度差而形成的密度差来实现室内外空气交换的通风方式。由于室内空气温度高,密度小,室外空气温度低,密度大,这样就造成上部窗排风,下部门、窗进风的气流形式。污浊的热空气从上部排出,室外新风从下部进入工作区,工作环境得到改善。图 6.2 所示为热压作用下的自然通风。

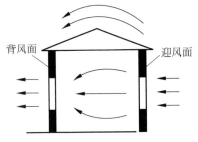

图 6.1　风压作用下的自然通风

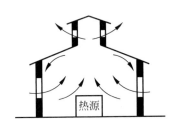

图 6.2　热压作用下的自然通风

在大多数实际工程中,建筑物往往是在风压和热压的共同作用下实现通风换气的。

自然通风因不需要消耗动力,所以是比较经济的通风方式。自然通风量的大小和很多因素有关,如室内外空气温度、室外空气的流动速度及方向、门窗的面积等,因此通风量不是常数,而是随气象条件发生变化。同样室内所需要的通风量也不是常数,而是随工艺设备条件变化。要使自然通风量满足室内的要求,就要不断地进行调节。

自然通风的优点是不消耗能量、结构简单、不需要复杂装置和专人管理等优点,是一种条件允许时应优先采用的经济的通风方式;缺点是由于自然通风的作用压力比较小,热压和风压受到自然条件的限制,其通风量难以控制,通风效果不稳定。

6.1.1.3　机械通风

在一些对通风要求较高的场合,自然通风难以满足卫生要求,这时需要设置机械通风系统。

机械通风是依靠风机造成的压力使空气流动的通风方式。与自然通风相比,机械通风的优点是作用范围大,可采用风道把新鲜空气送到需要的地点或把室内指定地点被污染的空气排至室外,机械通风的通风量和通风效果可人为控制,不受自然条件限制。但是,机械通风需要消耗能量,结构复杂,初投资和运行费用较大。

按照通风作用范围的不同,机械通风系统可分为局部通风和全面通风。

1. 局部通风

局部通风是利用局部气流改善室内局部区域的空气环境,这一区域大多是污染严重或工作人员经常活动的区域。局部通风一般有局部送风和局部排风两种形式。

（1）局部送风系统

仅向房间局部工作地点送入新鲜空气或经过处理的空气,造成局部区域良好空气环境的通风方式称为局部送风。送风的气流不得含有害物,可以进行加热和冷却处理。气流应该从人体前侧上方倾斜地吹到头、颈和胸部,必要时可从上向下送风。图 6.3 所示为局部送风示意。这种通风方式适用于面积大且工作人员较少、工作地点固定、生产过程中有污染物产生的车间。

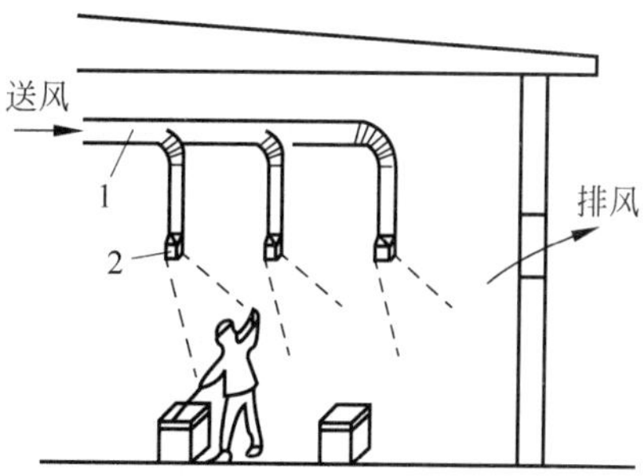

（2）局部排风系统

局部排风系统是对室内有害物产生的局部区域进行排风的系统。具体地讲,就是将室内有害物在未与工作人员接触之前就收集、排除,以防止有害物扩散到整个房间。局部排风系统是防毒、防尘、排烟的最有效措施,如图 6.4 所示。这种通风方式适用于安装局部排气设备不影响工艺操作及污染源集中且较小的场合。

2. 全面通风

全面通风分为全面送风和全面排风,可同时或单独使用。单独使用时需要与自然进、排风方式相结合。

1）全面机械排风、自然进风系统,如图 6.5 所示。

图 6.3　局部送风系统示意
1—风管；2—送风口

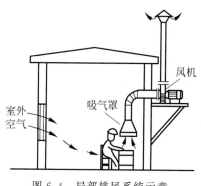

图 6.4　局部排风系统示意

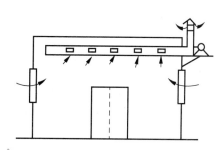

图 6.5　全面机械送风、自然进风系统示意

2）全面机械送风、自然排风系统，如图 6.6 所示。

3）全面机械送、排风系统，如图 6.7 所示。

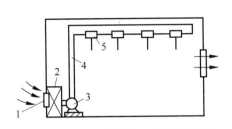 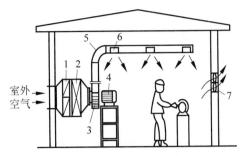

图 6.6　全面机械送风、自然排风示意

1—进风口；2—空气处理设备；

3—风机；4—风道；5—送风口

图 6.7　全面机械送、排风系统示意

1—空气过滤器；2—空气加热器；3—风机；

4—电动机；5—风管；6—送风口；7—轴流风机

6.1.1.4　通风系统的主要设备和构件

对于自然通风，其设备装置比较简单，只需有进、排风窗以及附属的开关装置。而机械通风系统则由较多的部件和设备组成。机械送风系统由室外进风装置、空气处理设备、风道、风机以及室内送风口等组成；机械排风系统由有害物收集和净化设备、排风道、风机、排风口及风帽等组成。在机械通风系统中还应设置必要的调节通风量和启闭系统运行的各种控制部件，即各种阀门。

1. 风道

风道是通风系统中用于输送空气的管道。风道通常采用薄钢板制作，也可采用塑料、砖、混凝土等其他材料制作。

风道的断面形式有圆形、矩形等形状，如图 6.8 所示。圆形风道的强度大，在同样的流通断面面积下，比矩形风道节省管道材料、阻力小。但是，圆形风道不易与建筑配合，一般适用于风道直径较小的场合。对于大断面的风道，通常采用矩形风道，矩形风道容易与建筑配合布置，也便于加工制作。但矩形风道流通断面的宽高比宜控制在 3∶1 以下，以便尽量减少风道的流动阻力和材料消耗。

（1）风道的布置

风道的布置应在进风口、送风口、排风口、空气处理设备、风机的位置确定之后进行。风道布置应服从整个通风系统的总体布局，并与土建、生产工艺和给排水等各专业互相协调、配合。

风道布置原则如下：

1）风道布置应尽量缩短管线、减少分支、避免复杂的局部管件。

2）应便于安装、调节和维修。

3）风道之间或风道与其他设备、管件之间合理连接以减少阻力和噪声。

4）风道布置应尽量避免穿越沉降缝、伸缩缝和防火墙等。

5）应使风道少占建筑空间并不得妨碍生产操作。

6）对于埋地风道应避免与建筑物基础或生产设备底座交叉，并应与其他管线综合考虑，此外，尚需设置必要的检查口。

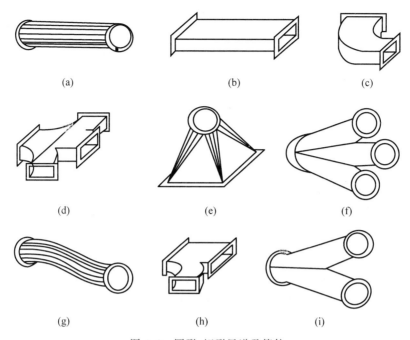

图 6.8 圆形、矩形风道及管件

(a) 圆形直管；(b) 矩形直管；(c) 矩形弯头；(d) 矩形四通；(e) 天圆地方；
(f) 圆形四通；(g) 圆形来回弯；(h) 矩形三通；(i) 圆形三通

7）风道在穿越火灾危险性较大房间的隔墙、楼板处，以及垂直和水平风道交接处时，均应符合防火设计规范的规定。

在某些情况下可以把风道和建筑物本身构造密切结合在一起。在居住和公用建筑中竖直的砖风道通常就砌筑在建筑物的内墙里，为了防止结露和影响自然通风的作用压力，竖直风道一般不允许设在外墙中而设在间隔墙中，否则应设空气隔离层。

（2）风道的敷设

风道有圆形和矩形两种。圆形风道适用于工业通风和防排烟系统中，宜明装；矩形风道利于与建筑协调，可明装也可暗装于吊顶内，空调系统中多采用矩形风道。风道多采用钢板制作，其尺寸应尽量符合国家现行《通风与空调工程施工质量验收规范》（GB 50243—2016）的规定，以利机械加工风管和法兰，也便于配置标准阀门和配件。

风道一般应设在隔墙内，如墙体较薄，可在外墙设贴附风道，如图 6.9 所示。各层楼内性质相同的一些房间的竖井风道可在顶部汇合在一起，并应符合防火规范要求。

（3）风道的防腐与保温

1）风道的防腐。钢板风道内表面和需要保温的风道外表面应刷防锈漆两遍，不保温风道外表面应刷一遍防锈底漆和两遍调和漆。镀锌钢板可不刷漆，但交口损害处应刷漆，施工时发现锈蚀处应刷漆。

2）风道的保温。在通风空调系统中，为提高冷、

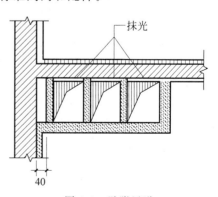

图 6.9 贴附风道

热量的利用率,避免不必要的冷、热损失,保证通风空调系统运行参数,应对通风空调风道进行保温。此外,当风道送冷风时,其表面温度可能低于或等于周围空气的露点温度,使其表面结露,加速传热,同时也对风道造成一定的腐蚀,因此应对风道进行保温。

保温材料主要有软木、聚苯乙烯泡沫塑料、超细玻璃棉、玻璃纤维保温板、聚氨酯泡沫塑料、聚乙烯高发泡(PEF)板、发泡橡塑板等。

通常保温结构有如下四层。

① 防腐层。涂防腐漆或沥青。

② 保温层。粘贴、捆扎、用保温钉固定。

③ 防潮层。包塑料布、油毛毡、铝箔或刷沥青,以防潮湿空气或水分进入保温层内破坏保温层或在其内部结露,降低保温效果。

④ 保护层。室内可用玻璃布、塑料布、木板、聚合板等作保护。

2. 室内送、排风口

室内送风口是送风系统中的风道末端装置,由送风道输送来的空气,通过送风口以适当的速度分配到各个指定的送风地点。室内排风口是排风系统中的始端吸入装置,室内被污染的空气经由排风口进入排风管道。室内送、排风口的任务是将各送风、排风口所需的空气送入室内和排出室外。

图 6.10 是构造最简单的两种送风口,孔口直接开在风管上,用于侧向或下向送风。其中图 6.10(a)为风管侧送风口,除孔口本身外没有任何调节装置;图 6.10(b)为插板式风口,其中设有插板,这种风口只可以调节送风量,但不能改变和控制气流方向。

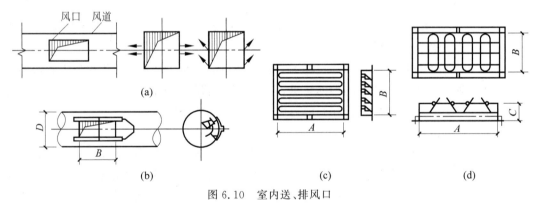

图 6.10 室内送、排风口

(a) 风管侧送风口;(b) 插板式送、排风口;(c) 单层百叶式风口;(d) 双层百叶式风口

图 6.10(c)和图 6.10(d)是常用的百叶式风口,可以安装在风管上、风管末端或墙上。其中双层百叶式风口不但可以调节出口的气流速度,而且可以调节气流的方向。

室内送、排风口的位置决定了通风房间的气流组织形式。室内送、排风口的布置情况是决定通风气流方向的重要因素,而气流的方向是否合理,将直接影响通风效果。

送、排风口布置取决于通风房间的气流组织方式,常见的气流组织方式有侧送风、散流器送风、喷口送风、条缝送风等。

(1)侧送风

侧送风送风口一般布置在房间较窄的一边,若房间很长,则宜双侧布置,如图 6.11 所示。布置时应考虑工艺设备布置、局部热源和工艺要求等因素,且在送风前方应无阻碍物,如顶棚有梁,可使风口与梁平行布置。

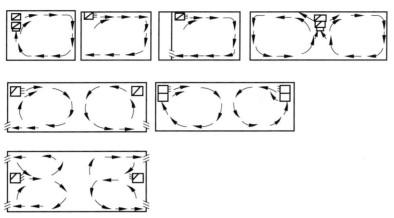

图 6.11　侧送风的几种方式

（2）散流器送风

散流器是由上向下送风的送风口,一般明装在送风管道端部或暗装在顶棚上。圆形或方形散流器相应送风面积的长宽比宜小于 1:1.5,散流器之间的距离及与墙之间的距离应保证有足够的射程和良好的射流扩散,如图 6.12 所示。

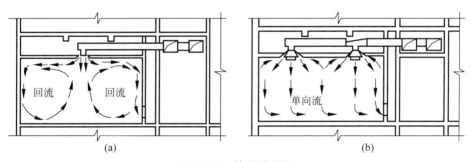

图 6.12　散流器送风

（a）平送；（b）下送

（3）喷口送风

如图 6.13 所示,喷口的位置应按具体工程要求而定,在一般高大公共建筑中,宜距地面 6~10m,喷口直径为 200~800mm,喷口风量、喷口角度能调节。

（4）条缝送风

如图 6.14 所示,风口宽长比大于 1:20,可由单条缝、双条缝和多条缝组成,且风口与采光带相互配合布置,使室内更显整洁美观。

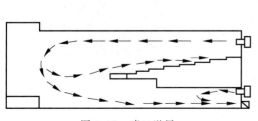

图 6.13　喷口送风

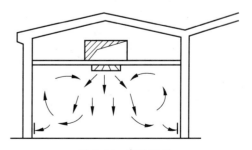

图 6.14　条缝送风

送、排风口的布置应满足以下要求：

1）室外送风口应设置在空气较为洁净的地点，远离污染源。

2）室外送风口的底部距室外地坪不宜小于 2m，送口处应设置用木板或薄钢板制作的百叶窗，防止雨、雪、树叶、纸片和沙土等杂质被吸入。

3）室外送风口的标高应低于周围的排风口，且宜设在排风口的上风侧，以防止吸入排风口排出的污浊空气。

4）屋顶式送风口应高出屋面 0.5～1.0m，以免吸进屋面上的积灰和被积雪埋没。

5）一般排气主管至少应高出屋面 0.5m。

6）若排气管中的有害物需要经大气扩散稀释时，排风口应位于建筑物空气动力阴影和正压区以上，且排风口上不应安装风帽，并应有防止雨水进入风机的可能。

3. 风机

风机是为通风系统中的空气流动提供动力的机械设备。在排风系统中，为了防止有害物质对风机的腐蚀和磨损，通常把风机布置在空气处理设备的后面。风机可分为离心风机和轴流风机两种类型。

离心风机主要由叶轮、机轴、机壳、吸气口、排气口等组成，如图 6.15 所示。

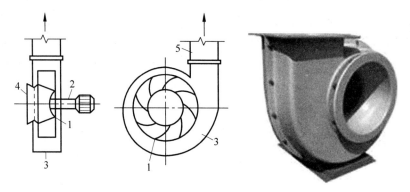

图 6.15　离心风机构造示意

1—叶轮；2—机轴；3—机壳；4—吸气口；5—排气口

轴流风机的构造如图 6.16 所示，叶轮安装在圆筒形外壳内，当叶轮在电动机的带动下做旋转运动时，空气从吸风口进入，轴向流过叶轮和扩压管，静压升高后从排气口流出。

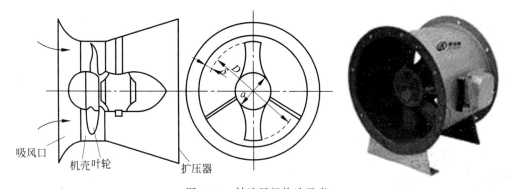

图 6.16　轴流风机构造示意

与离心风机相比,轴流风机产生的压头小,一般用于不需要设置管道或管路阻力较小的场合。对于管路阻力较大的通风系统,应当采用离心风机提供动力。

风机的主要参数如下:

1)风量 L。风量指风机在标准状态下,单位时间输送的空气量,单位为 m^3/s 或 m^3/h。

2)全压 P。全压指在标准状态下每立方米空气通过风机后所获得的动压和静压之和,单位是 Pa。

4. 排风的净化处理设备

为防止大气污染,当排风中的有害物浓度超过卫生标准所允许的最高浓度时,必须用除尘器或其他有害气体净化设备对排风空气进行处理,达到规范允许的排放标准后才能排入大气。

任务 6.1.2　高层建筑的防火排烟

6.1.2.1　概述

众所周知,在火灾事故的死伤者中,大多数人员是由于烟气导致的窒息或中毒所造成。在现代高层建筑中,由于各种在燃烧时产生有毒气体的装饰材料的使用,以及高层建筑中各种竖向管道产生的烟囱效应,使烟气更加容易迅速地扩散到各个楼层,不仅造成人身伤亡和财产损失,而且由于烟气遮挡视线,还使人们在疏散时产生心理上的恐慌,给消防抢救工作带来很大困难。因此,在高层建筑的设计中,必须认真慎重地进行防火排烟设计,以便在火灾发生时,顺利地进行人员疏散和消防灭火工作。

根据《建筑设计防火规范》(GB 50016—2014)的规定,对于建筑高度大于 27m 的住宅建筑和建筑高度大于 24m 的公共建筑(不包括单层主体建筑高度超过 24m 的体育馆、会堂、影剧院等公共建筑,以及高层民用建筑中的人民防空地下室)及与其相连的裙房,都应进行防火排烟设计。其中,需要设置防烟排烟设施的有如下部位。

1)防烟楼梯间及其前室。

2)消防电梯间前室或合用前室。

3)避难走道的前室、避难层(间)。

4)民用建筑的下列场所或部位:

① 建筑内长度大于 20m 的疏散走道;

② 公共建筑内建筑面积大于 $100m^2$ 且经常有人停留的地上房间;

③ 公共建筑内建筑面积大于 $300m^2$ 且可燃物较多的地上房间;

④ 中庭;

⑤ 设置在一、二、三层且房间建筑面积大于 $100m^2$ 的歌舞娱乐放映游艺场所,设置在四层及以上楼层、地下或半地下的歌舞娱乐放映游艺场所;

⑥ 地下或半地下建筑(室)、地上建筑内的无窗房间,当总建筑面积大于 $200m^2$ 或一个房间建筑面积大于 $50m^2$,且经常有人停留或可燃物较多。

建筑物一旦起火,要立即使用各种消防措施,隔绝新鲜空气的供给,同时切断燃烧的部位等。因为消防灭火需要一定的时间,当采取了以上措施后,仍然不能灭火时,为确保有效的疏散通路,必须具备防烟设施。这是由于火灾产生的烟气,随燃烧的物质而异,由高分子化合物燃烧所产生的烟气,毒性尤为严重。这些火灾烟气直接危及人身,对疏散和扑救也造成很大的威胁。所以防止建筑物的火灾危害,很大程度上是解决火灾发生时的防、排烟问题。

建筑物内烟气流动大体上取决于两种因素:一种是在火灾房间及其附近,烟气由于燃烧而产生热膨胀和浮力产生流动;另一种是因外部风力或在固有的热压作用下形成的比较强烈的对流气流,对火灾后产生的大量烟气产生影响,促使其扩散而形成比较强烈的气流。

6.1.2.2 安全分区、防火分区与防烟分区

1. 安全分区

当建筑房间发生火灾时,作为室内人员的疏散通道,一般路线是经过走廊、楼梯间前室、楼梯到达安全地点。把以上各部分用防火墙或防烟墙隔开,采取防火排烟措施,就可使室内人员在疏散过程中得到安全保护。其中,室内疏散人员在从一个分区向另一个分区移动中需要花费一定的时间,因此,移动次数越多,就越要有足够的安全性。图 6.17 所示的分区中走廊是第一安全分区,楼梯间前室是第二安全分区,楼梯是第三安全分区。安全分区之间的墙壁,应采用气密性高的防火墙或防烟墙,墙上的门应采用防火门。

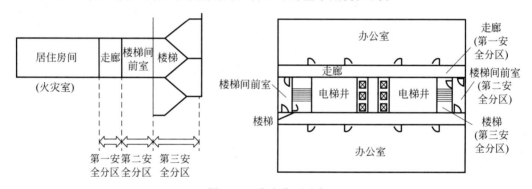

图 6.17 安全分区示意

2. 防火分区

防火分区是指采用防火墙、楼板、防火门或防火卷帘等分隔的区域,可以将火灾限制在一定局部区域内,不使火势蔓延。它能有效地控制和防止火灾沿垂直或水平方向向同一建筑物的其他空间蔓延,减少火灾损失,并为人员安全撤离与疏散、灭火扑救等提供有利条件。通常规定楼梯间、通风竖井、风道空间、电梯、自动扶梯等升降通路形成竖井的部分要作为防火分区。

根据我国建筑设计防火规范的规定:高层民用建筑每个防火分区最大允许面积为 1500m^2,耐火等级一、二级单层、多层民用建筑 2500m^2,地下或半地下建筑(室) 500m^2。如果防火分区内设有自动灭火设备,防火分区的面积可增加一倍。

🛟 **温馨提示**

高层建筑的竖直方向通常每层划分为一个防火分区,以楼板为分隔。对于在两层或多层之间设有各种开口,如设有开敞楼梯、自动扶梯的建筑,应把连通部分作为一个竖向防火分区的整体考虑,且连通部分各层面积之和不应超过允许的水平防火分区面积。

3. 防烟分区

在建筑设计中进行防烟分区的目的则是对防火分区的细分化,防烟分区内不能防止火

灾的扩大,它仅能有效地控制火灾产生的烟气流动。要在有发生火灾危险的房间和用作疏散通路的走廊间加设防烟隔断,在楼梯间设置前室,并设自动关闭门,作为防火、防烟的分界。此外还应注意竖井分区,如百货公司的中央自动扶梯处是一个大开口,应设置用烟感器控制的隔烟防火卷帘。

规范规定:设置排烟设施的走道和净高不超过6m的房间,应采用挡烟垂壁、隔墙或从顶棚下凸出不小于0.5m的梁划分防烟分区,如图6.18所示。每个防烟分区的面积不宜超过500m²,且防烟分区的划分不能跨越防火分区。

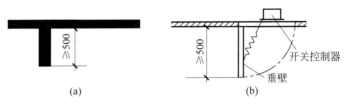

图6.18　挡烟垂壁示意

(a) 从顶棚下凸出不小于0.5m的梁;(b) 可活动的挡烟垂壁

工程案例

某百货大楼在设计时的防火、防烟分区如图6.19所示,从图中可以看出它是将顶棚送风的空调系统和防烟分区结合在一起考虑的。

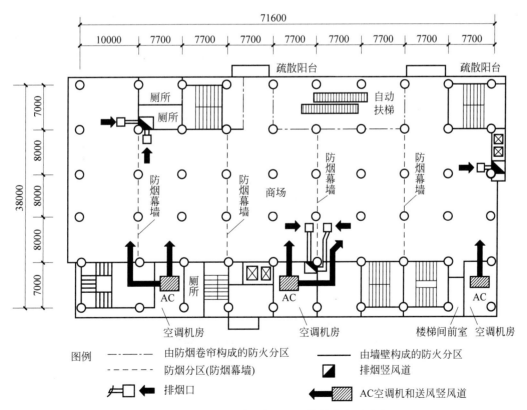

图6.19　防火防烟分区与空调系统结合布置示意

温馨提示

用途相同、楼层不同也可形成各自的防火防烟分区。实践证明,应尽可能按不同用途在竖向作楼层分区,它比单纯依靠防火、防烟阀等手段所形成的防火分区更为可靠。

6.1.2.3 高层建筑的自然排烟

1. 自然排烟

自然排烟是利用风压和热压作为动力的排烟方式。自然排烟方式的优点是结构简单,不需要电源和复杂的装置,运行可靠性高,平常可用于建筑物的通风换气等;缺点是排烟效果受风压、热压等因素的影响,排烟效果不稳定,设计不当会适得其反。

目前,在我国,除建筑高度超过 50m 的一类公共建筑和建筑高度超过 100m 的居住建筑外,具有靠外墙的防烟楼梯间及其前室、消防电梯间前室和合用前室的建筑宜采用自然排烟。为确保火灾发生时人员疏散和消防扑救工作的需要,高层建筑的防烟楼梯间和消防电梯间应设置前室或合用前室,目的有以下 4 个。

1)阻挡烟气直接进入防烟楼梯间或消防电梯间。

2)作为疏散人员的临时避难场所。

3)降低建筑物竖向通道产生的烟囱效应,以减小垂直方向的蔓延速度。

4)作为消防人员到达着火层开展扑救工作的起止点和安全区。

2. 高层建筑的自然排烟方式

1)用建筑物的阳台、凹廊或在外墙上设置便于开启的外窗或排烟窗排烟。

这种方式是利用高温烟气产生的热压和浮力,以及室外风压造成的抽力,把火灾产生的高温烟气通过阳台、凹廊或在楼梯间外墙上设置的外窗和排烟窗排至室外,如图 6.20 所示。应注意,采用自然排烟方式时,要结合相邻建筑物对风的影响,将排烟口设在建筑物常年主导风向的负压区内。

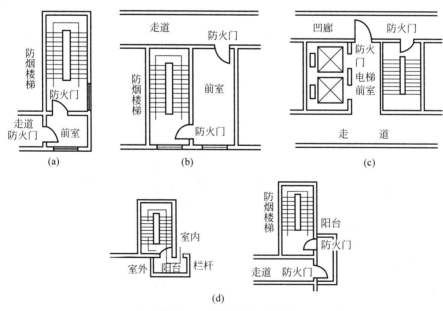

图 6.20 自然排烟方式示意
(a) 靠外墙的防烟楼梯间及其前室;(b) 防烟楼梯间及其前室;
(c) 带凹廊的防烟楼梯间;(d) 带阳台的防烟楼梯间

2）排烟竖井排烟。这种方式是在高层建筑防烟楼梯间前室、消防电梯前室或合用前室设置专用的排烟竖井和进风竖井,利用火灾时室内外温差产生的浮力(热压)和室外风力的抽力进行排烟,如图 6.21 所示。

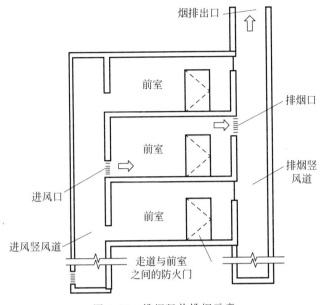

图 6.21　排烟竖井排烟示意

3. 通风空调系统的防排烟措施

采用自然排烟的高层建筑中,为保证自然排烟的效果,除专门设计的防火排烟系统外,所有的通风空调系统都应有防火防烟措施,在火灾发生时,应及时停止风机运行和减小竖向风道所造成的热压对烟气的扩散作用。

6.1.2.4　高层建筑的机械防烟

机械防烟是利用风机造成的气流和压力差来控制烟气流动方向的防烟技术。它是在火灾发生时用气流造成的压力差阻止烟气进入建筑物的安全疏散通道内,从而保证人员疏散和消防扑救的需要。

1. 烟气控制

烟气控制是利用风机造成的气流和压力差结合建筑物的墙、楼板、门等挡烟物体来控制烟气的流动方向,其原理如图 6.22 所示。图 6.22(a)中的高压侧是避难区或疏散通道,低压侧则暴露在火灾生成的烟气中,两侧的压力差可阻止烟气从门周围的缝隙渗入高压侧。当门等阻挡烟气扩散的物体开启时,气流就会通过打开的门洞流动。如果气流速度较小,烟气将克服气流的阻挡进入避难区或疏散通道,如图 6.22(b)所示;如果气流速度足够大,就可防止烟气的倒流,如图 6.22(c)所示。

2. 机械加压送风方式

这种方式在各种烟气控制方式中应用最为广泛。它是采用机械送风系统向需要保护的地点,如疏散楼梯间及其封闭前室、消防电梯间前室、走道或非火灾层等,输送大量新鲜空气,如有烟气和回风系统时则关闭,从而形成正压区域,使烟气不能侵入其间,并在非正压区内将烟气排出。机械加压送风主要有如下优点。

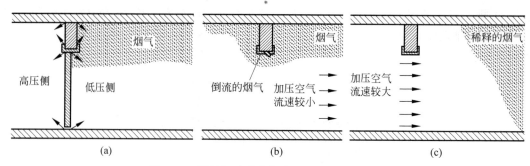

图 6.22　用风机造成的气流和压力差隔烟示意

(a)隔烟幕墙上的门关闭;(b)隔烟幕墙上的门开启,空气流速较小;(c)隔烟幕墙上的门开启,空气流速较大

1)防烟楼梯间、消防电梯间前室或合用前室处于正压状态,可避免烟气的侵入,为人员疏散和消防人员扑救提供了安全区。

2)如果在走廊等处设置机械排烟口,可产生有利的气流流动形式,阻止火势和烟气向疏散通道扩散。

3)防烟方式较简单、操作方便、可靠性高。

实践证明,它是高层建筑很有效的防烟方式之一,高层建筑中常用的一些机械加压送风方式如图 6.23 所示。

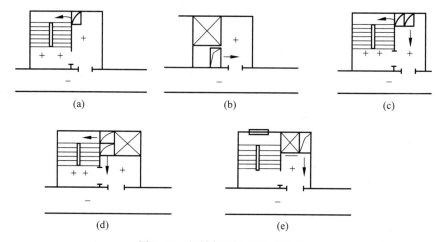

图 6.23　机械加压送风方式示意

(a)仅对防烟楼梯间加压送风、前室不加压送风;(b)仅对消防电梯间前室加压送风;

(c)对防烟楼梯间及其前室分别加压送风;(d)对防烟楼梯间及有消防电梯间的合用前室分别加压送风;

(e)仅对前室或合用前室加压送风

6.1.2.5　高层建筑的机械排烟

1. 机械排烟

机械排烟方式是在各排烟区段内设置机械排烟装置,起火后关闭各区相应的开口部分,将四处蔓延的烟气通过排烟系统排向建筑物外,以确保疏散时间和疏散通道安全。但是,当疏散楼梯间、前室等部位采用此方式排烟时,其墙、门等构件应有密封措施,以防止因负压而通过缝隙继续引入烟气。实践证明,当仅机械排烟而无自然进风或机械送风时,很难有效地

把烟气排出室外。因此,同排烟相平衡的送风方式是非常重要的,从下部送风上部排烟,可获得良好效果。

2. 机械排烟系统

（1）走廊和房间的机械排烟系统

进行机械排烟设计时,需根据建筑面积的大小,水平或竖向分为若干个区域或系统。走廊的机械排烟系统宜竖向布置;房间的机械排烟系统宜按房间分区布置。面积较大、走廊较长的走廊排烟系统,可在每个防烟分区设置几个排烟系统,并将竖向风道布置在几处,以便缩短水平风道,提高排烟效果,如图6.24所示。对于房间排烟系统,当需要排烟的房间较多且竖向布置有困难时,可采用如图6.25所示的水平布置方式。

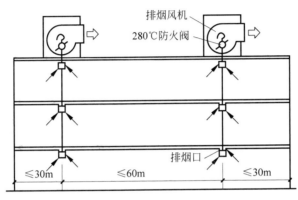

图6.24　竖向布置的走廊排烟系统

（2）中庭的机械排烟

中庭是指与两层或两层以上的楼层相通且顶部是封闭的筒体空间。火灾发生时,通过在中庭上部设置的排烟风机,把中庭作为失火楼层的一个大的排烟通道排烟,并使失火楼层保持负压,可以有效地控制烟气和火灾,如图6.26所示。

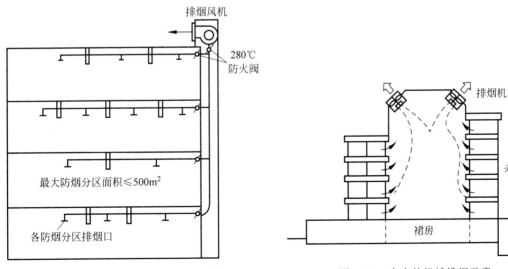

图6.25　水平布置的房间排烟系统　　　　图6.26　中庭的机械排烟示意

中庭的机械排烟口应设在中庭的顶棚上,或靠近中庭顶棚的集烟区。排烟口的最底标高应位于中庭最高部分门洞的上边。当中庭依靠下部的自然进风进行补风有困难时,可采用机械补风,补风量按不小于排风量的 50% 确定。

任务 6.1.3　空调系统

6.1.3.1　概述

空调系统对空气温度、湿度、空气流动速度及清洁度进行人工调节,以满足人体舒适和工艺生产要求。

1. 空调系统的组成

空调系统是指需要采用空调技术来实现的具有一定温度、湿度等参数要求的室内空间及所使用的各种设备的总称,通常由以下几部分组成。

(1) 工作区

工作区(又称空调区)通常是指距地面 2m,离墙 0.5m 的空间。在此空间内,应保持所要求的室内空气参数。

(2) 空气的输送和分配设施

空气的输送和分配设施主要由输送和分配空气的送、回风机,送、回风管和送、回风口等设备组成。

(3) 空气的处理设备

空气的处理设备由各种对空气进行加热、冷却、加湿、减湿和净化等处理的设备组成。

(4) 处理空气所需要的冷热源

处理空气所需要的冷热源是指为空气处理提供冷量和热量的设备,如锅炉房、冷冻站、冷水机组等。

2. 空调系统的分类

按空气处理设备的设置情况,空调系统可分为三类。

(1) 集中式空调系统

集中式空调系统的特点是系统中的所有空气处理设备,包括风机、冷却器、加热器、加湿器和过滤器等都设置在一个集中的空调机房里,空气经过集中处理后,再送往各个空调房间。

(2) 分散式空调系统(局部空调机组)

分散式空调系统又称为局部空调系统。这种机组把冷、热源和空气处理、输送设备、控制设备等集中设置在一个箱体内,形成一个紧凑的空调机组。可以按照需要,灵活而分散地设置在空调房间内,因此局部空调机组不需要集中的机房。例如,窗式和柜式空调机就属于这类系统。

(3) 半集中式空调系统

一种是除了集中空调机房外,还设有分散在各个房间里的二次设备(又称为末端装置),其中多半设有冷热交换装置(也称二次盘管),它的功能主要是在空气进入被调房间之前,对来自集中处理设备的空气作进一步补充处理,进而承担一部分冷热负荷。另一种是集中设置冷源和热源,分散在各空调房间设置风机盘管,即冷热媒集中供给,新风是单独处理和供给。

6.1.3.2　空调系统的冷源、组成及原理

1.空调系统的冷源

空调系统的冷源分为天然冷源和人工冷源。天然冷源一般是指深井水、山涧水、温度较低的河水等。这些温度较低的水可直接用泵抽取供空调系统使用,然后排放掉。采用深井水做冷源时,为了防止地面下沉,需要采用深井回灌技术。由于天然水源往往难以获得,在实际工程中,主要是使用人工冷源。人工冷源是指采用制冷设备制取的冷量。空调系统采用人工冷源制取的冷冻水或冷风来处理空气时,制冷机是空调系统中消耗能量最大的设备。

2.制冷机组的组成及原理

按照制冷设备所使用的能源类型的不同,蒸汽压缩式制冷机组是空调系统中使用最多、应用最广的制冷设备,下面简要介绍其工作原理和主要设备。

(1)蒸汽压缩式制冷原理

蒸汽压缩式制冷是利用液体气化时要吸收热量的物理特性来制取冷量的,如图 6.27 所示。

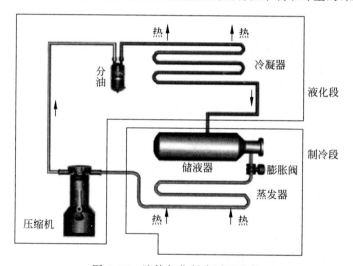

图 6.27　液体气化制冷原理示意

图 6.27 中右下角的部分是制冷段,储液器中高温高压的液态制冷剂经膨胀阀降温降压后进入蒸发器,在蒸发器中吸收周围介质的热量气化后回到压缩机。同时,蒸发器周围的介质因失去热量,温度降低。

图 6.27 中左上角的部分称为液化段,其作用是使在蒸发器中吸热气化的低温低压气态制冷剂重新液化去制冷。方法是先用压缩机将其压缩为高温高压的气态制冷剂,然后在冷凝器中利用外界常温下的冷却剂(如水、空气等)将其冷却为高温高压的液态制冷剂,重新回到储液器用于制冷。

从图 6.28 中可见,蒸汽压缩式制冷系统是通过制冷剂(如氨、氟利昂等)在压缩机、冷凝器、节流膨胀阀、蒸发器等热力设备中进行的压缩、放热、节流、吸热等

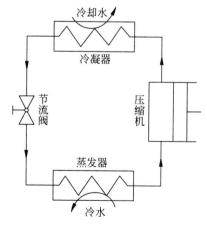

图 6.28　蒸汽压缩式制冷系统

热力过程,来实现一个完整的制冷循环。

(2)蒸汽压缩式制冷循环的主要设备

1)制冷压缩机。制冷压缩机的作用是从蒸发器中抽吸气态制冷剂,以保证蒸发器中具有一定的蒸发压力和提高气态制冷剂的压力,使气态制冷剂在较高的冷凝温度下被冷却剂冷凝液化。

2)冷凝器。冷凝器的作用是把压缩机排出的高温高压的气态制冷剂冷却并使其液化。根据所使用冷却介质的不同,可分为水冷冷凝器、风冷冷凝器、蒸发式和淋激式冷凝器等类型。

3)节流装置。节流装置的作用是对高温高压液态制冷剂进行节流降温降压,保证冷凝器和蒸发器之间的压力差,以便蒸发器中的液态制冷剂在所要求的低温低压下吸热气化,制取冷量。

调整进入蒸发器的液态制冷剂的流量,以适应蒸发器热负荷的变化,使制冷装置更加有效运行。

常用的节流装置有手动膨胀阀、浮球式膨胀阀、热力式膨胀阀和毛细管等。

4)蒸发器。蒸发器的作用是使进入其中的低温低压液态制冷剂吸收周围介质(水、空气等)的热量气化,同时,蒸发器周围的介质因失去热量,温度降低。

(3)制冷剂、载冷剂和冷却剂

制冷剂是在制冷装置中进行制冷循环的工作物质。目前常用的制冷剂有氨、氟利昂等。

为了把制冷系统制取的冷量远距离输送到使用冷量的地方,需要有一种中间物质在蒸发器中冷却降温,然后再将所携带的冷量输送到其他地方使用。这种中间物质称为载冷剂。常用的载冷剂有水、盐水和空气等。

为了在冷凝器中把高温高压的气态制冷剂冷凝为高温高压的液态制冷剂,需要用温度较低的物质带走制冷剂冷凝时放出的热量,这种工作物质称为冷却剂。常用的冷却剂有水(如井水、河水、循环冷却水等)和空气等。

6.1.3.3　建筑常用的空调系统

1. 集中式空调系统

集中式空调系统属于典型的全空气系统。该系统的特点是服务面积大,处理的空气量多,技术上也比较容易实现,现在应用也较为广泛,尤其是在恒温恒湿、洁净室等工艺性空调场合。

(1)组成

系统中的所有空气处理设备,包括风机、冷却器、加热器、加湿器、过滤器等都设置在一个集中的空调机房里,而空气处理所需的冷、热源由集中设置的冷冻站、锅炉或热交换站供给,其组成如图6.29所示。

(2)分类

集中式空调系统按所处理的空气来源分为封闭式、直流式和混合式三类,如图6.30所示。

1)封闭式空调系统。它所处理的空气全部来自空调房间本身,没有室外新鲜空气补充,全部为再循环空气。这种系统冷、热耗量最少,但卫生条件很差。

2)直流式空调系统。与封闭式空调系统比较,直流式空调系统所处理的空气全部来自

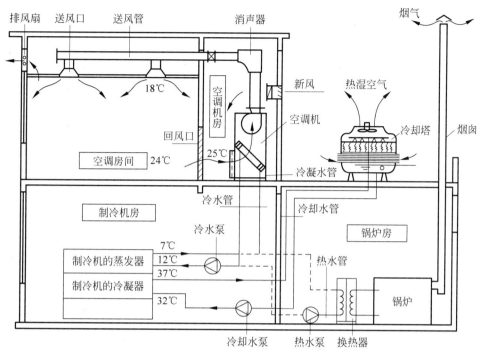

图 6.29　集中式空调系统示意

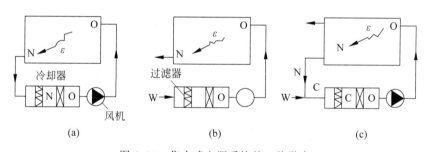

图 6.30　集中式空调系统的三种形式

(a) 封闭式空调系统；(b) 直流式空调系统；(c) 混合式空调系统

N—室内空气；W—室外空气；C—混合空气；O—经冷却器后的空气状态

室外的新鲜空气,新鲜空气经过处理后送入室内,吸收了室内的余热、余湿后全部排出室外。这种系统适用于不允许采用回风的场合,冷、热耗量最大,但卫生条件好。

　　3)混合式空调系统。从上述两种系统可见,封闭式系统不能满足卫生需求,直流式系统经济上不合理,所以两者都只是在特定情况下使用,对于绝大多数场合,为了减少空调耗能和满足室内卫生条件要求,采用混合一部分回风的空调系统,即混合式空调系统,既能满足卫生要求,又经济合理,故现在广泛应用。

　　2. 分散式空调系统

　　分散式空调系统(局部空调机组)实际上是一个小型空调系统,它结构紧凑,占用机房面积少,安装方便,使用灵活,在许多需要空调的场所,特别是舒适性空调工程中为广泛应用的设备。其类型与构造如下。

（1）按容量大小分类

① 窗式空调器。其容量小，冷量小于 7kW，风量在 1200m³/h 以下。

② 立柜式空调器。其容量大，冷量一般为 7kW，风量在 20000m³/h 以上。

（2）按冷凝器的冷却方式分类

① 水冷式空调器。它是容量较大的机组，其冷凝器一般都用水冷却，但用户要具备冷却水源。

② 风冷式空调器。它是容量较小的机组，如窗式风冷式空调器，其冷凝器部分设置在室外，借助风机用室外空气冷却冷凝器。对于容量较大的风冷式空调器，可将风冷冷凝器独立设置在室外。

（3）按供热方式分类

① 普通式空调器。这种空调器冬季用电加热空气供暖。

② 热泵式空调器。在冬季仍然由制冷机工作，只是通过一个四通换向阀使制冷剂作供热循环。这时原来的蒸发器变为冷凝器，空气通过冷凝器时被加热送入房间，如图 6.31 所示。

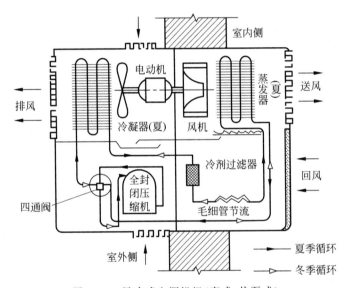

图 6.31　风冷式空调机组（窗式、热泵式）

3. 半集中式空调系统

集中式空调系统由于具有系统大、风道粗、占用建筑面积和空间较多、系统的灵活性差等缺点，在许多民用建筑，特别是高层民用建筑的应用中受到限制。半集中式空调系统（风机盘管空调系统）是为了克服集中式空调系统这些不足而发展起来的一种空调系统。它的冷、热媒是集中供给，新风可单独处理和供给，采用水作为输送冷热量的介质，具有占用建筑空间少，运行调节方便等优点，得到广泛应用，其构造如图 6.32 所示。

从半集中式空调系统的结构特点来看，它的主要优点是布置灵活，各房间可独立地通过风量、水量（或水温）的调节，改变室内的温湿度，房间不住人时可方便地关闭风机盘管机组而不影响其他房间，从而比较节省运转费用。此外，房间之间空气互不串通，又因风机多挡变速，在冷量上能由使用者直接进行一定的调节。

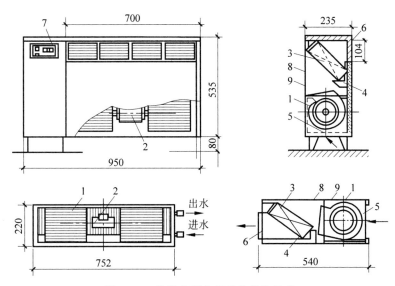

图 6.32　风机盘管空调系统构造示意

1—风机；2—电动机；3—盘管；4—凝结水盘；5—循环风进口及过滤器；
6—出风格栅；7—控制器；8—吸声材料；9—箱体

风机盘管空调机组的新风供给方式主要有三种，如图 6.33 所示。

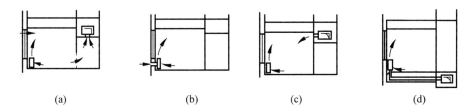

图 6.33　风机盘管空调系统的新风供给方式

(a) 室外渗入新风；(b) 外墙洞口引入新风；(c) 独立新风系统(上部送入)；
(d) 独立新风系统(送入风机盘管空调系统)

6.1.3.4　房间气流分布形式

房间的气流分布是指通过空调房间送、回风口的选择和布置，使送入房间的空气合理地流动和分布，从而使房间的温度、湿度、清洁度和风速等参数满足生产工艺和人体热舒适的要求。

影响空调房间气流分布的因素很多，主要有送风口的位置和形式、回风口位置、房间的几何形状和送风射流参数等。

常见的气流分布形式有以下几种。

1. 上送下回

由空间上部送入空气由下部排出的"上送下回"送风形式是传统的基本方式。它适用于民用建筑、专用机房和大型娱乐场所等场合。图 6.34 所示为三种不同的上送下回方式。其中图 6.34(a)、图 6.34(c)可根据空间的大小扩大为双侧，图 6.34(b)可增加散流器的数目。上送下回的气流分布形式送风气流不直接进入工作区，有较长的与室内空气混掺的距离，能够形成比较均匀的温度场和速度场,图 6.34(c)尤其适用于温湿度和洁净度要求高的对象。

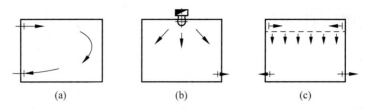

图 6.34　上送下回气流分布
(a)侧送侧回;(b)散流器送风;(c)孔板送风

2. 上送上回

图 6.35 所示为三种上送上回的气流分布形式,其中图 6.35(a)为单侧,图 6.35(b)为异侧,图 6.35(c)为贴附型散流器。上送上回形式的特点是将送排(回)风管道集中于空间上部。

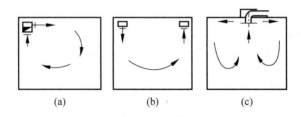

图 6.35　上送上回气流分布
(a)单侧上送上回;(b)异侧上送上回;(c)散流器上送上回

3. 下送上回

图 6.36 所示为三种下送上回气流分布形式,其中图 6.36(a)为地板送风;图 6.36(b)为末端装置(风机盘管或诱导器)送风;图 6.36(c)为下侧送风。除图 6.36(b)外,要求降低送风温差,控制工作区内的风速,但其排风温度高于工作区温度,故具有一定的节能效果,同时有利于改善工作区的空气质量。

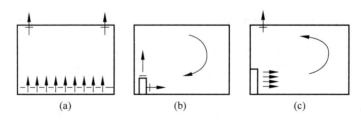

图 6.36　下送上回气流分布
(a)地板送风;(b)末端装置(风机盘管或诱导器)送风;(c)下侧送风

4. 中送风

对于厂房、车间等高大空间的场合,若实际工作区在下部,则不需将整个空间都作为控制调节的对象,因此从节省能量考虑,可采用"中送风"形式,如图 6.37 所示,图中设在上部的排风是用于排走非空调区内的余热,防止其在送风射流的卷吸下向工作区扩散。但这种气流分布会造成空间竖向分布温度不均,存在温度"分层"现象。

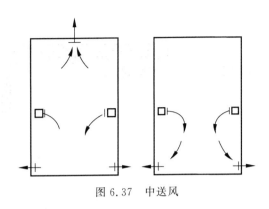

图 6.37　中送风

6.1.3.5　空气处理及处理设备

1. 喷水室

喷水室是空调系统中夏季对空气冷却除湿、冬季加湿的设备。它是通过水直接与被处理的空气接触来进行热湿交换,在喷水室中喷入不同温度的水,可以实现空气的加热、冷却、加湿和减湿等过程。用喷水室处理空气的主要优点是能够实现多种空气处理过程,冬夏季工况可以共用一套空气处理设备,具有一定的净化空气的能力,金属耗量小,容易加工制作,缺点是对水质条件要求高,占地面积大,水系统复杂和耗电较多。在空调房间的温、湿度要求较高的场合,如纺织厂等工艺性空调系统中,得到广泛应用。

2. 表面式换热器

用表面式换热器处理空气时,对空气进行热湿交换的工作介质不直接接触,而是通过换热器的金属表面与空气进行热湿交换。在表面式加热器中通入热水或蒸汽,可以实现空气的等湿加热过程,通入冷水或制冷剂,可以实现空气的等湿和减湿冷却过程。

3. 电加热器

电加热器是让电流通过电阻丝发热来加热空气的设备。具有结构紧凑、加热均匀、热量稳定、控制方便等优点。但由于电费较贵,通常只在加热量较小的空调机组等场合采用。在恒温精度较高的空调系统里,电加热器常安装在空调房间的送风支管上,作为控制房间温度的调节加热器。裸线式电加热器如图 6.38 所示。

4. 加湿器

加湿器是用于对空气进行加湿处理的设备,常用的有干蒸汽加湿器和电加湿器两种类型。

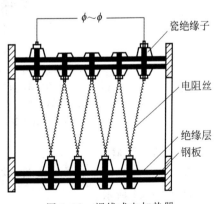

图 6.38　裸线式电加热器

（1）干蒸汽加湿器

干蒸汽加湿器的构造如图 6.39 所示,它是使用锅炉等加热设备生产的蒸汽对空气进行加湿处理。

（2）电加湿器

电加湿器是使用电能生产蒸汽来加湿空气。根据工作原理不同,有电热式和电极式两种。电加湿器的构造如图 6.40 所示。

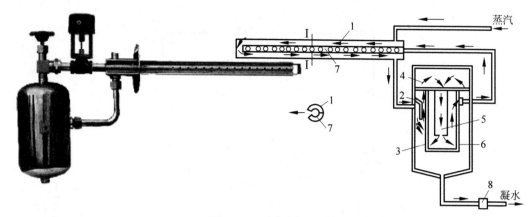

图 6.39 干蒸汽加湿器

1—喷管外套；2—导流板；3—加湿器筒体；4—倒流箱；5—导流管；6—加湿器内筒体；7—加湿器喷管；8—疏水器

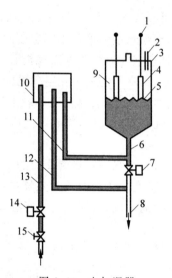

图 6.40 电加湿器

1—加热电源；2—水位电极；3—加湿桶；4—加湿电极；
5—水位；6—进排水口；7—排水电磁阀；8—排水管；
9—蒸汽出口；10—进水盒；11—进水管；12—溢水管；
13—注水管；14—进水电磁阀；15—供水阀门

5. 空气过滤器

空气过滤器是用来对空气进行净化处理的设备,通常分为低效、中效和高效过滤器三种类型,如图 6.41 所示。

6.1.3.6　空调系统的消声、防振

噪声是指嘈杂刺耳的声音,对于某些工作有妨碍的声音也称为噪声。可能产生噪声的噪声源是很多的,但对于空调系统来说,噪声主要是由通风机、制冷机、机械通风冷却塔等产生。

噪声的传播方式有通过空气传声、由振动引起的建筑结构的固体传声和通过风管传声三种。

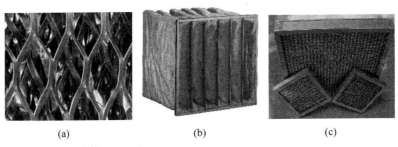

图 6.41　空气过滤器

(a) 玻璃纤维板低效；(b) 袋式中效；(c) 超细纤维高效

1.消声原理和消声器

消声器是根据不同的消声原理设计成的管路构件,按所采用的消声原理可分为阻性消声器、抗性消声器、共振消声器和复合消声器等类型。

(1) 阻性消声器

阻性消声器是把吸声材料固定在气流流动的管道内壁,或按一定的方式在管道内排列起来,利用吸声材料消耗声能降低噪声。其主要特点是对中、高频噪声的消声效果好,对低频噪声消声效果差。阻性消声器有许多类型,常用的有管式、片式和格式消声器。构造如图 6.42 所示。

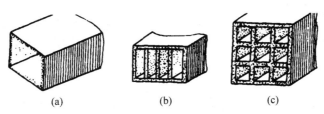

图 6.42　阻性消声器示意

(a) 管式；(b) 片式；(c) 格式

管式消声器是在风管的内壁面贴一层吸声材料,吸收声能降低噪声,其特点是结构简单、制作方便、阻力小。但只适用于截面直径在 400mm 以下的管道。风管截面增大时,消声效果下降。

片式和格式消声器实际上是一组管式消声器的组合,主要是为了解决管式消声器不能用于大断面风道的问题。片式和格式消声器构造简单,阻力小,对中、高频噪声的吸声效果好,但是应注意这类消声器中的空气流速不能太高,以免气流产生的紊流噪声使消声器失效。格式消声器中每格的尺寸宜控制在 200mm×200mm 左右。片式消声器的片间距一般在 100~200mm 范围内,片间距增大时,消声量会相应下降。

(2) 抗性消声器

抗性消声器又称为膨胀式消声器,它是由一些小室和风管组成,如图 6.43 所示,其消声原理是利用管道内截面的突然变化,使沿风管传播的声波向声源方向反射,起到消声作用。这种消声方法对于中、低频噪声有较好的消声效果,但消声频率的范围较窄,要求风

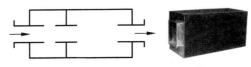

图 6.43　抗性消声器构造示意

道截面的变化在 4 倍以上才较为有效。因此,若机房建筑空间较小,应用则会受到限制。

（3）共振消声器

低频噪声的吸声,常用共振消声器。共振消声器的构造如图 6.44 所示,图中的金属板上开有一些小孔,金属板后是共振腔。当声波传到共振结构时,小孔孔径中的气体在声波压力作用下,像活塞一样往复运动,通过孔径壁面的摩擦和阻尼作用,使一部分声能转化为热能消耗掉。

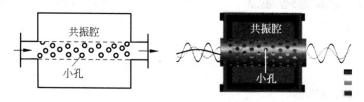

图 6.44　共振消声器构造示意

（4）复合消声器

复合消声器又称宽频带消声器,它是利用阻性消声器对中、高噪声的消声效果好,抗性消声器和共振消声器对低频噪声消声效果好的特点,综合设计成从低频到高频噪声范围内,都具有较好的消声效果的消声器。常用的有阻抗复合式消声器、阻抗共振复合式消声器和微穿孔板式消声器等类型。

2. 空调系统的减振

在空调系统中,除了对风机、水泵等产生振动的设备设置弹性减振支座外,为防止与这些运转设备连接的管路的传声,应在风机、水泵、压缩机等运转设备的进出口管路上设置隔振软管,在管道的支吊架、穿墙处作隔振处理。

项目 6.2　通风空调工程施工图识图

教学导航

项目任务	任务 6.2.1　通风空调工程施工图的组成与内容	参考学时	2
	任务 6.2.2　通风空调工程施工图的识图		
	任务 6.2.3　某综合楼通风空调工程施工图的识图		
教学载体	多媒体课室、教学课件及教材相关内容		
教学目标	知识目标	了解通风空调工程施工图的组成与内容;掌握通风空调工程施工图的识图	
	能力目标	能识读通风空调工程施工图	
过程设计	任务布置及知识引导—学习相关新知识点—解决与实施工作任务—自我检查与评价		
教学方法	项目教学法		

任务 6.2.1　通风空调工程施工图的组成与内容

通风空调施工图由文字与图纸两部分组成。文字部分包括图纸目录、设计施工说明、设备材料明细表。图纸部分包括基本图和详图。基本图包括通风空调系统的平面图、剖面图、系统图(轴测图)、原理图等。详图包括设备、管道的安装详图,设备、管道的加工详图,设备、部件的结构详图等。

1. 文字部分

(1)图纸目录

图纸目录包括在工程中使用的标准图纸或其他工程图纸目录和该工程的设计图纸目录。在图纸目录中必须完整地列出该工程设计图纸名称、图号、工程号、图幅大小、备注等,如表6.1所示。

表 6.1 图纸目录范例

××××设计院		工程名称			设计号	
		项目			共 页 第 页	
序号	图别图号	图纸名称	采用标准图或重复使用图		图纸尺寸	备注
			图集编号或工程编号	图别图号		

(2)设计施工说明

设计施工说明主要包括通风空调的建筑概况;系统采用的设计气象参数;空调房间的设计条件(冬季、夏季空调房间的空气温度、相对湿度、平均风速、新风量、噪声等级、含尘量等);空调系统的划分与组成(系统编号、系统所服务的区域、送风量、设计负荷、空调方式、气流组织等);空调系统的设计运行工况;风管系统和水管系统的一般规定、风管材料及加工方法、管材、支吊架及阀门安装要求、保温、减震作法、水管系统的试压和清洗等;设备的安装要求;防腐要求;系统调试和试运行方法和步骤;应遵守的施工规范、规定等。

(3)设备材料明细表

设备与主要材料的型号、数量一般在《设备材料明细表》中给出,它的格式一般采用表6.2的形式。

表 6.2 设备材料明细表

××××设计研究院		设备材料表				设计号	
		工程名称				图别	
						图号	
		项目				总序号	
						总 页 第 页	
序号	名称	型号及规格	单位	数量	质量/t	来源或设备图号	备注

2. 图纸部分

(1) 平面图

通风空调平面图包括建筑物各层通风空调平面图、空调机房平面图、制冷机房平面图等。

1) 通风空调平面图。通风空调平面图主要说明通风空调系统的设备、系统风道、冷热媒管道、凝结水管道的平面布置。它的内容主要包括以下几方面。

① 风管系统。风管系统包括风管系统的构成、布置及风管上各部件、设备的位置,如异径管、三通接头、四通接头、弯管、检查孔、测定孔、调节阀、防火阀、送风口、排风口等,并注明系统编号、送回风口的空气流向,一般用双线绘制。

② 水管系统。水管系统包括冷、热水管道、凝结水管道的构成、布置及水管上各部件、仪表、设备位置,如异径管、三通接头、四通接头、弯管、温度计、压力表、调节阀等,并注明各管道的介质流向、坡度,一般用单线绘制。

③ 空气处理设备。空气处理设备包括各处理设备的轮廓或位置。

④ 尺寸标注。尺寸标注包括各管道、设备、部件的尺寸大小、定位尺寸以及设备基础的主要尺寸,还有各设备、部件的名称、型号、规格等。

除此之外,还应标明图纸中应用到的通用图、标准图索引号。

2) 通风空调机房平面图。通风空调机房平面图一般应包括空气处理设备、风管系统、水管系统、尺寸标注等内容。

① 空气处理设备。应注明按产品样本要求或标准图集所采用的空调器组合段代号,空调箱内风机、表面式换热器、加湿器等设备的型号、数量以及该设备的定位尺寸。

② 风管系统。包括与空调箱连接的送、回风管、新风管的位置和尺寸,用双线绘制。

③ 水管系统。包括与空调箱连接的冷、热媒管道,凝结水管道的情况,用单线绘制。

其他的还有消声设备、柔性短管、防火阀、调节阀门的位置尺寸。

(2) 剖面图

剖面图是与平面图对应的,用来说明平面图上无法表明的情况。因此,通风空调施工图中剖面图主要有系统剖面图、机房剖面图、冷冻机房剖面图等,剖面图上的内容应与在平面图剖切位置上的内容对应一致,并标注设备、管道及配件的标高。

(3) 系统图

通风空调系统图应包括系统中设备、配件的型号、尺寸、定位尺寸、数量以及连接于各设备之间的管道在空间的曲折、交叉、走向和尺寸、定位尺寸等,并应注明系统编号。系统图可用单线绘制也可用双线绘制,工程上多采用单线绘制系统图。

(4) 原理图

空调系统的原理图主要包括系统的原理和流程,空调房间的设计参数、冷热源、空气处理及输送方式,控制系统之间的相互连接,系统中的管道、设备、仪表、部件,整个系统控制点与测点之间的联系,控制方案及控制点参数,用图例表示的仪表、控制元件型号等。

(5) 详图

详图是对图纸主题的详细阐述,是在其他图纸中无法表达但却又必须表达清楚的内容。通风空调施工图中的详图主要有设备、管道的安装详图,设备、管道的加工详图,设备、部件的结构详图等。部分详图有标准图可供选用。

任务 6.2.2 通风空调工程施工图的识图

通风空调工程施工图识读时要切实掌握各图例的含义,把握风管系统与水系统的独立性和完整性。识读时要搞清系统,摸清环路,分系统阅读。

1. 识读方法与步骤

1)认真阅读图纸目录。根据图纸目录了解该工程图纸张数、图纸名称、编号等概况。

2)认真阅读领会设计施工说明。从设计施工说明中了解系统的形式、系统的划分及设备布置等工程概况。

3)仔细阅读有代表性的图纸。在了解工程概况的基础上,根据图纸目录找出反映通风空调系统布置、空调机房布置、冷冻机房布置的平面图,从总平面图开始阅读,然后阅读其他平面图。

4)辅助性图纸的阅读。平面图不能清楚地全面反映整个系统情况,因此,应根据平面图上提示的辅助图纸(如剖面图、详图)进行阅读。对整个系统情况,可配合系统图阅读。

5)其他内容的阅读。在读懂整个系统的前提下,再回头阅读施工说明及设备材料明细表,了解系统的设备安装情况、零部件加工安装详图,从而把握图纸的全部内容。

2. 识图举例

如图 6.45、图 6.46、图 6.47 所示是某建筑多功能厅空调系统的平面图、剖面图及系统图。

从图中可以看出,该空调系统的空调箱设在机房内,空调机房ⓒ轴外墙上有一带调节风阀的风管,即新风管,规格为 630mm×1000mm。空调系统的新风由室外经新风管补充到室内。

在空调机房②轴内墙上,有一消声器 4,这是回风管,室内大部分空气经此消声器吸入,并回到空调机房。

空调机房内有一空调箱 1,从剖面图 6.46 看出在空调箱侧下部有一个接风管的进风口,新风与回风在空调机房内混合后,被空调箱由此进风口吸入,经冷热处理后,经空调箱顶部的出风口送至送风干管。

送风经过防火阀,然后经消声器 2,流入规格为 1250mm×500mm 的送风管,在这里分支出规格为 800mm×500mm 的第一个分支管;继续向前,经规格为 800mm×500mm 的管道分支出第二个规格为 800mm×250mm 的分支管,再往前走又分支出规格为 800mm×250mm 的第三个分支管,在该分支管上有规格为 240mm×240mm 方形散流器(送风口)3 共 6 只,通过散流器将送风送入多功能厅。然后,大部分回风经消声器 4 回到空调机房与新风混合被吸入空调箱 1 的进风口,完成一次循环。另一小部分室内空气经门窗缝隙渗至室外。

由 A—A 剖面图可以看出,房间高度为 6m,吊顶距地面高度为 3.5m,风管暗装在吊顶内,送风口直接开在吊顶面上,风管底标高分别为 4.25m 和 4.00m,气流组织为上送下回。

由 B—B 剖面图可以看出,送风管通过软接头直接从空调箱接出,沿气流方向高度不断减小,由 500mm 变为 250mm,从该剖面图上还可以看到三个送风支管在总风管上的接口位置,支管断面尺寸分别为 500mm×800mm、250mm×800mm、250mm×800mm。

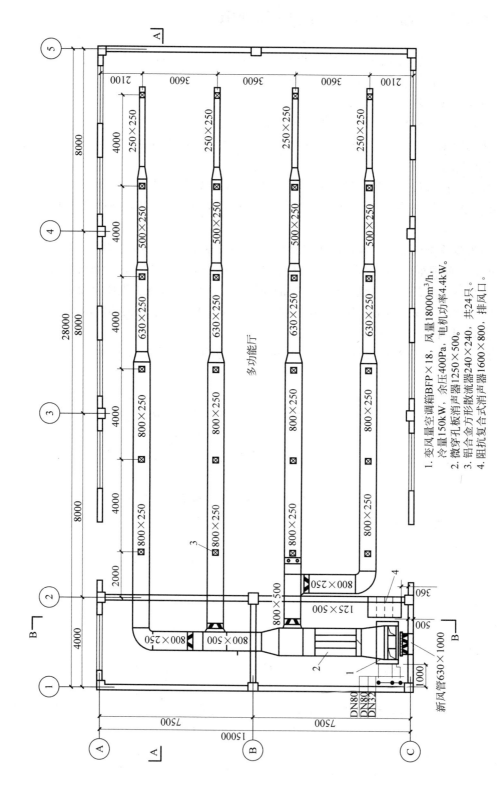

1. 变风量空调箱BFP×18，风量18000m³/h，
　余压400Pa，电机功率4.4kW。
　冷量150kW，余压400Pa，电机功率4.4kW。
2. 微穿孔板散流器1250×500。
3. 铝合金方形散流器240×240，共24只。
4. 阻抗复合式消声器1600×800，排风口。

图6.45　多功能厅空调平面

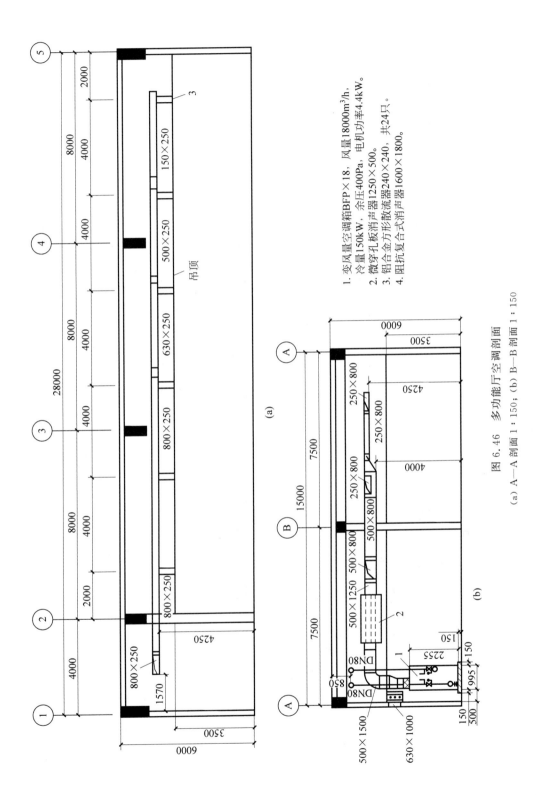

1. 变风量空调箱BFP×18，风量18000m³/h，余压400Pa，电机功率4.4kW。冷量150kW，微穿孔板消声器1250×500。
2. 铝合金方形散流器240×240，共24只。
3. 阻抗复合式消声器1600×1800。

图6.46 多功能厅空调剖面

(a) A—A剖面1∶150; (b) B—B剖面1∶150

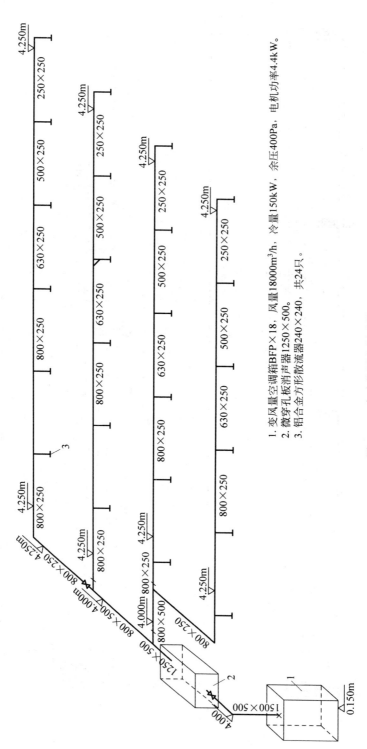

1. 变风量空调箱BFP×18，风量18000m³/h，冷量150kW，余压400Pa，电机功率4.4kW。
2. 微穿孔板消声器1250×500。
3. 铝合金方形散流器240×240，共24只。

图6.47　多功能厅空调系统

系统图则清楚地表明了该空调系统的构成、管道的走向及设备位置等内容。

将平面图、剖面图、系统图对应起来看，就可以清楚地了解这个带有新、回风的空调系统的情况：首先是多功能厅的空气从地面附近通过消声器 4 被吸入空调机房，同时新风也从室外被吸入空调机房，新风与回风混合后从空调箱进风口吸入空调箱内，经过空调箱处理后经送风管送至多功能厅送风方形散流器风口，空气便送入多功能厅。这显然是一个一次回风(新风与室内回风在空调箱内混合一次)的全空气系统。

任务 6.2.3　某综合楼通风空调工程施工图的识图

本工程为某综合楼项目，总建筑面积为 7331.10m^2，建筑物高度为室外地坪到檐口 20.5m，建筑层数为地下室一层、地上五层，层高为地下室 3.50m、首层 4.50m、标准层 4m，结构形式为混凝土框架结构。舒适性空调采用中央空调，由地下室空调机房的两台螺杆水冷机组通过风机盘管供给，空调凝结水由给排水专业预留排水管集中排放。地下室、办公室和公共卫生间设机械通风。

综合楼安装施工图-空调.zip

识读通风空调工程施工图(见右侧二维码"综合楼安装施工图-空调.zip")时，应搞清通风空调工程施工图的特点：①风、水系统环路的独立性。在通风空调施工图中，风系统与水系统按照它们的实际情况出现在同一张平面图、剖面图中，但在实际运行中，风系统与水系统具有相对独立性，因此，在阅读施工图时，首先将风系统与水系统分开阅读，然后综合起来。②风、水系统环路的完整性。通风空调系统，无论是水系统还是风系统，都可以称之为环路，这就说明风、水系统总是有一定来源，并按一定方向，通过干管、支管，最后与具体设备相接，多数情况下又将回到它们的来源处，形成一个完整的系统。③通风空调系统的复杂性。通风空调系统中的主要设备，如冷水机组、空调箱等，其安装位置由土建决定，这使得风系统与水系统在空间的走向往往是纵横交错，在平面图上很难表示清楚，因此，通风空调系统的施工图中除了大量的平面图、立面图，还包括许多剖面图与系统图，它们对读懂图纸有重要帮助。④与土建施工的密切性。安装通风空调系统中的各种管道、设备及各种配件都需要和土建的围护结构发生关联，同时，在施工中各种管道相互之间也要发生交叉碰撞，要求施工人员不仅能看懂本专业的图纸，还应适当掌握其他专业的图纸内容，避免施工中一些不必要的麻烦。

工程施工时应将施工平面图、剖面图以及系统图结合起来进行识读，空调系统的水系统中膨胀水管采用 DN40 的无缝钢管，由屋顶的膨胀水箱引至地下室空调机房；冷却供水管、冷却回水管采用 DN250 的无缝钢管从屋顶冷却塔至冷水机组，再由冷水机组至屋顶冷却塔循环流动，形成一个完整的系统。冷冻水供水管、冷冻水回水管采用 DN200 的无缝钢管，由冷水机组→供水总干管→供水立管→每层供水水平干管→供水支管→风机盘管→回水支管→每层回水水平干管→回水立管→回水大干管→水泵→冷水机组，来回循环，形成一个完整系统。

通风空调系统的风系统中，风管采用优质镀锌钢板制作，厚度 $\delta \leqslant 1.2mm$ 时咬口连接，厚度 $\delta > 1.2mm$ 时采用焊接。通风中的一部分由新风口→新风风管→空调箱→送风干管→送风支管→房间送风口→房间→房间回风口→回风支管→回风干管→空调箱，来回循环，形成一个完整系统；另一部分由新风口→新风风管→空调箱→送风干管→送风支管→房间送风口→房间→排风管→排风口。

项目 6.3   通风空调工程分部分项工程量清单的编制

教学导航

项目任务	任务 6.3.1 通风空调工程分部分项工程量清单列项	参考学时	8
	任务 6.3.2 通风空调工程分部分项工程量计算应用		
	任务 6.3.3 通风空调工程分部分项工程量清单编制应用		
教学载体	多媒体课室、教学课件及教材相关内容		
教学目标	知识目标	了解通风空调工程分部分项工程量清单列项；掌握通风空调工程分部分项工程量计算和清单编制	
	能力目标	能编制通风空调工程分部分项工程量清单	
过程设计	任务布置及知识引导—学习相关新知识点—解决与实施工作任务—自我检查与评价		
教学方法	项目教学法		

任务 6.3.1   通风空调工程分部分项工程量清单设置

通风空调设备及部件、通风管道及部件的制作安装工程分部分项工程量清单项目设置依据《通用安装工程工程量计算规范》(GB 50856—2013)附录 G 通风空调工程进行列项。

冷冻机组站内的设备安装、通风机安装及人防两用通风机安装，应按《通用安装工程工程量计算规范》附录 A 机械设备安装工程相关项目编码列项。

冷冻机组站内的管道安装，应按《通用安装工程工程量计算规范》附录 H 工业管道工程相关项目编码列项。

冷冻站外墙皮以外通往通风空调设备的供热、供冷、供水等管道，应按《通用安装工程工程量计算规范》附录 K 给排水、采暖、燃气工程相关项目编码列项。

设备和支架的除锈、刷漆、保温及保护层安装，应按《通用安装工程工程量计算规范》附录 M 刷油、防腐蚀、绝热工程相关项目编码列项。

任务 6.3.2   通风空调工程分部分项工程量计算应用

6.3.2.1   工程量计算规则

1. 通风空调设备及部件制作安装工程量计算规则

1) 空气加热器(冷却器)安装，按设计图示数量以"台"计算。

2) 除尘设备安装，按设计图示数量以"台"计算。

3) 空调器、分体式室内空调器、分体式室外空调器、整体式空调器安装，按设计图示数量以"台"计算。

4) 风机盘管安装，按设计图示数量以"台"计算。

5) VAV 变风量末端装置安装，按设计图示数量以"台"计算。

6）分段组装式空调器安装,按设计图示尺寸以"kg"计算。

7）钢板密闭门安装,按设计图示数量以"个"计算。

8）钢板挡水板安装,按设计图示尺寸按空调器断面面积以"m²"计算。

9）滤水器、溢水盘、电加热器外壳、金属空调器壳体制作安装,按设计图示尺寸以"kg"计算。非标准部件制作安装按成品质量计算。

10）高、中、低效过滤器、净化工作台、风淋室安装,按设计图示数量以"台"计算。

11）洁净室安装,按设计图示尺寸以"kg"计算。

12）通风机安装,依据不同风量按设计图示数量以"台"计算。

2. 通风管道安装工程量计算规则

1）镀锌薄钢板风管、薄钢板风管、净化风管、不锈钢风管、铝板风管、塑料风管、玻璃钢风管、复合型风管、装配式镀锌薄钢板按设计图示展开面积以"m²"计算,不扣除检查孔、测定孔、送风口、吸风口等所占面积。

$$F = \pi \times D \times L$$

式中：F——圆形风管展开面积(以 m² 为单位)；

D——圆形风管直径(m)；

L——管道中心线长度(m)。

矩形风管按设计图示周长乘以管道中心线长度计算,规格直径为内径,周长为内周长；其中玻璃钢风管、复合风管规格直径为外径,周长为外周长。

2）薄钢板风管、净化风管、不锈钢风管、铝板风管、塑料风管、玻璃钢风管、复合型风管长度一律以设计图示中心线长度为准(主管与支管以其中心线交点划分),包括弯头、三通、变径管、天圆地方等管件的长度,但不得包括部件所占长度；重叠部分和堵头不得另行增加。

3）风管导流叶片制作安装按设计图示叶片的面积以"m²"计算。

4）整个通风系统设计采用渐缩管均匀送风者,圆形风管按平均直径、矩形风管按平均周长计算。

5）塑料风管制作安装所列规格直径为内径,周长为内周长。

6）柔性软风管安装按设计图示管道中心线长度以"m"计算。

7）软管(帆布接口)制作安装按设计图示尺寸展开面积以"m²"计算。

8）风管检查孔制作安装按设计图示尺寸以"kg"计算。

9）温度、风量测定孔制作安装依据其型号,按设计图示数量以"个"计算。

10）薄钢板通风管道、净化通风管道、玻璃钢通风管道、复合型材料通风管道的制作安装中已包括法兰、加固框和吊托支架,不得另行计算。

11）不锈钢通风管道、铝板通风管道法兰和吊托支架按设计图示尺寸以"kg"计算。

12）塑料通风管道吊托支架按设计图示尺寸以"kg"计算。

13）装配式镀锌薄钢板通风管道、装配式镀锌薄钢板矩形通风管道、装配式薄钢板圆形通风管道、装配式薄钢板矩形通风管道按设计图示展开面积以"m²"计算,不扣除检查孔、测定孔、送风口、吸风口等所占面积。

14）装配式镀锌薄钢板通风管道安装中已包括法兰、加固框和吊托支架,不得另行计算。

例 6.1　图 6.48 所示为某通风空调系统部分管道平面,采用镀锌铁皮,板厚均为 1.0mm,试计算该风管的工程量。

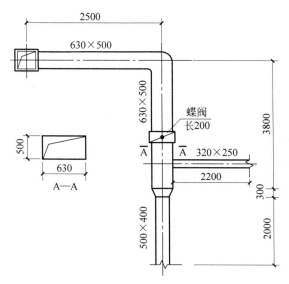

图 6.48　某通风空调系统部分管道平面

解　630mm×500mm：$L_1 = (2.50 + 3.80 + 0.30 - 0.20)m = 6.40m$

$\qquad F_1 = [2 \times (0.63 + 0.50) \times 6.4]m^2 = 14.46m^2$

$\qquad$500mm×400mm：$L_2 = 2.0m$

$\qquad F_2 = [2 \times (0.50 + 0.40) \times 2]m^2 = 3.60m^2$

$\qquad$320mm×250mm：$L_3 = (2.20 + 0.63/2)m = 2.515m$

$\qquad F_3 = [2 \times (0.32 + 0.25) \times 2.515]m^2 = 2.87m^2$

汇总：长边长≤320m 时,工程量为 $2.87m^2$

$\qquad$长边长≤1000m 时,工程量为 $14.46 + 3.60 = 18.06m^2$

例 6.2　某化工厂氯化车间设计图示圆形渐缩送风管道中心线长度 $L_{中}$ 为 32.16m,大头直径($D_{大}$)为 500mm,小头直径($D_{小}$)为 200mm,采用镀锌钢板风管($\delta = 1.2mm$),咬口连接。试计算其平均直径和总展开面积各为多少。

解　平均直径($D_{平}$)$= (D_{大} + D_{小})/2 = [(0.5 + 0.2)/2]m = 0.35m$

展开面积(F)$= \pi \times D_{平} \times L_{中} = (3.1416 \times 0.35 \times 32.16)m^2 = 35.36m^2$

3. 通风管道部件制作安装工程量计算规则

1) 碳钢调节阀安装依据其类型、直径(圆形)或周长(方形),按设计图示数量以"个"计算。

2) 柔性软风管阀门安装按设计图示数量以"个"计算。

3) 塑料通风管道柔性接口及伸缩节制作安装应依连接方式按设计图示规格尺寸展开面积以"m^2"计算。

4) 碳钢各种风口的安装依据类型、规格尺寸按设计图示数量以"个"计算。

5) 钢百叶窗及活动金属百叶风口安装依据类型、规格尺寸按设计图示数量以"个"

计算。

6) 塑料通风管道分布器、散流器的制作安装按其成品质量以"kg"计算。

7) 塑料通风管道风帽、罩类的制作均按其质量以"kg"计算;非标准罩类制作安装成品质量以"kg"计算。罩类为成品安装时制作不再计算。

8) 铝板圆伞形风帽、铝板风管圆周形矩形法兰制作按设计图示尺寸以"kg"计算。

9) 碳钢风帽的制作安装均按其质量以"kg"计算;非标准风帽制作安装成品质量以"kg"计算。风帽为成品安装时制作不再计算。

10) 碳钢风帽筝绳制作安装按设计图示尺寸以"kg"计算。

11) 碳钢风帽泛水制作安装按设计图示尺寸展开面积以"m^2"计算。

12) 碳钢风帽滴水盘制作安装按设计图示尺寸以"kg"计算。

13) 罩类的制作安装均按其质量以"kg"计算;非标准罩类制作安装成品质量以"kg"计算。罩类为成品安装时制作不再计算。

14) 成品消声器、成品消声弯头安装按设计图示数量以"个"计算。

15) 成品静压箱安装按设计图示数量以"个"计算。

16) 人防各种调节阀制作安装按设计图示数量以"个"计算。

17) 测压装置安装按设计图示数量以"套"计算。

18) 换气堵头安装按设计图示数量以"套"计算。

4. 通风空调辅助项目工程量计算规则

1) 过滤框架制作按设计图示尺寸以"kg"计算。

2) 设备支架制作安装按设计图示尺寸以"kg"计算。

3) 不锈钢板风管吊托支架制作安装以"kg"计算。

4) 成品风管支架安装按质量区分以"套"计算。

5) 风管套管按设计图示展开面积以"m^2"计算。

6.3.2.2 案例计算

计算某大厦多功能厅通风空调工程的工程量。

本工程为某大厦多功能厅通风空调工程,图6.45、图6.46、图6.47所示为多功能厅空调系统的平面、剖面及系统,图中标高以m计,其余以mm计。

1) 空气处理由位于图中①和②轴线之间的空气处理室内的变风量整体空调箱(机组)完成,其规格为8000m^3/h/(0.6t)。在空气处理室轴线外墙上,安装了一个630mm×1000mm的铝合金防雨单层百叶新风口(带过滤网),其底部距地面2.8m,在空气处理室②轴线内墙上距地面1.0m处,装有一个1600mm×800mm的铝合金百叶回风口,其后面接一阻抗复合消声器,型号为T701-6型5号,二者组成回风管。室内大部分空气由此消声器吸入回到空气处理室,与新风混合后吸入空调箱,处理后经风管送入多功能厅内。

2) 本工程风管采用镀锌薄钢板,咬口连接。其中矩形风管240mm×240mm、250mm×250mm,铁皮厚度$\delta=0.75$mm,矩形风管800mm×250mm、800mm×500mm、630mm×250mm、500mm×250mm,铁皮厚度$\delta=1.0$mm,矩形风管1250mm×500mm,铁皮厚度$\delta=1.2$mm。

3) 阻抗复合消声器采用现场制作安装,送风管上的管式消声器为成品安装。

4) 图中风管防火阀、对开多叶风量调节阀、铝合金新风口、铝合金回风口、铝合金方形散流器均为成品安装。

5) 主风管(1250mm×500mm)上,设置温度测定孔和风量测定孔各一个。

6) 风管保温采用岩棉板,$\delta=25$mm,外缠玻璃丝布一道,玻璃丝布不刷油漆。保温时使用黏结剂、保温钉。风管在现场按先绝热后安装施工。

未尽事宜,按现行施工及验收规范的有关内容执行。

解 某大厦多功能厅通风空调工程工程量计算如表 6.3 所示。

表 6.3 通风空调工程量计算书

工程名称:某大厦多功能厅通风空调工程

共 页第 页

项目名称	单位	数量	计算式
镀锌薄钢板风管(咬口)$\delta=1.2$mm	m²	19.355	风管截面:1250mm×500mm $L=[0.75+3+3.87-2.255-0.15+(4.5-3.87)\div2]$m $\quad=5.53$m $S=[(1.25+0.5)\times2\times5.53]$m²$=19.355$m²
镀锌薄钢板风管(咬口)$\delta=1.0$mm	m²	175.23	风管截面:800mm×500mm $L=(3.5+2.6-0.2)$m$=5.9$m $S=[(0.8+0.5)\times2\times5.9]$m²$=15.34$m² 风管截面:800mm×250mm $L=[3.5+(4\div2+2+4+4+0.5)\times4-2.6\times2+3.6-0.2\times3]m=51.3$m $S=[(0.8+0.25)\times2\times51.3]$m²$=107.73$m² 风管截面:630mm×250mm $L=(4\times4)$m$=16$m $S=[(0.63+0.25)\times2\times16]$m²$=28.16$m² 风管截面:500mm×250mm $L=(4\times4)$m$=16$m $S=[(0.5+0.25)\times2\times16]$m²$=24$m²
镀锌薄钢板风管(咬口)$\delta=0.75$mm	m²	35.36	风管截面:250mm×250mm $L=[(4+0.3-0.5)\times4]$m$=15.2$m $S=[(0.25+0.25)\times2\times15.2]$m²$=15.2$m² 风管截面:240mm×240mm $L=[(4.25-3.5+0.25\div2)\times24]m=21$m $S=[(0.24+0.24)\times2\times21]$m²$=20.16$m²
变风量整体空调箱(机组)8000(m³/h)/0.6(t)	台	1	
阻抗复合消声器制作安装 T701-6 型 5 号	组	1	
管式消声器安装	组	1	$C=[(1.25+0.5)\times2]$m$=3.5$m
风管防火阀安装	个	1	$C=[(1.25+0.5)\times2]$m$=3.5$m
对开多叶风量调节阀安装	个	4	$C=[(0.8+0.5)\times2]$m$=2.6$m,1 个 $C=[(0.8+0.25)\times2]$m$=2.1$m,3 个

项目名称	单位	数量	计算式
铝合金防雨单层百叶新风口安装	个	1	$C=[(1+0.63)\times2]m=3.26m$
铝合金百叶回风口安装	个	1	$C=[(1.6+0.8)\times2]m=4.8m$
铝合金方形散流器安装	个	24	$C=[(0.24+0.24)\times2]m=0.96m$
帆布软管接口	m²	2.1	$S=[(1.25+0.5)\times2\times0.2\times3]m^2=2.1m^2$
温度测定孔	个	1	
风量测定孔	个	1	
风管岩棉板保温厚25mm	m³	6.336	风管截面：1250mm×500mm $L=5.53m$ $V=\{[2\times(1.25+0.5)\times1.033\times0.025+4\times(1.033\times0.025)^2]\times5.53\}m^3=0.515m^3$ 风管截面：800mm×500mm $L=6.1m$ $V=\{[2\times(0.8+0.5)\times1.033\times0.025+4\times(1.033\times0.025)^2]\times6.1\}m^3=0.426m^3$ 风管截面：800mm×250mm $L=51.9m$ $V=\{[2\times(0.8+0.25)\times1.033\times0.025+4\times(1.033\times0.025)^2]\times51.9\}m^3=2.953m^3$ 风管截面：630mm×250mm $L=16m$ $V=\{[2\times(0.63+0.25)\times1.033\times0.025+4\times(1.033\times0.025)^2]\times16\}m^3=0.77m^3$ 风管截面：500mm×250mm $L=16m$ $V=\{[2\times(0.5+0.25)\times1.033\times0.025+4\times(1.033\times0.025)^2]\times16\}m^3=0.662m^3$ 风管截面：250mm×250mm $L=15.2m$ $V=\{[2\times(0.25+0.25)\times1.033\times0.025+4\times(1.033\times0.025)^2]\times15.2\}m^3=0.433m^3$ 风管截面：240mm×240mm $L=21m$ $V=\{[2\times(0.24+0.24)\times1.033\times0.025+4\times(1.033\times0.025)^2]\times21\}m^3=0.577m^3$

续表

项目名称	单位	数量	计算式
玻璃丝布保护层	m²	263.71	风管截面：1250mm×500mm $L=5.53$m $S=\{[2\times(1.25+0.5)+8\times(1.05\times0.025+0.0041)]\times$ $5.53\}$m²$=20.698$m² 风管截面：800mm×500mm $L=6.1$m $S=\{[2\times(0.8+0.5)+8\times(1.05\times0.025+0.0041)]\times$ $6.1\}$m²$=17.341$m² 风管截面：800mm×250mm $L=51.9$m $S=\{[2\times(0.8+0.25)+8\times(1.05\times0.025+0.0041)]\times$ $51.9\}$m²$=121.591$m² 风管截面：630mm×250mm $L=16$m $S=\{[2\times(0.63+0.25)+8\times(1.05\times0.025+0.0041)]\times$ $16\}$m²$=32.045$m² 风管截面：500mm×250mm $L=16$m $S=\{[2\times(0.5+0.25)+8\times(1.05\times0.025+0.0041)]\times$ $16\}$m²$=27.885$m² 风管截面：250mm×250mm $L=15.2$m $S=\{[2\times(0.25+0.25)+8\times(1.05\times0.025+0.0041)]\times$ $15.2\}$m²$=18.891$m² 风管截面：240mm×240mm $L=21$m $S=\{[2\times(0.24+0.24)+8\times(1.05\times0.025+0.0041)]\times$ $21\}$m²$=25.259$m²

任务 6.3.3　通风空调工程分部分项工程量清单编制应用

6.3.3.1　分部分项工程量清单列项

根据《通用安装工程工程量计算规范》(GB 50856—2013),结合某综合楼通风空调工程施工图,对该专业分部分项工程进行清单列项,见表 6.4。该工程涉及的防腐绝热项目内容未包含在内。

表6.4　某综合楼通风空调分部分项工程清单列项

序号	项目编码	项目名称	项目特征描述	计量单位
一、通风空调设备及部件制作安装				
1	030108001001	离心式通风机	1. 名称：柜式离心风机 2. 型号：DT20-3 3. 规格：800mm×500mm	台
2	030108001002	离心式通风机	1. 名称：柜式离心风机 2. 型号：DT20-5 3. 规格：800mm×500mm	台
3	030108001003	离心式通风机	1. 名称：柜式离心风机 2. 型号：DT22-3 3. 规格：1500mm×1000mm	台
4	030108001004	离心式通风机	1. 名称：柜式离心风机 2. 型号：DT22-4 3. 规格：1500mm×1000mm	台
5	030108003001	轴流通风机	1. 名称：轴流式排烟风机 2. 型号：PA型	台
6	030108003002	轴流通风机	1. 名称：低噪声轴流风机 2. 型号：低噪声	台
7	030108003003	轴流通风机	1. 名称：天花式排气扇 2. 型号：300cnh	台
8	030108003004	轴流通风机	1. 名称：天花式排气扇 2. 型号：250cnh	台
9	030108003005	轴流通风机	1. 名称：天花式排气扇 2. 型号：200cnh	台
10	030108003006	轴流通风机	1. 名称：天花式排气扇 2. 型号：150cnh	台
11	030108003007	轴流通风机	1. 名称：天花式排气扇 2. 型号：100cnh	台
12	030108006001	其他风机	1. 名称：低噪声混流通风机 2. 规格：400mm×250mm	台
13	030109001001	离心式泵	1. 名称：冷冻水泵 2. 型号：CHWP 3. 规格：$L=186\mathrm{m}^3/\mathrm{h}, H=35\mathrm{m}, N=30\mathrm{kW}$	台
14	030109001002	离心式泵	1. 名称：冷却水泵 2. 型号：CWP 3. 规格：$L=248\mathrm{m}^3/\mathrm{h}, H=25\mathrm{m}, N=30\mathrm{kW}$	台
15	030113001001	冷水机组	1. 名称：螺杆水冷机组 2. 型号：$Q=280\mathrm{VSTR}, N=197\mathrm{kW}$ 3. 制冷（热）形式：螺杆水冷 4. 制冷（热）量：$Q=280\mathrm{VSTR}$	台
16	030113017001	冷却塔	1. 名称：冷却塔 2. 型号：CT-700	台

续表

序号	项目编码	项目名称	项目特征描述	计量单位
17	030701003001	空调器	1. 名称：吊顶式空调机 2. 型号、规格：AHU4，$Q=4000CMH$，$N=1.5kW$ 3. 安装形式：整体式空调机组安装	组
18	030701003002	空调器	1. 名称：新风机组 2. 型号、规格：PAU60，$Q=6000CMH$，$N=2.2kW$ 3. 安装形式：整体式空调机组安装	组
19	030701004001	风机盘管	1. 名称：风机盘管 2. 型号、规格：FCU8 3. 安装形式：整体式安装	台
20	030701004002	风机盘管	1. 名称：风机盘管 2. 型号、规格：FCU10 3. 安装形式：整体式安装	台
21	030701004003	风机盘管	1. 名称：风机盘管 2. 型号、规格：FCU12 3. 安装形式：整体式安装	台
22	030701004004	风机盘管	1. 名称：风机盘管 2. 型号、规格：FCU14 3. 安装形式：整体式安装	台
二、通风管道制作安装				
23	030702001001	碳钢通风管道	1. 名称：镀锌钢板通风管道 2. 材质：镀锌钢板 3. 形状：矩形 4. 规格：长边长≤320mm 5. 板材厚度：$\delta=0.5mm$ 6. 接口形式：咬口连接	m²
24	030702001002	碳钢通风管道	1. 名称：镀锌钢板通风管道 2. 材质：镀锌钢板 3. 形状：矩形 4. 规格：长边长≤450mm 5. 板材厚度：$\delta=0.6mm$ 6. 接口形式：咬口连接	m²
25	030702001003	碳钢通风管道	1. 名称：镀锌钢板通风管道 2. 材质：镀锌钢板 3. 形状：矩形 4. 规格：长边长≤1000mm 5. 板材厚度：$\delta=0.75mm$ 6. 接口形式：咬口连接	m²

续表

序号	项目编码	项目名称	项目特征描述	计量单位
26	030702001004	碳钢通风管道	1. 名称：镀锌钢板通风管道 2. 材质：镀锌钢板 3. 形状：矩形 4. 规格：长边长≤1250mm 5. 板材厚度：$\delta=1.0$mm 6. 接口形式：咬口连接	m²
27	030702001005	碳钢通风管道	1. 名称：镀锌钢板通风管道 2. 材质：镀锌钢板 3. 形状：矩形 4. 规格：长边长≤2000mm 5. 板材厚度：$\delta=1.0$mm 6. 接口形式：咬口连接	m²
28	030702009001	弯头导流叶片	1. 名称：导流叶片 2. 材质：镀锌薄钢板 3. 规格：0.5mm 厚	m²
29	030702010001	风管检查孔	1. 名称：测压孔 2. 材质：钢板	个
30	030702011001	温度、风量测定孔	1. 名称：测定孔 2. 材质：钢板	个
三、通风管道部件制作安装					
31	030703001001	碳钢阀门	1. 名称：自动排烟防火调节阀 2. 型号：280°熔断 3. 规格：1500mm×500mm	个
32	030703001002	碳钢阀门	1. 名称：自动排烟防火调节阀 2. 型号：280°熔断 3. 规格：1000mm×500mm	个
33	030703001003	碳钢阀门	1. 名称：自动排烟防火调节阀 2. 型号：280°熔断 3. 规格：800mm×400mm	个
34	030703001004	碳钢阀门	1. 名称：自动放烟防火阀(天面) 2. 型号：280°熔断 3. 规格：600mm×600mm	个
35	030703001005	碳钢阀门	1. 名称：自动放烟防火阀(天面) 2. 型号：70°熔断 3. 规格：400mm×600mm	个
36	030703001006	碳钢阀门	1. 名称：自动排烟防火调节阀 2. 型号：70°熔断 3. 规格：1000mm×500mm	个
37	030703001007	碳钢阀门	1. 名称：自动排烟防火调节阀 2. 型号：70°熔断 3. 规格：800mm×400mm	个

续表

序号	项目编码	项目名称	项目特征描述	计量单位
38	030703001008	碳钢阀门	1. 名称：自动防火调节阀 2. 型号：70°熔断 3. 规格：800mm×400mm	个
39	030703001009	碳钢阀门	1. 名称：防火阀 2. 型号：70°熔断 3. 规格：1500mm×500mm	个
40	030703001010	碳钢阀门	1. 名称：防火阀 2. 型号：70°熔断 3. 规格：1500mm×400mm	个
41	030703001011	碳钢阀门	1. 名称：防火阀 2. 型号：70°熔断 3. 规格：1250mm×400mm	个
42	030703001012	碳钢阀门	1. 名称：防火阀 2. 型号：70°熔断 3. 规格：1000mm×400mm	个
43	030703001013	碳钢阀门	1. 名称：防火阀 2. 型号：70°熔断 3. 规格：800mm×320mm	个
44	030703007001	碳钢风口、散流器、百叶窗	1. 名称：单层百叶送风口 2. 规格：800mm×400mm	个
45	030703007002	碳钢风口、散流器、百叶窗	1. 名称：单层百叶回风口 2. 规格：800mm×400mm	个
46	030703007003	碳钢风口、散流器、百叶窗	1. 名称：单层百叶排风口 2. 规格：600mm×300mm	个
47	030703007004	碳钢风口、散流器、百叶窗	1. 名称：送风口 2. 规格：1400mm×200mm	个
48	030703007005	碳钢风口、散流器、百叶窗	1. 名称：送风口 2. 规格：1200mm×200mm	个
49	030703007006	碳钢风口、散流器、百叶窗	1. 名称：送风口 2. 规格：900mm×200mm	个
50	030703007007	碳钢风口、散流器、百叶窗	1. 名称：送风口 2. 规格：600mm×200mm	个
51	030703007008	碳钢风口、散流器、百叶窗	1. 名称：回风口 2. 规格：1400mm×300mm	个
52	030703007009	碳钢风口、散流器、百叶窗	1. 名称：回风口 2. 规格：1200mm×300mm	个
53	030703007010	碳钢风口、散流器、百叶窗	1. 名称：回风口 2. 规格：900mm×300mm	个
54	030703007011	碳钢风口、散流器、百叶窗	1. 名称：回风口 2. 规格：600mm×300mm	个

序号	项目编码	项目名称	项目特征描述	计量单位
55	030703007012	碳钢风口、散流器、百叶窗	1. 名称：散流器 2. 规格：250mm×250mm 3. 类型：方形	个
56	030703009001	塑料风口、散流器、百叶窗	1. 名称：防雨百叶风口 2. 规格：1800mm×400mm 3. 类型：方形	个
57	030703009002	塑料风口、散流器、百叶窗	1. 名称：防雨百叶风口 2. 规格：1800mm×1000mm 3. 类型：方形	个
58	030703009003	塑料风口、散流器、百叶窗	1. 名称：防雨百叶风口 2. 规格：1500mm×1000mm 3. 类型：方形	个
59	030703009004	塑料风口、散流器、百叶窗	1. 名称：防雨百叶风口 2. 规格：1200mm×1000mm 3. 类型：方形	个
60	030703009005	塑料风口、散流器、百叶窗	1. 名称：防雨百叶风口 2. 规格：1000mm×400mm 3. 类型：方形	个
61	030703009006	塑料风口、散流器、百叶窗	1. 名称：排烟百叶风口 2. 规格：500mm×300mm 3. 类型：方形	个
62	030703019001	柔性接口	1. 名称：帆布软接 2. 规格：1000mm×1500mm×500mm 3. 材质：帆布	m²
63	030703019002	柔性接口	1. 名称：帆布软接 2. 规格：1200mm×600mm×600mm 3. 材质：帆布	m²
64	030703019003	柔性接口	1. 名称：帆布软接 2. 规格：800mm×500mm×600mm 3. 材质：帆布	m²
65	030703019004	柔性接口	1. 名称：帆布软接 2. 规格：800mm×400mm×600mm 3. 材质：帆布	m²
66	030703020001	消声器	1. 名称：矿棉管式消声器 2. 规格：1000mm×1500mm×500mm 3. 材质：矿棉	个
67	030703020001	消声器	1. 名称：矿棉管式消声器 2. 规格：800mm×500mm×600mm 3. 材质：矿棉	个
68	030703021001	静压箱	1. 名称：静压箱 2. 规格：1200mm×1000mm×500mm	个

续表

序号	项目编码	项目名称	项目特征描述	计量单位
四、通风工程检测、调试				
69	030704001001	通风工程检测、调试	通风工程检测、调试	系统
五、通风空调系统的水系统（机房内）				
70	030801001001	低压碳钢管	1. 材质：镀锌钢管 2. 规格：DN250 3. 连接形式：法兰连接 4. 压力试验、吹扫与清洗设计要求：水压试验和水冲洗	m
71	030801001002	低压碳钢管	1. 材质：镀锌钢管 2. 规格：DN200 3. 连接形式：法兰连接 4. 压力试验、吹扫与清洗设计要求：水压试验和水冲洗	m
72	030801001003	低压碳钢管	1. 材质：镀锌钢管 2. 规格：DN125 3. 连接形式：法兰连接 4. 压力试验、吹扫与清洗设计要求：水压试验和水冲洗	m
73	030801001004	低压碳钢管	1. 材质：镀锌钢管 2. 规格：DN40 3. 连接形式：螺纹连接 4. 压力试验、吹扫与清洗设计要求：水压试验和水冲洗	m
六、通风空调系统的水系统（机房以外）				
74	031001001001	镀锌钢管	1. 安装部位：室内 2. 介质：冷却水供水、回水 3. 规格、压力等级：DN250、≤1.6MPa 4. 连接形式：法兰接口 5. 压力试验及吹、洗设计要求：水压试验、水冲洗	m
75	031001001002	镀锌钢管	1. 安装部位：室内 2. 介质：冷冻水供水、回水 3. 规格、压力等级：DN200、≤1.6MPa 4. 连接形式：法兰接口 5. 压力试验及吹、洗设计要求：水压试验、水冲洗	m
76	031001001003	镀锌钢管	1. 安装部位：室内 2. 介质：冷却水供水、回水 3. 规格、压力等级：DN150、≤1.6MPa 4. 连接形式：法兰接口 5. 压力试验及吹、洗设计要求：水压试验、水冲洗	m

续表

序号	项目编码	项目名称	项目特征描述	计量单位
77	031001001004	镀锌钢管	1. 安装部位：室内 2. 介质：冷却水供水、回水 3. 规格、压力等级：DN100、≤1.6MPa 4. 连接形式：法兰接口 5. 压力试验及吹、洗设计要求：水压试验、水冲洗	m
78	031001001005	镀锌钢管	1. 安装部位：室内 2. 介质：冷却水供水、回水 3. 规格、压力等级：DN80、≤1.6MPa 4. 连接形式：法兰接口 5. 压力试验及吹、洗设计要求：水压试验、水冲洗	m
79	031001001006	镀锌钢管	1. 安装部位：室内 2. 介质：冷却水供水、回水 3. 规格、压力等级：DN70、≤1.6MPa 4. 连接形式：法兰接口 5. 压力试验及吹、洗设计要求：水压试验、水冲洗	m
80	031001001007	镀锌钢管	1. 安装部位：室内 2. 介质：冷却水供水、回水 3. 规格、压力等级：DN50、≤1.6MPa 4. 连接形式：螺纹接口 5. 压力试验及吹、洗设计要求：水压试验、水冲洗	m
81	031001001008	镀锌钢管	1. 安装部位：室内 2. 介质：冷却水供水、回水 3. 规格、压力等级：DN40、≤1.6MPa 4. 连接形式：螺纹接口 5. 压力试验及吹、洗设计要求：水压试验、水冲洗	m
82	031001001009	镀锌钢管	1. 安装部位：室内 2. 介质：冷却水供水、回水 3. 规格、压力等级：DN32、≤1.6MPa 4. 连接形式：螺纹接口 5. 压力试验及吹、洗设计要求：水压试验、水冲洗	m
83	031001001010	镀锌钢管	1. 安装部位：室内 2. 介质：冷却水供水、回水 3. 规格、压力等级：DN25、≤1.6MPa 4. 连接形式：螺纹接口 5. 压力试验及吹、洗设计要求：水压试验、水冲洗	m

续表

序号	项目编码	项目名称	项目特征描述	计量单位
84	031003001001	螺纹阀门	1. 类型：截止阀 2. 材质：铸铁 3. 规格、压力等级：DN250、≤1.6MPa 4. 连接形式：螺纹连接	个
85	031003001002	螺纹阀门	1. 类型：蝶阀 2. 材质：铸铁 3. 规格、压力等级：DN250、≤1.6MPa 4. 连接形式：螺纹连接	个
86	031003001003	螺纹阀门	1. 类型：旋塞阀 2. 材质：铸铁 3. 规格、压力等级：DN250、≤1.6MPa 4. 连接形式：螺纹连接	个
87	031003001004	螺纹阀门	1. 类型：截止阀 2. 材质：铸铁 3. 规格、压力等级：DN200、≤1.6MPa 4. 连接形式：螺纹连接	个
88	031003001005	螺纹阀门	1. 类型：蝶阀 2. 材质：铸铁 3. 规格、压力等级：DN200、≤1.6MPa 4. 连接形式：螺纹连接	个
89	031003001006	螺纹阀门	1. 类型：旋塞阀 2. 材质：铸铁 3. 规格、压力等级：DN200、≤1.6MPa 4. 连接形式：螺纹连接	个
90	031003001007	螺纹阀门	1. 类型：止回阀 2. 材质：铸铁 3. 规格、压力等级：DN200、≤1.6MPa 4. 连接形式：螺纹连接	个
91	031003001008	螺纹阀门	1. 类型：截止阀 2. 材质：铸铁 3. 规格、压力等级：DN150、≤1.6MPa 4. 连接形式：螺纹连接	个
92	031003001009	螺纹阀门	1. 类型：截止阀 2. 材质：铸铁 3. 规格、压力等级：DN125、≤1.6MPa 4. 连接形式：螺纹连接	个
93	031003001010	螺纹阀门	1. 类型：截止阀 2. 材质：铸铁 3. 规格、压力等级：DN80、≤1.6MPa 4. 连接形式：螺纹连接	个

续表

序号	项目编码	项目名称	项目特征描述	计量单位
94	031003001011	螺纹阀门	1. 类型：截止阀 2. 材质：铸铁 3. 规格、压力等级：DN40，≤1.6MPa 4. 连接形式：螺纹连接	个
95	031003003001	焊接法兰阀门	1. 类型：蝶阀 2. 材质：铸铁 3. 规格、压力等级：DN250，≤1.6MPa 4. 连接形式：法兰连接	个
96	031003003002	焊接法兰阀门	1. 类型：蝶阀 2. 材质：铸铁 3. 规格、压力等级：DN200，≤1.6MPa 4. 连接形式：法兰连接	个
97	031003003003	焊接法兰阀门	1. 类型：截止阀 2. 材质：铸铁 3. 规格、压力等级：DN200，≤1.6MPa 4. 连接形式：法兰连接	个
98	031003003004	焊接法兰阀门	1. 类型：截止阀 2. 材质：铸铁 3. 规格、压力等级：DN125，≤1.6MPa 4. 连接形式：法兰连接	个
99	031003008001	过滤器	1. 材质：铸铁 2. 规格、压力等级：DN125，≤1.6MPa 3. 连接形式：螺纹连接	个
100	031003008002	过滤器	1. 材质：铸铁 2. 规格、压力等级：DN200，≤1.6MPa 3. 连接形式：螺纹连接	个
101	031003010001	软接头	1. 材质：铸铁 2. 规格、压力等级：DN250，≤1.6MPa 3. 连接形式：法兰连接	个
102	031003010002	软接头	1. 材质：铸铁 2. 规格、压力等级：DN200，≤1.6MPa 3. 连接形式：法兰连接	个
103	031003010003	软接头	1. 材质：铸铁 2. 规格、压力等级：DN125，≤1.6MPa 3. 连接形式：法兰连接	个
104	030601001001	温度仪表	1. 名称：温度计 2. 规格：250mm	支
105	030601002001	压力仪表	1. 名称：压力计 2. 压力表弯材质、规格：铜、350mm	台
106	030601004001	流量仪表	1. 名称：水流指示器 2. 规格：DN250	台

序号	项目编码	项目名称	项目特征描述	计量单位
107	030601004002	流量仪表	1. 名称：水流指示器 2. 规格：DN200	台
108	030601004003	流量仪表	1. 名称：流量计 2. 规格：DN250	台
109	030601004004	流量仪表	1. 名称：流量计 2. 规格：DN200	台
110	030601004005	流量仪表	1. 名称：流量计 2. 规格：DN125	台
111	030703022001	自动排气阀	1. 名称：自动排气阀 2. 规格：DN200	台
112	031006015001	水箱	1. 材质、类型：不锈钢、圆形 2. 规格：$\phi1200$	台
113	031002003001	套管	1. 名称、类型：一般钢套管 2. 材质：钢材 3. 规格：DN300 4. 填料材质：防水涂料 5. 系统：消防给水系统	个
114	031002003002	套管	1. 名称、类型：一般钢套管 2. 材质：钢材 3. 规格：DN250 4. 填料材质：防水涂料 5. 系统：消防给水系统	个
115	031002003003	套管	1. 名称、类型：一般钢套管 2. 材质：钢材 3. 规格：DN65 4. 填料材质：防水涂料 5. 系统：消防给水系统	个

6.3.3.2 分部分项工程清单工程量计算

根据《通用安装工程工程量计算规范》(GB 50856—2013)，结合某综合楼通风空调工程施工图，现将分部分项工程量计算结果汇总如下，如表 6.5 所示。该工程涉及的防腐绝热项目内容未包含在内。

表 6.5 某综合楼通风空调工程工程量计算结果

序号	项目名称	单位	数量	计 算 式	备注
一、通风及空调设备及部件				
1	离心式通风机 DT20-3	台	1		地下室
2	离心式通风机 DT20-5	台	1		地下室
3	离心式通风机 DT22-3	台	1		地下室
4	离心式通风机 DT22-4	台	1		地下室
5	轴流通风机 PA 型	台	1		天面

续表

序号	项目名称	单位	数量	计 算 式	备注
6	轴流通风机	台	1		天面
7	轴流通风机 300cnh	台	5	$1+1\times4$	1～5层
8	轴流通风机 250cnh	台	5	$1+1\times4$	1～5层
9	轴流通风机 200cnh	台	43	$7+9\times4$	1～5层
10	轴流通风机 150cnh	台	10	$2+2\times4$	1～5层
11	轴流通风机 100cnh	台	5	$1+1\times4$	1～5层
12	其他风机	台	10	$2+2\times4$	卫生间
13	离心式泵 CHWP	台	3		
14	离心式泵 CWP	台	3		
15	冷水机组	台	2		
16	冷却塔	台	2		
17	空调器 AHU4	组	5	$1+1\times4$	1～5层
18	空调器 PAU60	组	5	$1+1\times4$	1～5层
19	风机盘管 FCU8	台	28	$4+6\times4$	1～5层
20	风机盘管 FCU10	台	5	$1+1\times4$	1～5层
21	风机盘管 FCU12	台	39	$7+8\times4$	1～5层
22	风机盘管 FCU14	台	5	$1+1\times4$	1～5层
二、通风管道					
23	碳钢通风管道 1500mm×500mm	m²	72.8	1500mm×500mm $L=(16.8-1.5-2.5-0.6+6)\text{m}$ $=18.2\text{m}$ $F=[2(1.5+0.5)\times18.2]\text{m}^2$	长边长 ≤2000mm
24	碳钢通风管道 1500mm×400mm	m²	63.46	1500mm×400mm $L=(12.6+7.8-3.2-0.5)\text{m}$ $=16.7\text{m}$ $F=[2(1.5+0.4)\times16.7]\text{m}^2$	长边长 ≤2000mm
25	碳钢通风管道 1250mm×400mm	m²	42.92	1250mm×400mm $L=(12.6+2.2-3.2)\text{m}=11.6\text{m}$ $F=[2(1.25+0.4)\times11.6]\text{m}^2$	长边长 ≤1250mm
26	碳钢通风管道 1000mm×500mm	m²	118.8	1000mm×500mm $L=(12.6+3.9+11.4+7.8+$ $3.9)\text{m}=39.6\text{m}$ $F=[2(1.0+0.5)\times39.6]\text{m}^2$	长边长 ≤1000mm
27	碳钢通风管道 1000mm×400mm	m²	148.4	1000mm×400mm $L=[(8.4+2.2)\times5]\text{m}=53\text{m}$ $F=[2(1.0+0.4)\times53]\text{m}^2$	长边长 ≤1000mm
28	碳钢通风管道 800mm×500mm	m²	56.94	800mm×500mm $L=(9.2+12.7)\text{m}=21.9\text{m}$ $F=[2(0.8+0.5)\times21.9]\text{m}^2$	长边长 ≤1000mm
29	碳钢通风管道 800mm×500mm	m²	175.2	800mm×400mm $L=(14.7+15.2+23.6+3.9\times$ $5)\text{m}=73\text{m}$ $F=[2(0.8+0.4)\times73]\text{m}^2$	长边长 ≤1000mm

序号	项目名称	单位	数量	计　算　式	备注
30	碳钢通风管道 830mm×320mm	m²	14.95	830mm×320mm $L=(4.0+2.5)\text{m}=6.5\text{m}$ $F=[2(0.83+0.32)\times6.5]\text{m}^2$	长边长 ≤1000mm
31	碳钢通风管道 800mm×320mm	m²	131.04	800mm×320mm $L=[(7.8+3.9)\times5]\text{m}=58.5\text{m}$ $F=[2(0.8+0.32)\times58.5]\text{m}^2$	长边长 ≤1000mm
32	碳钢通风管道 630mm×320mm	m²	79.8	630mm×320mm $L=(8.4\times5)\text{m}=42\text{m}$ $F=[2(0.63+0.32)\times42]\text{m}^2$	长边长 ≤1000mm
33	碳钢通风管道 500mm×400mm	m²	31.14	500mm×400mm $L=(8.0+6.8+2.5)\text{m}=17.3\text{m}$ $F=[2(0.5+0.4)\times17.3]\text{m}^2$	长边长 ≤1000mm
34	碳钢通风管道 500mm×250mm	m²	100.95	500mm×250mm $L=[9.7+(9.7+4.7)\times4]\text{m}$ $=67.3\text{m}$ $F=[2(0.5+0.25)\times67.3]\text{m}^2$	长边长 ≤1000mm
35	碳钢通风管道 400mm×250mm	m²	63.05	400mm×250mm $L=[(3.3+3.6+2.8)\times5]\text{m}$ $=48.5\text{m}$ $F=[2(0.4+0.25)\times48.5]\text{m}^2$	长边长 ≤450mm
36	碳钢通风管道 320mm×320mm	m²	778.24	320mm×320mm $L=[(35.7+9.9)\times2\times5+$ $30.4\times5]\text{m}=608\text{m}$ $F=[2(0.32+0.32)\times608]\text{m}^2$	长边长 ≤320mm
37	碳钢通风管道 320mm×250mm	m²	282.15	320mm×250mm $L=[(27.7+21.8)\times5]\text{m}$ $=247.5\text{m}$ $F=[2(0.32+0.25)\times247.5]\text{m}^2$	长边长 ≤320mm
38	碳钢通风管道 320mm×200mm	m²	13.936	320mm×200mm $L=(9.7+1.5+2.2)\text{m}=13.4\text{m}$ $F=[2(0.32+0.2)\times13.4]\text{m}^2$	长边长 ≤320mm
39	碳钢通风管道 400mm×320mm	m²	735.7	400mm×320mm $L=[84.1+(4.7\times7+8.8\times4+$ $6.9\times4+11)\times4]\text{m}=510.9\text{m}$ $F=[2(0.4+0.32)\times510.9]\text{m}^2$	长边长 ≤450mm
40	碳钢通风管道 1400mm×200mm	m²	8	1400mm×200mm $L=(0.5\times5)\text{m}=2.5\text{m}$ $F=[2(1.4+0.2)\times2.5]\text{m}^2$	长边长 ≤2000mm
41	碳钢通风管道 1200mm×200mm	m²	54.6	1200mm×200mm $L=(0.5\times39)\text{m}=19.5\text{m}$ $F=[2(1.2+0.2)\times19.5]\text{m}^2$	长边长 ≤1250mm

续表

序号	项目名称	单位	数量	计算式	备注
42	碳钢通风管道 900mm×200mm	m²	5.5	900mm×200mm $L=(0.5×5)m=2.5m$ $F=[2(0.9+0.2)×2.5]m²$	长边长 ≤1000mm
43	碳钢通风管道 600mm×200mm	m²	22.4	600mm×200mm $L=(0.5×28)m=14m$ $F=[2(0.6+0.2)×14]m²$	长边长 ≤1000mm
44	碳钢通风管道 1400mm×300mm	m²	8.5	1400mm×300mm $L=(0.5×5)m=2.5m$ $F=[2(1.4+0.3)×2.5]m²$	长边长 ≤2000mm
45	碳钢通风管道 1200mm×300mm	m²	58.5	1200mm×300mm $L=(0.5×39)m=19.5m$ $F=[2(1.2+0.3)×19.5]m²$	长边长 ≤1250mm
46	碳钢通风管道 900mm×300mm	m²	6	900mm×300mm $L=(0.5×5)m=2.5m$ $F=[2(0.9+0.3)×2.5]m²$	长边长 ≤1000mm
47	碳钢通风管道 600mm×300mm	m²	25.2	600mm×300mm $L=(0.5×28)m=14m$ $F=[2(0.6+0.3)×14]m²$	长边长 ≤1000mm
48	碳钢通风管道 800mm×400mm	m²	11.04	800mm×400mm $L=(3.6+1.6-0.6)m=4.6m$ $F=[2(0.8+0.4)×4.6]m²$	天面长边长 ≤1000mm
49	碳钢通风管道 1200mm×600mm	m²	20.52	1200mm×600mm $L=(6.3-0.6)m=5.7m$ $F=[2(1.2+0.6)×5.7]m²$	天面长边长 ≤1250mm
50	碳钢通风管道 1800mm×400mm 排烟立管	m²	110	1800mm×400mm $L=(2.5×2×5)m=25m$ $F=[2(1.8+0.4)×25]m²$	立管长边长 ≤2000mm
51	碳钢通风管道 1800mm×400mm 补风立管	m²	110	1800mm×400mm $L=(2.5×2×5)m=25m$ $F=[2(1.8+0.4)×25]m²$	立管长边长 ≤2000mm
52	风管汇总:				
53	长边长≤320mm	m²	1074.33	778.24+282.15+13.936	
54	长边长≤450mm	m²	63.5	63.05	
55	长边长≤1000mm	m²	896.22	118.8+148.4+56.94+175.2+14.95+131.04+79.8+100.95+5.5+22.4+6+25.2+11.04	
56	长边长≤1250mm	m²	176.54	42.92+54.6+58.5+20.52	
57	长边长≤2000mm	m²	364.76	72.8+63.46+8.5+110+110	
58	弯头导流叶片	m²	5.83	0.17×(7+10)+0.14×(6+8+7)	
59	风管检查孔	个	87	5+5+28+5+39+5	

序号	项目名称	单位	数量	计 算 式	备注
60	温度、风量测定孔	个	174	（5＋5＋28＋5＋39＋5）×2	
	三、通风管道部件				
61	碳钢阀门 280°防火阀 1500mm×500mm	个	1		地下室、自动防火调节阀
62	碳钢阀门 280°防火阀 1000mm×500mm	个	1		地下室、自动防火调节阀
63	碳钢阀门 280°防火阀 800mm×400mm	个	1		地下室、自动防火调节阀
64	碳钢阀门 280°防火阀 600mm×600mm	个	1		天面、电动放烟防火阀
65	碳钢阀门 70°防火阀 400mm×600mm	个	1		天面、电动放烟防火阀
66	碳钢阀门 70°防火阀 1000mm×500mm	个	1		地下室、自动防火调节阀
67	碳钢阀门 70°防火阀 800mm×400mm	个	1		地下室、自动防火调节阀
68	碳钢阀门 70°防火阀 800mm×400mm	个	6		地下室、电动防火调节阀
69	碳钢阀门 70°防火阀 1500mm×500mm	个	1		地下室、防火阀
70	碳钢阀门 70°防火阀 1500mm×400mm	个	1		地下室、防火阀
71	碳钢阀门 70°防火阀 1250mm×400mm	个	1		地下室、防火阀
72	碳钢阀门 70°防火阀 1000mm×400mm	个	1		1～5 层、防火调节阀
73	碳钢阀门 70°防火阀 800mm×320mm	个	1		1～5 层、防火调节阀
74	碳钢风口、散流器、百叶窗	个	10		单层百叶送风口 800mm×400mm

序号	项目名称	单位	数量	计 算 式	备注
75	碳钢风口、散流器、百叶窗	个	10		单层百叶回风口800mm×400mm
76	碳钢风口、散流器、百叶窗	个	25	5＋5×4	单层百叶回风口800mm×400mm
77	碳钢风口、散流器、百叶窗	个	5		送风口1400mm×200mm
78	碳钢风口、散流器、百叶窗	个	39		送风口1200mm×200mm
79	碳钢风口、散流器、百叶窗	个	5		送风口900mm×200mm
80	碳钢风口、散流器、百叶窗	个	28		送风口600mm×200mm
81	碳钢风口、散流器、百叶窗	个	5		回风口1400mm×300mm
82	碳钢风口、散流器、百叶窗	个	39		回风口1200mm×300mm
83	碳钢风口、散流器、百叶窗	个	5		回风口900mm×300mm
84	碳钢风口、散流器、百叶窗	个	28		回风口600mm×300mm
85	碳钢风口、散流器、百叶窗	个	238	46＋48×4	散流器250mm×250mm
86	塑料风口、散流器、百叶窗 防雨百叶风口1800mm×400mm	个	10	2×5	
87	塑料风口、散流器、百叶窗 防雨百叶风口1800mm×1000mm	个	10	2×5	
88	塑料风口、散流器、百叶窗 防雨百叶风口1500mm×1000mm	个	1		天面

序号	项目名称	单位	数量	计 算 式	备注
89	塑料风口、散流器、百叶窗 防雨百叶风口 1500mm×1200mm	个	1		天面新风 防水百叶 风口
90	塑料风口、散流器、百叶窗 防雨百叶风口 1000mm×400mm	个	1		天面
91	塑料风口、散流器、百叶窗 防雨百叶风口 500mm×300mm	个	1		天面
92	柔性接口 1000mm×1500mm× 500mm	m²	8	2×(1.5+0.5)×1×2	地下室
93	柔性接口 1200mm×600mm× 600mm	m²	2.88	2×(0.6+0.6)×1.2	天面
94	柔性接口 800mm×500mm× 600mm	m²	3.52	2×(0.5+0.6)×0.8×2	地下室
95	柔性接口 500mm×400mm× 600mm	m²	1.6	2×(0.4+0.6)×0.8	天面
96	消声器 1000mm×1500mm× 500mm	个	2		
97	消声器 800mm×500mm× 600mm	个	2		
98	静压箱	个	5	1×5	
四、通风工程检测、调试					
99	通风工程检测、调试	系统	1		
五、通风空调系统的水系统(机房内)					
100	低压碳钢管 DN250	m	30.2	6.4+3.6+1.9+2.2+2.9+ 2.2+3+3.4+2.3×2	空调机房内
101	低压碳钢管 DN200	m	56.3	0.9+0.6+6.6+6.3+4.5+ 4.2+(6.5+3.5)×2+3.8× 2+2.8×2	空调机房内
102	低压碳钢管 DN125	m	7.4	3.7×2	空调机房内
103	低压碳钢管 DN40	m	2.8	2.8	空调机房内

序号	项目名称	单位	数量	计　算　式	备注
六、通风空调系统的水系统(机房以外)					
104	镀锌钢管 DN250	m	46	(20.5+2.5)×2	
105	镀锌钢管 DN200	m	41	20.5×2	
106	镀锌钢管 DN150	m	17.5	1.8+0.7+4.7+1.3+0.6+7.1+1.3	
107	镀锌钢管 DN100	m	3.72	2.06+1.66	
108	镀锌钢管 DN80	m	92.8	5.12+(1.12+6.02+3.52+7.74+3.52)×4	
109	镀锌钢管 DN70	m	540.32	3.81+4.11+(35.7+9.9)×2+(6.8+14.87+33.48)×2×4	
110	镀锌钢管 DN50	m	155.88	(12.99+11.98+14)×4	
111	镀锌钢管 DN40	m	453.12	12.85+13.05+44.06+(8.4×6+45.39)×4	
112	镀锌钢管 DN32	m	450.09	12.13+11.43+63.17+(15.37+15.57+59.9)×4	
113	镀锌钢管 DN25	m	578.65	(1.5+4×4+2.7+3.4+0.9+3+2.7)×3+7.15+0.9+(2.4×2+2.7+4.5+2.5+3.1×3+2.8+2.7+2.8+3.5+2.2×2)×3×4	
114	螺纹阀门 DN250 截止阀	个	4		
115	螺纹阀门 DN250 蝶阀	个	2		
116	螺纹阀门 DN250 旋塞阀	个	4		
117	螺纹阀门 DN200 截止阀	个	4		
118	螺纹阀门 DN200 蝶阀	个	3		
119	螺纹阀门 DN200 旋塞阀	个	3		
120	螺纹阀门 DN200 止回阀	个	3		
121	螺纹阀门 DN150 截止阀	个	2		
122	螺纹阀门 DN125 截止阀	个	2		
123	螺纹阀门 DN80 截止阀	个	2		
124	螺纹阀门 DN40 截止阀	个	2		
125	焊接法兰阀门 DN250 蝶阀	个	2		
126	焊接法兰阀门 DN200 蝶阀	个	2		
127	焊接法兰阀门 DN200 截止阀	个	3		
128	焊接法兰阀门 DN125 截止阀	个	3		
129	过滤器 DN125	个	3		
130	过滤器 DN200	个	3		
131	软接头 DN250	个	4		
132	软接头 DN200	个	6		
133	软接头 DN125	个	6		
134	温度仪表	支	4		
135	压力仪表	台	4		
136	流量仪表水流指示器 DN250	台	2		

续表

序号	项目名称	单位	数量	计 算 式	备注
137	流量仪表水流指示器 DN200	台	2		
138	流量仪表流量计 DN250	台	4		
139	流量仪表流量计 DN200	台	4		
140	流量仪表流量计 DN125	台	4		
141	自动排气阀 DN200	个	2		
142	补水水箱	个	1		
143	套管 DN300	个	12		冷却管穿楼板
144	套管 DN250	个	12		冷冻管穿楼板
145	套管 DN65	个	6		冷凝水管穿楼板

6.3.3.3 分部分项工程量清单编制

根据《通用安装工程工程量计算规范》(GB 50856—2013),结合某综合楼通风空调工程施工图,将某综合楼通风空调工程工程量计算结果汇总到通风空调专业工程清单中,如表 6.6 所示。

表 6.6 某综合楼通风空调专业工程量清单表

序号	项目编码	项目名称	项目特征描述	计量单位	工程量
一、通风及空调设备及部件制作安装					
1	030108001001	离心式通风机	1. 名称：柜式离心风机 2. 型号：DT20-3 3. 规格：800mm×500mm	台	1
2	030108001002	离心式通风机	1. 名称：柜式离心风机 2. 型号：DT20-5 3. 规格：800mm×500mm	台	1
3	030108001003	离心式通风机	1. 名称：柜式离心风机 2. 型号：DT22-3 3. 规格：1500mm×1000mm	台	1
4	030108001004	离心式通风机	1. 名称：柜式离心风机 2. 型号：DT22-4 3. 规格：1500mm×1000mm	台	1
5	030108003001	轴流通风机	1. 名称：轴流式排烟风机 2. 型号：PA 型	台	1
6	030108003002	轴流通风机	1. 名称：低噪声轴流风机 2. 型号：低噪声	台	1
7	030108003003	轴流通风机	1. 名称：天花式排气扇 2. 型号：300cnh	台	5
8	030108003004	轴流通风机	1. 名称：天花式排气扇 2. 型号：250cnh	台	5

续表

序号	项目编码	项目名称	项目特征描述	计量单位	工程量
9	030108003005	轴流通风机	1. 名称：天花式排气扇 2. 型号：200cnh	台	43
10	030108003006	轴流通风机	1. 名称：天花式排气扇 2. 型号：150cnh	台	10
11	030108003007	轴流通风机	1. 名称：天花式排气扇 2. 型号：100cnh	台	5
12	030108006001	其他风机	1. 名称：低噪声混流通风机 2. 规格：400mm×250mm	台	10
13	030109001001	离心式泵	1. 名称：冷冻水泵 2. 型号：CHWP 3. 规格：$L=186\mathrm{m}^3/\mathrm{h}, H=35\mathrm{m}, N=30\mathrm{kW}$	台	3
14	030109001002	离心式泵	1. 名称：冷却水泵 2. 型号：CWP 3. 规格：$L=248\mathrm{m}^3/\mathrm{h}, H=25\mathrm{m}, N=30\mathrm{kW}$	台	3
15	030113001001	冷水机组	1. 名称：螺杆水冷机组 2. 型号：$Q=280VSTR, N=197\mathrm{kW}$ 3. 制冷（热）形式：螺杆水冷 4. 制冷（热）量：$Q=280VSTR$	台	2
16	030113017001	冷却塔	1. 名称：冷却塔 2. 型号：CT-700mm	台	2
17	030701003001	空调器	1. 名称：吊顶式空调机 2. 型号、规格：AHU4,$Q=4000CMH$,$N=1.5\mathrm{kW}$ 3. 安装形式：整体式空调机组安装	组	5
18	030701003002	空调器	1. 名称：新风机组 2. 型号、规格：PAU60,$Q=6000CMH$,$N=2.2\mathrm{kW}$ 3. 安装形式：整体式空调机组安装	组	5
19	030701004001	风机盘管	1. 名称：风机盘管 2. 型号、规格：FCU8 3. 安装形式：整体式安装	台	28
20	030701004002	风机盘管	1. 名称：风机盘管 2. 型号、规格：FCU10 3. 安装形式：整体式安装	台	2
21	030701004003	风机盘管	1. 名称：风机盘管 2. 型号、规格：FCU12 3. 安装形式：整体式安装	台	39
22	030701004004	风机盘管	1. 名称：风机盘管 2. 型号、规格：FCU14 3. 安装形式：整体式安装	台	5

序号	项目编码	项目名称	项目特征描述	计量单位	工程量
二、通风管道制作安装					
23	030702001001	碳钢通风管道	1. 名称：镀锌钢板通风管道 2. 材质：镀锌钢板 3. 形状：矩形 4. 规格：长边长≤320mm 5. 板材厚度：$\delta=0.5$mm 6. 接口形式：咬口连接	m²	1074.33
24	030702001002	碳钢通风管道	1. 名称：镀锌钢板通风管道 2. 材质：镀锌钢板 3. 形状：矩形 4. 规格：长边长≤450mm 5. 板材厚度：$\delta=0.6$mm 6. 接口形式：咬口连接	m²	63.50
25	030702001003	碳钢通风管道	1. 名称：镀锌钢板通风管道 2. 材质：镀锌钢板 3. 形状：矩形 4. 规格：长边长≤1000mm 5. 板材厚度：$\delta=0.75$mm 6. 接口形式：咬口连接	m²	896.22
26	030702001004	碳钢通风管道	1. 名称：镀锌钢板通风管道 2. 材质：镀锌钢板 3. 形状：矩形 4. 规格：长边长≤1250mm 5. 板材厚度：$\delta=1.0$mm 6. 接口形式：咬口连接	m²	176.54
27	030702001005	碳钢通风管道	1. 名称：镀锌钢板通风管道 2. 材质：镀锌钢板 3. 形状：矩形 4. 规格：长边长≤2000mm 5. 板材厚度：$\delta=1.0$mm 6. 接口形式：咬口连接	m²	364.76
28	030702009001	弯头导流叶片	1. 名称：导流叶片 2. 材质：镀锌薄钢板 3. 规格：0.5mm 厚	m²	5.83
29	030702010001	风管检查孔	1. 名称：测压孔 2. 材质：钢板	个	87
30	030702011001	温度、风量测定孔	1. 名称：测定孔 2. 材质：钢板	个	174
三、通风管道部件制作安装					
31	030703001001	碳钢阀门	1. 名称：自动排烟防火调节阀 2. 型号：280°熔断 3. 规格：1500mm×500mm	个	1

续表

序号	项目编码	项目名称	项目特征描述	计量单位	工程量
32	030703001002	碳钢阀门	1. 名称：自动排烟防火调节阀 2. 型号：280°熔断 3. 规格：1000mm×500mm	个	1
33	030703001003	碳钢阀门	1. 名称：自动排烟防火调节阀 2. 型号：280°熔断 3. 规格：800mm×400mm	个	1
34	030703001004	碳钢阀门	1. 名称：自动放烟防火阀（天面） 2. 型号：280°熔断 3. 规格：600mm×600mm	个	1
35	030703001005	碳钢阀门	1. 名称：自动放烟防火阀（天面） 2. 型号：70°熔断 3. 规格：400mm×600mm	个	1
36	030703001006	碳钢阀门	1. 名称：自动排烟防火调节阀 2. 型号：70°熔断 3. 规格：1000mm×500mm	个	1
37	030703001007	碳钢阀门	1. 名称：自动防火调节阀 2. 型号：70°熔断 3. 规格：800mm×400mm	个	1
38	030703001008	碳钢阀门	1. 名称：自动防火调节阀 2. 型号：70°熔断 3. 规格：800mm×400mm	个	6
39	030703001009	碳钢阀门	1. 名称：防火阀 2. 型号：70°熔断 3. 规格：1500mm×500mm	个	1
40	030703001010	碳钢阀门	1. 名称：防火阀 2. 型号：70°熔断 3. 规格：1500mm×400mm	个	1
41	030703001011	碳钢阀门	1. 名称：防火阀 2. 型号：70°熔断 3. 规格：1250mm×400mm	个	1
42	030703001012	碳钢阀门	1. 名称：防火调节阀（1～5层） 2. 型号：70°熔断 3. 规格：1000mm×400mm	个	5
43	030703001013	碳钢阀门	1. 名称：防火调节阀（1～5层） 2. 型号：70°熔断 3. 规格：800mm×320mm	个	5
44	030703007001	碳钢风口、散流器、百叶窗	1. 名称：单层百叶送风口 2. 规格：800mm×400mm	个	10
45	030703007002	碳钢风口、散流器、百叶窗	1. 名称：单层百叶回风口 2. 规格：800mm×400mm	个	10
46	030703007003	碳钢风口、散流器、百叶窗	1. 名称：单层百叶排风口 2. 规格：600mm×300mm	个	25

序号	项目编码	项目名称	项目特征描述	计量单位	工程量
47	030703007004	碳钢风口、散流器、百叶窗	1. 名称：送风口 2. 规格：1400mm×200mm	个	5
48	030703007005	碳钢风口、散流器、百叶窗	1. 名称：送风口 2. 规格：1200mm×200mm	个	39
49	030703007006	碳钢风口、散流器、百叶窗	1. 名称：送风口 2. 规格：900mm×200mm	个	5
50	030703007007	碳钢风口、散流器、百叶窗	1. 名称：送风口 2. 规格：600mm×200mm	个	28
51	030703007008	碳钢风口、散流器、百叶窗	1. 名称：回风口 2. 规格：1400mm×300mm	个	5
52	030703007009	碳钢风口、散流器、百叶窗	1. 名称：回风口 2. 规格：1200mm×300mm	个	39
53	030703007010	散流器、百叶窗	1. 名称：回风口 2. 规格：900mm×300mm	个	5
54	030703007011	碳钢风口、散流器、百叶窗	1. 名称：回风口 2. 规格：600mm×300mm	个	28
55	030703007012	碳钢风口、散流器、百叶窗	1. 名称：散流器 2. 规格：250mm×250mm 3. 类型：方形	个	238
56	030703009001	塑料风口、散流器、百叶窗	1. 名称：防雨百叶风口 2. 规格：1800mm×400mm 3. 类型：方形	个	10
57	030703009002	塑料风口、散流器、百叶窗	1. 名称：防雨百叶风口 2. 规格：1800mm×1000mm 3. 类型：方形	个	10
58	030703009003	塑料风口、散流器、百叶窗	1. 名称：防雨百叶风口 2. 规格：1500mm×1000mm 3. 类型：方形	个	1
59	030703009004	塑料风口、散流器、百叶窗	1. 名称：防雨百叶风口 2. 规格：1200mm×1000mm 3. 类型：方形	个	1
60	030703009005	塑料风口、散流器、百叶窗	1. 名称：防雨百叶风口 2. 规格：1000mm×400mm 3. 类型：方形	个	1
61	030703009006	塑料风口、散流器、百叶窗	1. 名称：排烟百叶风口 2. 规格：500mm×300mm 3. 类型：方形	个	1
62	030703019001	柔性接口	1. 名称：帆布软接 2. 规格：1000mm×1500mm×500mm 3. 材质：帆布	m²	8

续表

序号	项目编码	项目名称	项目特征描述	计量单位	工程量
63	030703019002	柔性接口	1. 名称：帆布软接 2. 规格：1200mm×600mm×600mm 3. 材质：帆布	m²	2.88
64	030703019003	柔性接口	1. 名称：帆布软接 2. 规格：800mm×500mm×600mm 3. 材质：帆布	m²	3.52
65	030703019004	柔性接口	1. 名称：帆布软接 2. 规格：800mm×400mm×600mm 3. 材质：帆布	m²	1.6
66	030703020001	消声器	1. 名称：矿棉管式消声器 2. 规格：1000mm×1500mm×500mm 3. 材质：矿棉	个	2
67	030703020001	消声器	1. 名称：矿棉管式消声器 2. 规格：800mm×500mm×600mm 3. 材质：矿棉	个	2
68	030703021001	静压箱	1. 名称：静压箱 2. 规格：1200mm×1000mm×500mm	个	5
四、通风工程检测、调试					
69	030704001001	通风工程检测、调试	通风工程检测、调试	系统	1
五、通风空调系统的水系统（机房内）					
70	030801001001	低压碳钢管	1. 材质：镀锌钢管 2. 规格：DN250 3. 连接形式：法兰连接 4. 压力试验、吹扫与清洗设计要求：水压试验和水冲洗	m	30.2
71	030801001002	低压碳钢管	1. 材质：镀锌钢管 2. 规格：DN200 3. 连接形式：法兰连接 4. 压力试验、吹扫与清洗设计要求：水压试验和水冲洗	m	56.3
72	030801001003	低压碳钢管	1. 材质：镀锌钢管 2. 规格：DN125 3. 连接形式：法兰连接 4. 压力试验、吹扫与清洗设计要求：水压试验和水冲洗	m	7.4
73	030801001004	低压碳钢管	1. 材质：镀锌钢管 2. 规格：DN40 3. 连接形式：螺纹连接 4. 压力试验、吹扫与清洗设计要求：水压试验和水冲洗	m	2.8

序号	项目编码	项目名称	项目特征描述	计量单位	工程量
六、通风空调系统的水系统（机房以外）					
74	031001001001	镀锌钢管	1. 安装部位：室内 2. 介质：冷却水供水、回水 3. 规格、压力等级：DN250、≤1.6MPa 4. 连接形式：法兰接口 5. 压力试验及吹、洗设计要求：水压试验、水冲洗	m	46
75	031001001002	镀锌钢管	1. 安装部位：室内 2. 介质：冷冻水供水、回水 3. 规格、压力等级：DN200、≤1.6MPa 4. 连接形式：法兰接口 5. 压力试验及吹、洗设计要求：水压试验、水冲洗	m	41
76	031001001003	镀锌钢管	1. 安装部位：室内 2. 介质：冷却水供水、回水 3. 规格、压力等级：DN150、≤1.6MPa 4. 连接形式：法兰接口 5. 压力试验及吹、洗设计要求：水压试验、水冲洗	m	17.5
77	031001001004	镀锌钢管	1. 安装部位：室内 2. 介质：冷却水供水、回水 3. 规格、压力等级：DN100、≤1.6MPa 4. 连接形式：法兰接口 5. 压力试验及吹、洗设计要求：水压试验、水冲洗	m	3.72
78	031001001005	镀锌钢管	1. 安装部位：室内 2. 介质：冷却水供水、回水 3. 规格、压力等级：DN80、≤1.6MPa 4. 连接形式：法兰接口 5. 压力试验及吹、洗设计要求：水压试验、水冲洗	m	92.8
79	031001001006	镀锌钢管	1. 安装部位：室内 2. 介质：冷却水供水、回水 3. 规格、压力等级：DN70、≤1.6MPa 4. 连接形式：法兰接口 5. 压力试验及吹、洗设计要求：水压试验、水冲洗	m	540.32
80	031001001007	镀锌钢管	1. 安装部位：室内 2. 介质：冷却水供水、回水 3. 规格、压力等级：DN50、≤1.6MPa 4. 连接形式：螺纹接口 5. 压力试验及吹、洗设计要求：水压试验、水冲洗	m	155.88

续表

序号	项目编码	项目名称	项目特征描述	计量单位	工程量
81	031001001008	镀锌钢管	1. 安装部位：室内 2. 介质：冷却水供水、回水 3. 规格、压力等级：DN40、≤1.6MPa 4. 连接形式：螺纹接口 5. 压力试验及吹、洗设计要求：水压试验、水冲洗	m	453.12
82	031001001009	镀锌钢管	1. 安装部位：室内 2. 介质：冷却水供水、回水 3. 规格、压力等级：DN32、≤1.6MPa 4. 连接形式：螺纹接口 5. 压力试验及吹、洗设计要求：水压试验、水冲洗	m	450.09
83	031001001010	镀锌钢管	1. 安装部位：室内 2. 介质：冷却水供水、回水 3. 规格、压力等级：DN25、≤1.6MPa 4. 连接形式：螺纹接口 5. 压力试验及吹、洗设计要求：水压试验、水冲洗	m	578.65
84	031003001001	螺纹阀门	1. 类型：截止阀 2. 材质：铸铁 3. 规格、压力等级：DN250、≤1.6MPa 4. 连接形式：螺纹连接	个	4
85	031003001002	螺纹阀门	1. 类型：蝶阀 2. 材质：铸铁 3. 规格、压力等级：DN250、≤1.6MPa 4. 连接形式：螺纹连接	个	2
86	031003001003	螺纹阀门	1. 类型：旋塞阀 2. 材质：铸铁 3. 规格、压力等级：DN250、≤1.6MPa 4. 连接形式：螺纹连接	个	4
87	031003001004	螺纹阀门	1. 类型：截止阀 2. 材质：铸铁 3. 规格、压力等级：DN200、≤1.6MPa 4. 连接形式：螺纹连接	个	4
88	031003001005	螺纹阀门	1. 类型：蝶阀 2. 材质：铸铁 3. 规格、压力等级：DN200、≤1.6MPa 4. 连接形式：螺纹连接	个	3
89	031003001006	螺纹阀门	1. 类型：旋塞阀 2. 材质：铸铁 3. 规格、压力等级：DN200、≤1.6MPa 4. 连接形式：螺纹连接	个	3

序号	项目编码	项目名称	项目特征描述	计量单位	工程量
90	031003001007	螺纹阀门	1. 类型：止回阀 2. 材质：铸铁 3. 规格、压力等级：DN200、≤1.6MPa 4. 连接形式：螺纹连接	个	3
91	031003001008	螺纹阀门	1. 类型：截止阀 2. 材质：铸铁 3. 规格、压力等级：DN150、≤1.6MPa 4. 连接形式：螺纹连接	个	2
92	031003001009	螺纹阀门	1. 类型：截止阀 2. 材质：铸铁 3. 规格、压力等级：DN125、≤1.6MPa 4. 连接形式：螺纹连接	个	2
93	031003001010	螺纹阀门	1. 类型：截止阀 2. 材质：铸铁 3. 规格、压力等级：DN80、≤1.6MPa 4. 连接形式：螺纹连接	个	2
94	031003001011	螺纹阀门	1. 类型：截止阀 2. 材质：铸铁 3. 规格、压力等级：DN40、≤1.6MPa 4. 连接形式：螺纹连接	个	2
95	031003003001	焊接法兰阀门	1. 类型：蝶阀 2. 材质：铸铁 3. 规格、压力等级：DN250、≤1.6MPa 4. 连接形式：法兰连接	个	2
96	031003003002	焊接法兰阀门	1. 类型：蝶阀 2. 材质：铸铁 3. 规格、压力等级：DN200、≤1.6MPa 4. 连接形式：法兰连接	个	2
97	031003003003	焊接法兰阀门	1. 类型：截止阀 2. 材质：铸铁 3. 规格、压力等级：DN200、≤1.6MPa 4. 连接形式：法兰连接	个	3
98	031003003004	焊接法兰阀门	1. 类型：截止阀 2. 材质：铸铁 3. 规格、压力等级：DN125、≤1.6MPa 4. 连接形式：法兰连接	个	3
99	031003008001	过滤器	1. 材质：铸铁 2. 规格、压力等级：DN125、≤1.6MPa 3. 连接形式：螺纹连接	个	3
100	031003008002	过滤器	1. 材质：铸铁 2. 规格、压力等级：DN200、≤1.6MPa 3. 连接形式：螺纹连接	个	3

续表

序号	项目编码	项目名称	项目特征描述	计量单位	工程量
101	031003010001	软接头	1. 材质：铸铁 2. 规格、压力等级：DN250、≤1.6MPa 3. 连接形式：法兰连接	个	4
102	031003010002	软接头	1. 材质：铸铁 2. 规格、压力等级：DN200、≤1.6MPa 3. 连接形式：法兰连接	个	6
103	031003010003	软接头	1. 材质：铸铁 2. 规格、压力等级：DN125、≤1.6MPa 3. 连接形式：法兰连接	个	6
104	030601001001	温度仪表	1. 名称：温度计 2. 规格：250mm	支	4
105	030601002001	压力仪表	1. 名称：压力计 2. 压力表弯材质、规格：铜、350mm	台	4
106	030601004001	流量仪表	1. 名称：水流指示器 2. 规格：DN250	台	2
107	030601004002	流量仪表	1. 名称：水流指示器 2. 规格：DN200	台	2
108	030601004003	流量仪表	1. 名称：流量计 2. 规格：DN250	台	4
109	030601004004	流量仪表	1. 名称：流量计 2. 规格：DN200	台	4
110	030601004005	流量仪表	1. 名称：流量计 2. 规格：DN125	台	4
111	030703022001	自动排气阀	1. 名称：自动排气阀 2. 规格：DN200	台	2
112	031006015001	水箱	1. 材质、类型：不锈钢、圆形 2. 规格：φ1200	台	1
113	031002003001	套管	1. 名称、类型：一般钢套管 2. 材质：钢材 3. 规格：DN300 4. 填料材质：防水涂料 5. 系统：空调水系统	个	12
114	031002003002	套管	1. 名称、类型：一般钢套管 2. 材质：钢材 3. 规格：DN250 4. 填料材质：防水涂料 5. 系统：空调水系统	个	12
115	031002003003	套管	1. 名称、类型：一般钢套管 2. 材质：钢材 3. 规格：DN65 4. 填料材质：防水涂料 5. 系统：空调水系统	个	6

模 块 小 结

本模块主要讲述以下内容：

1. 建筑通风的任务是把室内被污染的空气直接或经过净化后排到室外，把室外新鲜空气或经过净化的空气补充进来，以保持室内的空气环境满足卫生标准和生产工艺的要求。

2. 对于自然通风，其设备装置比较简单，只需用进、排风窗以及附属的开关装置。而机械通风系统则由较多的部件和设备组成。机械送风系统由室外进风装置、空气处理设备、风道、风机以及室内送风口等组成；机械排风系统由有害物收集和净化设备、排风道、风机、排风口及风帽等组成。在机械通风系统中还应设置必要的调节通风量和启闭系统运行的各种控制部件，即各种阀门。

3. 采用自然排烟的高层建筑中，为保证自然排烟的效果，除专门设计的防火排烟系统外，所有的通风空调系统都应有防火防烟措施，在火灾发生时，及时停止风机运行和减小竖向风道所造成的热压对烟气的扩散作用。

4. 空调系统对空气温度、湿度、空气流动速度及清洁度进行人工调节，以满足人体舒适和工艺生产要求。

5. 通风空调施工图由文字与图纸两部分组成。文字部分包括图纸目录、设计施工说明、设备材料明细表。图纸部分包括基本图和详图。基本图包括通风空调系统的平面图、剖面图、系统图（轴测图）、原理图等。详图包括设备、管道的安装详图，设备、管道的加工详图，设备、部件的结构详图等。

6. 通风空调施工图识读时要切实掌握各图例的含义，把握风管系统与水系统的独立性和完整性。识读时要搞清系统，摸清环路，分系统阅读。

7. 空调系统的水系统由冷水机组→供水总干管→供水立管→每层供水水平干管→供水支管→风机盘管→回水支管→每层回水水平干管→回水立管→回水大干管→水泵→冷水机组，来回循环，形成一个完整的系统。

8. 通风空调系统的风系统由新风口→新风风管→空调箱→送风干管→送风支管→房间送风口→房间→房间回风口→回风支管→回风干管→空调箱，来回循环，形成一个完整系统。

9. 空气加热器（冷却器）安装按设计图示数量以"台"计算。

10. 除尘设备安装按设计图示数量以"台"计算。

11. 空调器、分体式室内空调器、分体式室外空调器、整体式空调器安装按设计图示数量以"台"计算。

12. 风机盘管安装按设计图示数量以"台"计算。

13. VAV变风量末端装置安装按设计图示数量以"台"计算。

14. 分段组装式空调器安装按设计图示尺寸以"kg"计算。

15. 钢板密闭门安装按设计图示数量以"个"计算。

16. 钢板挡水板安装按设计图示尺寸按空调器断面面积以"m^2"计算。

17. 滤水器、溢水盘、电加热器外壳、金属空调器壳体制作安装按设计图示尺寸以"kg"计算。非标准部件制作安装按成品质量计算。

18. 高、中、低效过滤器、净化工作台、风淋室安装按设计图示数量以"台"计算。

19. 洁净室安装按设计图示尺寸以"kg"计算。

20. 通风机安装依据不同风量按设计图示数量以"台"计算。

21. 镀锌薄钢板风管、薄钢板风管、净化风管、不锈钢风管、铝板风管、塑料风管、玻璃钢风管、复合型风管、装配式镀锌薄钢板按设计图示展开面积以"m²"计算,不扣除检查孔、测定孔、送风口、吸风口等所占面积。

$$F = \pi \times D \times L$$

式中:F——圆形风管展开面积(m²);

D——圆形风管直径(m);

L——管道中心线长度(m)。

矩形风管按设计图示周长乘以管道中心线长度计算,规格直径为内径,周长为内周长;其中玻璃钢风管、复合风管规格直径为外径,周长为外周长。

22. 薄钢板风管、净化风管、不锈钢风管、铝板风管、塑料风管、玻璃钢风管、复合型风管长度一律以设计图示中心线长度为准(主管与支管以其中心线交点划分),包括弯头、三通、变径管、天圆地方等管件的长度,但不得包括部件所占长度;重叠部分和堵头不得另行增加。

23. 风管导流叶片制作安装按设计图示叶片的面积以"m²"计算。

24. 整个通风系统设计采用渐缩管均匀送风者,圆形风管按平均直径、矩形风管按平均周长计算。

25. 塑料风管制作安装所列规格直径为内径,周长为内周长。

26. 柔性软风管安装按设计图示管道中心线长度以"m"计算。

27. 软管(帆布接口)制作安装按设计图示尺寸展开面积以"m²"计算。

28. 风管检查孔制作安装按设计图示尺寸以"kg"计算。

29. 温度、风量测定孔制作安装依据其型号,按设计图示数量以"个"计算。

30. 薄钢板通风管道、净化通风管道、玻璃钢通风管道、复合型材料通风管道的制作安装中已包括法兰、加固框和吊托支架,不得另行计算。

31. 不锈钢通风管道、铝板通风管道法兰和吊托支架按设计图示尺寸以"kg"计算。

32. 塑料通风管道吊托支架按设计图示尺寸以"kg"计算。

33. 装配式镀锌薄钢板通风管道、装配式镀锌薄钢板矩形通风管道、装配式薄钢板圆形通风管道、装配式薄钢板矩形通风管道按设计图示展开面积以"m²"计算,不扣除检查孔、测定孔、送风口、吸风口等所占面积。

34. 装配式镀锌薄钢板通风管道安装中已包括法兰、加固框和吊托支架,不得另行计算。

35. 碳钢调节阀安装依据其类型、直径(圆形)或周长(方形),按设计图示数量以"个"计算。

36. 柔性软风管阀门安装按设计图示数量以"个"计算。

37. 塑料通风管道柔性接口及伸缩节制作安装应依连接方式按设计图示规格尺寸展开面积以"m²"计算。

38. 碳钢各种风口的安装依据类型、规格尺寸按设计图示数量以"个"计算。

39. 钢百叶窗及活动金属百叶风口安装依据类型、规格尺寸按设计图示数量以"个"计算。

40. 塑料通风管道分布器、散流器的制作安装按其成品质量以"kg"计算。

41. 塑料通风管道风帽、罩类的制作均按其质量以"kg"计算;非标准罩类制作安装成品质量以"kg"计算。罩类为成品安装时制作不再计算。

42. 铝板圆伞形风帽、铝板风管圆周形矩形法兰制作按设计图示尺寸以"kg"计算。

43. 碳钢风帽的制作安装均按其质量以"kg"计算;非标准风帽制作安装成品质量以"kg"计算。风帽为成品安装时制作不再计算。

44. 碳钢风帽筝绳制作安装按设计图示尺寸以"kg"计算。

45. 碳钢风帽泛水制作安装按设计图示尺寸展开面积以"m²"计算。

46. 碳钢风帽滴水盘制作安装按设计图示尺寸以"kg"计算。

47. 罩类的制作安装均按其质量以"kg"计算;非标准罩类制作安装成品质量以"kg"计算。罩类为成品安装时制作不再计算。

48. 成品消声器、成品消声弯头安装按设计图示数量以"个"计算。

49. 成品静压箱安装按设计图示数量以"个"计算。

50. 人防各种调节阀制作安装按设计图示数量以"个"计算。

51. 测压装置安装按设计图示数量以"套"计算。

52. 换气堵头安装按设计图示数量以"套"计算。

检 查 评 估

一、单项选择题

1. 风管制作安装以设计图示风管规格按展开(　　)计算,不扣除检查孔、测定孔、送风口、吸风口等所占面积,以"(　　)"为计量单位。

    A. 面积、m²　　　　B. 长度、m　　　　C. 体积、m³　　　　D. 面积、10m²

2. 整个通风系统设计采用渐缩管均匀送风者,圆形风管按(　　),矩形风管按平均周长计算工程量。

    A. 大头直径　　　　B. 小头直径　　　　C. 中间直径　　　　D. 平均直径

3. 空调器、分体式室内空调器、分体式室外空调器、整体式空调器安装按设计图示数量以"(　　)"计算。

    A. 个　　　　　　　B. 组　　　　　　　C. 台　　　　　　　D. 副

4. 柔性软风管安装按风管直径以"(　　)"为计量单位。

    A. 组　　　　　　　B. 个　　　　　　　C. 根　　　　　　　D. m

5. 塑料通风管道吊托支架按设计图示尺寸以"(　　)"计算。

    A. g　　　　　　　B. kg　　　　　　　C. 10kg　　　　　　D. 100kg

6. 风机盘管按设计图示数量以"(　　)"计算。

    A. 组　　　　　　　B. 个　　　　　　　C. 副　　　　　　　D. 台

7. 塑料通风管道分布器、散流器的制作安装按其成品质量以"(　　)"计算。

    A. kg　　　　　　　B. 10kg　　　　　　C. 100kg　　　　　D. 1000kg

8. 成品静压箱安装按设计图示数量以"(　　)"计算。

    A. 台　　　　　　　B. 个　　　　　　　C. 组　　　　　　　D. 套

9. 消声器制作安装按型号及周长以"(　　)"为计量单位,消声弯头按周长以"(　　)"为计量单位。

    A. 组、个　　　　　B. 个、组　　　　　C. 10组、10个　　　D. 10个、10组

10. 空气加热器、除尘设备安装按不同质量以"（　　）"为计量单位。

　　A. 组　　　　　　　　B. 个　　　　　　　　C. 台　　　　　　　　D. 副

二、计算题

1. 某工程设计圆形渐缩管，镀锌薄钢板（$\delta=1.2\text{mm}$）风管两端的直径分别为 800mm 和 400mm，长度为 18.36m，咬口连接，试计算风管的工程量。

2. 图6.49所示为某通风空调系统部分管道平面，采用镀锌铁皮，板厚均为 1.0mm，试计算该风管的工程量。

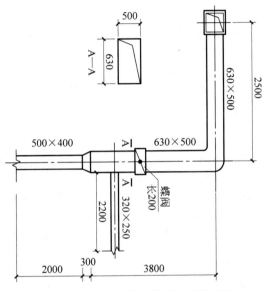

图 6.49　某通风空调系统部分管道平面

参考答案：

一、单项选择题

1. A　2. D　3. C　4. D　5. B　6. D　7. A　8. B　9. B　10. C

二、计算题

1. 解：$D_{\text{平}}=[(0.8+0.4)\div 2]\text{m}=0.6\text{m}$

　　　　$F=(3.14\times 0.6\times 18.36)\text{m}^2=34.59\text{m}^2$

2. 解：

$630\text{mm}\times 500\text{mm}$：$L_1=(2.50+3.80+0.30-0.20)\text{m}=6.40\text{m}$

　　　　　　　　$F_1=[2\times(0.63+0.50)\times 6.4]\text{m}^2=14.46\text{m}^2$

$500\text{mm}\times 400\text{mm}$：$L_2=2.0\text{m}$

　　　　　　　　$F_2=[2\times(0.50+0.40)\times 2]\text{m}^2=3.60\text{m}^2$

$320\text{mm}\times 250\text{mm}$：$L_3=(2.20+0.63/2)\text{m}=2.515\text{m}$

　　　　　　　　$F_3=[2\times(0.32+0.25)\times 2.515]\text{m}^2=2.81\text{m}^2$

　　　　　　　　$F=(14.46+3.60+2.81)\text{m}^2=20.93\text{m}^2$

参 考 文 献

[1] 中华人民共和国住房和城乡建设部,中华人民共和国国家质量监督检验检疫总局.建设工程工程量清单计价规范:GB 50500—2013[S].北京:中国计划出版社,2013.

[2] 中华人民共和国住房和城乡建设部.通用安装工程工程量计算规范:GB 50856—2013[S].北京:中国计划出版社,2013.

[3] 规范编制组.2013建设工程计价计量规范辅导[M].北京:中国计划出版社,2013.

[4] 广东省建设工程标准定额站.广东省通用安装工程综合定额[S].武汉:华中科技大学出版社,2019.

[5] 冯钢.安装工程计量与计价[M].北京:北京大学出版社,2018.

[6] 于业伟,张孟同,等.安装工程计量与计价[M].武汉:武汉理工大学出版社,2009.

[7] 赵培森,竺士文,赵炳文.建筑给水排水·暖通空调设备安装手册:上册[M].北京:中国建筑工业出版社,1997.

[8] 程文义.建筑给排水工程[M].北京:中国电力出版社,2009.

[9] 陆耀庆.实用供暖通风设计手册[M].2版.北京:中国建筑工业出版社,2008.

[10] 张秀德,管锡珺.安装工程定额与预算[M].北京:中国电力出版社,2004.

[11] 北京市建筑设计院.建筑设备施工安装图集(1)[M].北京:中国建筑工业出版社,1992.

[12] 熊德敏.安装工程定额与预算[M].北京:高等教育出版社,2003.

[13] 管锡珺,夏宪成.安装工程计量与计价[M].北京:中国电力出版社,2009.

[14] 吴心伦.安装工程定额与预算[M].重庆:重庆大学出版社,2002.

[15] 宋莉,许萍.安装工程计量与计价[M].南京:东南大学出版社,2017.

[16] 曾澄波,周硕珣.建筑设备与识图[M].北京:北京理工大学出版社,2017.

[17] 曾澄波,高莉.安装工程计量与计价[M].长沙:中南大学出版社,2015.